C YUYAN CHENGXU SHEJI

C语言程序设计

主　编　陈新文　李　敏　龙天才
副主编　吴　琼　黄文英　段荣盛　魏国祥
　　　　冯军军　李林玲　王　鹏　廖凤玲

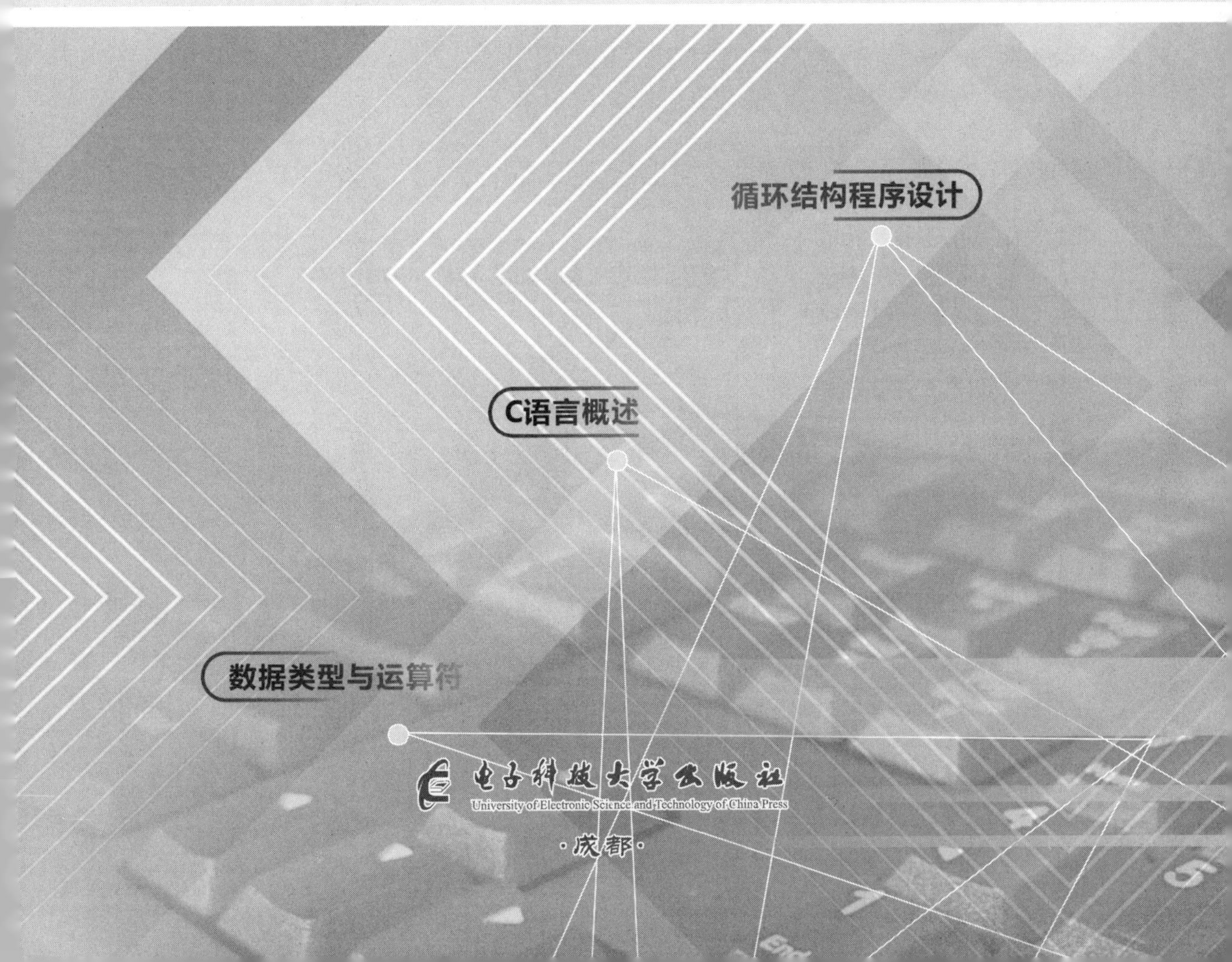

电子科技大学出版社
University of Electronic Science and Technology of China Press
·成都·

图书在版编目（CIP）数据

C语言程序设计 / 陈新文，李敏，龙天才主编.
成都：成都电子科大出版社，2025. 8. -- ISBN 978-7
-5770-1672-6

Ⅰ. TP312.8

中国国家版本馆CIP数据核字第20256N143A号

C语言程序设计

陈新文　李　敏　龙天才　主编

策划编辑　张　鹏
责任编辑　张　鹏
责任校对　韩　昊
责任印制　段晓静

出版发行　电子科技大学出版社
　　　　　成都市一环路东一段159号电子信息产业大厦九楼　邮编 610051
主　　页　www.uestcp.com.cn
服务电话　028-83203399
邮购电话　028-83201495

印　　刷　成都新恒川印务有限公司
成品尺寸　185 mm×260 mm
印　　张　23
字　　数　660千字
版　　次　2025年8月第1版
印　　次　2025年8月第1次印刷
书　　号　ISBN 978-7-5770-1672-6
定　　价　59.80元

本书编委会

前 言

在数字化与智能化深度融合的时代，当算力奔涌成河、数据凝练为金，C语言仍如河床深处的基石——沉默，却让每一次信息化与智能化的浪潮得以稳健前行。它诞生于UNIX的晨曦，凭借自身卓越的特性，在计算机编程领域奠定了不可动摇的地位。

作为本科及高职院校计算机相关类、自动控制类等专业的核心课程，C语言不仅是计算机科学的基础语言，更是理解计算机系统原理、培养计算思维与逻辑思维的关键工具；是数据结构与算法设计的底层实现基础；是嵌入式系统与物联网开发的必备语言；是高级语言的底层原理参照，操作系统与数据结构等核心课程的先导；也是硬件驱动开发与系统优化的关键手段。在人工智能、物联网、边缘计算等新兴技术蓬勃发展的背景下，精通C语言已成为高素质信息技术人才不可或缺的核心能力。

结合国家规划教材要求，融入“岗课赛证”结合的教学理念，我们联合出版业科技与标准综合重点实验室、电子科技大学大数据研究中心、湖北省数字产业与智能计算产教融合共同体、科大讯飞股份有限公司及相关本科院校、高职院校编者共同开发了这套新形态教材。本教材由主教材与活页式工作手册组成，以培养实践操作能力为核心目标，帮助读者系统掌握C语言编程知识、技巧及工程应用思维。

教材摒弃传统理论灌输模式，采用“项目—任务”驱动架构，将语法规则、算法思想与实际应用融入具体情境。主教材涵盖C语言概述、数据类型与运算、顺序结构程序设计、选择结构程序设计、循环结构程序设计、认识数组、函数调用、指针及应用、位运算及应用、文件读写、认识结构体等核心内容；通过“项目导引”明确学习目标，以“任务拆解”细化实践步骤，并配套知识点、教学点、课堂学练一体、项目小结、拓展阅读与课后习题等内容。活页式工作手册提供上机实践练习、学生分组学习与教师点评，设有基础任务与进阶任务，既提升学习兴趣，又将日常教与学整合为完整体系；配套网站同步更新课程资源与实践应用示例。

主教材与工作手册、资源平台、学习网站共同构成可动态更新的实践操作模块，紧密对接行业岗位需求。例如，嵌入式开发中常用的位运算，通过具体项目让读者掌握如何利用位运算进行硬件状态控制；大数据处理中的文件读写操作，设置贴近真实场景的批量数据处理任务，提升读者在实际工作中的应用能力；融入技能竞赛标准，选取“求水仙花数”“判断素数”等经典竞赛题型，通过详细的解题步骤和拓展训练，培养读者算法思维和竞赛应对能力。此外，模块覆盖职业资格认证考点，针对计算机二级C语言考试的重点内容（例如函数的嵌套调用、指针与数组的结合使用等），设置专项练习，强化“学练结合”，帮助读者在掌握知识的同时提升应试能力。

为适应数字化教学趋势，本套教材配套多元资源体系：① 辅助编程仿真实验平台，支持实时在线代码运行与错误诊断，即时反馈语法与逻辑问题，帮助读者快速定位并解决相应问题；② 微课教学视频，聚焦重点难点，通过可视化演示化解指针的内存逻辑、结构体嵌套应用等抽象概念；③ 辅助教学智能体，可实时响应疑问，提供个性化学习路径建议。三者协同构建“理论学习—实践训练”闭环，有效降低编程学习门槛，提升学习效率。

本套教材由陈新文、李敏、龙天才任主编；吴琼、黄文英、段荣盛、魏国祥、冯军军、李林玲、王鹏、廖凤玲任副主编。本套教材适合作为应用型本科及高职高专计算机类及相关专业课程教材，也可作为计算机等级考试参考用书，为读者提供从入门到进阶的完整学习路径。我们衷心希望它能成为读者“执技艺以修匠心”的起点，帮助学子磨砺编程利刃，勇攀信息技术高峰。

谨向所有参与编写教材的教师、引用资源的网站致谢，并感谢行业专家和一线教师的宝贵建议。鉴于技术发展迅速，教材中难免有疏漏，恳请读者批评指正；团队将持续完善内容与资源，致力于为学子提供更优质的学习体验，共同推动教材不断升级。

陈新文

2025年4月

目 录

项目1

C语言概述

学习目标

1. 知识目标

- 了解C语言的发展历史和人工智能的发展现状。
- 搭建C语言开发环境。
- 学会使用C语言调试程序。
- 学会查找并分析C语言常见错误原因。

2. 技能目标

- 具备初步应用C语言处理解决简单问题的能力。
- 具备简单程序的编写、运行与测试能力。

3. 素质目标

- 具有解说软件行业发展背景的能力。
- 具有独立思考的能力和创新意识。
- 培养获取新知识的意识和能力。
- 培养踏实严谨、一丝不苟、精益求精的工匠精神。

项目导引

本项目作为第一个项目，需要熟知有关程序设计的基础知识，正所谓“工欲善其事，必先利其器”。这些知识主要包括构成计算机系统的各个部件及其相互关系、计算机的基本工作原理、程序与程序设计的基本概念、算法及其表示方法、数据结构的基本概念、计算机中数据的表示方法以及结构化程序设计的基本思想等。

本项目介绍了C语言程序设计的基础知识，包括C语言的历史、课程介绍、开发步骤、运行环境以及调试程序时常见的错误分析。强调了理论知识与实践能力相结合的重要性，以及如何通过动手实践、项目驱动学习、反思总结、持续学习和交流分享等方式来提高编程技能。同时，探讨了C语言的广泛应用和重要性，并介绍了如何通过调试技巧和工具来解决编程中的错误。本教材收集了常见的错误说明和常用的关键字（中英对照），并要求初学者掌握必备的英语专业词汇。

任务1.1 C语言程序设计发展的历史

知识点

1963年，英国剑桥大学推出了CPL（combined programming language）语言。1967年，剑桥大学的Martin Richards对CPL语言进行了简化，推出了BCPL（basic combined programming language）语言。1970年，美国贝尔实验室的Ken Thompson对BCPL语言又做了进一步简化，设计出更接近硬件的B语言。1972年，工作于美国贝尔实验室的Dennis Ritchie在B语言的基础上设计出C语言。

C语言程序设计课程介绍

C语言的发展历程是计算机科学史上的一个重要篇章，它始于1969年，当时由美国贝尔实验室的Dennis Ritchie在开发UNIX操作系统时创造。以下是C语言发展历史的概述。

1.1.1 起源与早期发展

C语言最初被称为“Ken Thompson’s C”，由Ken Thompson、Dennis Ritchie和Peter Norton共同参与开发。它的设计初衷是为了用于系统编程，特别是作为UNIX操作系统的开发语言。C语言结合了汇编语言的高效性和高级语言的可读性，使得程序员能够编写更简洁、易维护的代码。

1.1.2 标准化

1973年，C语言开始在大多数UNIX系统中使用。随着其流行度的增加，20世纪80年代进行了一系列的标准化工作，最终导致美国国家标准学会（ANSI）在1989年发布了ANSIC标准，即C89标准。随后，国际标准化组织（ISO）也采用了这一标准，形成了ISO/IEC 9899：1990标准。

1.1.3 现代标准与应用

随着时间的推移，C语言经历了多次更新和修订，包括C99（1999年）、C11（2011年）以及最新的C17和C2X标准。这些更新增加了对新处理器架构的支持，改进了语言特性，并提供了更好的国际化支持等。

1.1.4 影响与持续重要性

C语言因其高效率和灵活性而被广泛用于系统软件、嵌入式系统和大型应用程序的开发中。它对后来的编程语言如C++、Java和C#等产生了深远的影响。今天，C语言仍然是被广泛使用的语言之一。

C语言从20世纪70年代初诞生至今，经历了多次重要的发展阶段和标准化工作。它不仅在历史上扮演了重要的角色，而且至今仍然是计算机科学领域中不可或缺的一部分。

1.1.5 C语言的优点

- C语言语句简洁紧凑，使用方便灵活。
- 运算符丰富，表达能力强。
- C语言是一种结构化语言，程序可移植性好。
- 生成的目标代码质量高，运行效率高。
- 语言处理能力强。

由于C语言的强大功能和各方面的优点逐渐为人们所认识，到了20世纪80年代，C语言开始进入其他操作系统，并很快在各类大、中、小型和微型计算机上得到广泛的使用，成为当代最优秀的程序设计语言之一。同时，C语言是C++的基础，C++语言和C语言在很多方面是兼容的。因此，掌握了C语言，再进一步学习C++就能以一种熟悉的语法来学习面向对象的语言，从而达到事半功倍的效果。

教学

【例 1-1】

```
void main()
{
  printf ("世界，您好！ \n");
}
```

【说明】

① main 是主函数的函数名，表示这是一个主函数；

② 每一个 C 源程序都必须有，且只能有一个主函数（main 函数）；

③ 函数调用语句，printf 函数的功能是把要输出的内容送到显示器去显示；

④ printf 函数是一个由系统定义的标准函数，可在程序中直接调用。

【思考】C语言这门课程要求采用理论知识与实践能力相结合的方式学习。

理论知识	实践能力
C语言基本语法结构	编程应用
C语言认知	故障排查，解决问题
C语言编程基本格式规范	拓展应用

理论知识与实践能力的结合是学习任何技术或技能的重要环节，特别是在编程领域，如C语言程序设计。理论知识为我们提供了编程的基础概念、原理和方法，而实践能力则是将这些理论知识应用到具体问题中，解决实际问题的能力。

① 理论知识的重要性

基础概念的理解：理论知识帮助我们理解编程语言的基本构成，如数据类型、控制结构、函数等。

原理的掌握：了解程序运行的原理，如内存管理、编译原理等，有助于我们编写更高效的代码。

思维方式的培养：理论知识的学习能够培养我们的逻辑思维和问题解决能力，这对编程来说至关重要。

② 实践能力的重要性

技能的锻炼：通过编写代码和调试程序，我们可以锻炼和提高编程技能。

问题的解决：实践是检验理论的最好方式，通过解决实际问题，我们可以更好地理解和掌握理论知识。

创新能力的培养：在实践中，我们可能会遇到各种未预见的问题，这需要我们发挥创新能力，寻找解决方案。

③ 理论知识与实践能力的结合

动手实践：在学习理论知识的同时，应该立即动手编写代码，将所学知识应用到实践中去。

项目驱动学习：参与或创建项目，将所学知识用于解决项目中的问题，这样可以更好地理解和记忆理论知识。本书附有活页式的项目任务，确保在学习的过程中，能够及时进行训练。

反思和总结：在实践过程中遇到问题时，回顾相关的理论知识，反思问题的原因，并总结经验教训。

持续学习：技术日新月异，需要持续学习新的理论知识，并将其应用于实践，以保持自己的技能不过时。

交流和分享：通过与他人交流，分享自己的实践经验和遇到的问题，可以加深对理论知识的理解。

任务1.2　C语言认知

知识点

在学习C语言之前，我们需要了解指令、程序、软件三个概念。

C语言概述

1.2.1　指令

计算机系统由硬件和软件两大组成部分。硬件是指构成计算机的中央处理器、主存储器以及外围输入/输出设备等物理装置；软件是指由软件厂家为方便用户使用计算机而提供的系统软件，用户为完成特定事务和信息处理任务所设计的用户程序软件。计算机能直接识别和运行的软件程序是由该计算机的指令代码组成的。

1.2.2　程序

计算机程序是能被计算机识别和执行的一组指令，运行于电子计算机上，满足人们某种需求的信息化工具。它以某些程序设计语言编写，并在特定的目标结构体系下运行。打个比方，程序就如同用英语（程序设计语言）写作的文章，需要一个既懂得英语的人（编译器），同时也理解文章的结构和内容（结构体系）的人，来阅读、理解和标记这篇文章。一般地，以英文文本为基础的计算机程序要经过编译、链接而成为人类难以解读但可被计算机轻易理解的数字格式，然后进行运行。简单地说，程序是为了解决某一个具体问题而使用的一个指令序列。问题的解决依赖于编写的计算机程序的执行。为了使计算机程序得以运行，计算机既需要加载代码，同时又要加载数据。从底层来看，这是通过将高级语言（例如C/C++、Java、C#等）的代码转译成机器语言而被CPU所理解的过程。程序的运行指的是为了得到某种结果而在具有信息处理能力的设备上执行的代码化指令序列。

1.2.3 软件

软件是指挥计算机运行的程序集合，计算机软件系统是计算机运行时所需的各种程序、数据及其相关文档的总称。不管硬件系统体系结构如何，按照功能，计算机软件一般可以分为两类：系统软件和应用软件。系统软件管理计算机资源，是硬件和用户间的接口，但一般不直接服务于用户的需求。用户对计算机使用的各种需求，通过计算机的应用软件来实现，即应用软件可以直接帮助用户处理和解决某些具体的计算机应用问题。

【思考】通过前面的学习，我们了解了C语言的发展历史、C语言的优点、C语言与指令，以及程序的关系。在实际开发中，C语言也广泛应用于企业的项目开发中（如图1-1所示），从2023年6月至2025年4月，C语言在TIOBE开发指数中排名第三，占比约10%。C语言的稳定性和在系统编程、嵌入式系统开发等领域的重要性使其始终保持在顶级编程语言的行列中，同时，C语言的设计哲学、效率和接近硬件的特性使其成为许多程序员和系统工程师的首选语言，为企业级程序开发和工业4.0的发展奠定了重要基础。

Apr 2025	Apr 2024	Change	Programming Language	Ratings	Change
1	1		Python	23.08%	+6.67%
2	3	↑	C++	10.33%	+0.56%
3	2	↓	C	9.94%	-0.27%
4	4		Java	9.63%	+0.69%
5	5		C#	4.39%	-2.37%
6	6		JavaScript	3.71%	+0.82%
7	7		Go	3.02%	+1.17%
8	8		Visual Basic	2.94%	+1.24%
9	11	↑	Delphi/Object Pascal	2.53%	+1.06%
10	9	↓	SQL	2.19%	+0.57%
11	10	↓	Fortran	2.04%	+0.67%
12	15	↑	Scratch	1.35%	+0.21%
13	17	↑	PHP	1.31%	+0.21%
14	20	↑	R	1.19%	+0.34%
15	24	↑	Ada	1.09%	+0.36%
16	16		MATLAB	1.07%	-0.04%

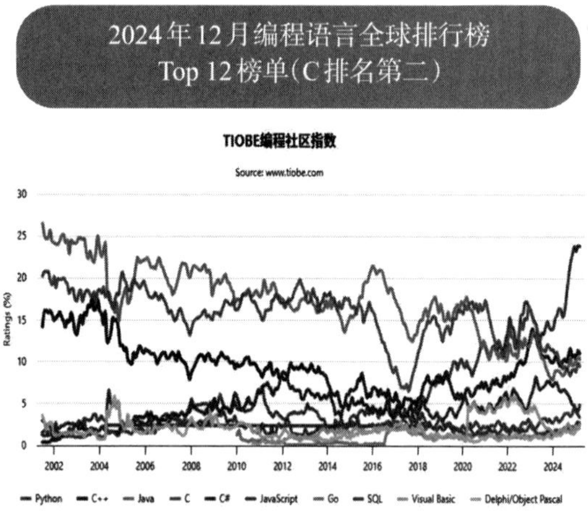

图1-1 C语言全球排行榜

任务1.3 搭建C语言开发环境

知识点

C语言的开发步骤和运行环境是学习C语言编程的基础。了解这些步骤和环境可以帮助开发者更有效地编写、编译、调试和运行C语言程序。后续的编码与运行我们都使用Visual C++ 6.0这个工具来编写C语言源代码。

C语言开发步骤与运行环境

（1）C语言运行环境

操作系统：C语言可以在多种操作系统上运行，包括Windows、Linux、macOS等。

编译器：根据操作系统选择合适的C语言编译器。例如，在Windows上可以使用MinGW、Cygwin或MSVC；在Linux上通常使用GCC；在macOS上可以使用Xcode Command Line Tools中的GCC或Clang。

集成开发环境（IDE）：可以选择使用IDE，如Visual C++、Eclipse CDT、Visual Studio等，这些工具集成了编辑器、编译器、调试器和其他工具，可以提高开发效率。

（2）具体开发步骤

C语言的编程和调试工具非常多，本书以常用的Visual C++ 6.0作为程序开发环境。Visual C++ 6.0是一个可视化的编程工具，它的功能强大，其调试功能是其他语言调试工具难以比拟的。下面的内容详细描述在Visual C++ 6.0环境下进行程序开发的步骤。

1.3.1 Visual C++ 6.0集成开发环境的安装和启动

要使用Visual C++ 6.0集成开发环境，必须事先安装Visual C++ 6.0系统。安装后最好在桌面上创建它的快捷方式图标，以便今后使用。

安装完Visual C++ 6.0之后，可以通过双击桌面上创建的Visual C++ 6.0快捷方式图标来启动它，也可以通过打开如图1-2所示的“开始”菜单，执行“开始”→“所有程序”→“Microsoft Visual C++ 6.0中文版”命令来打开Visual C++ 6.0集成开发环境。启动后的Visual C++ 6.0集成开发环境如图1-3所示。

图1-2 准备启动C语言的编译环境Visual C++ 6.0

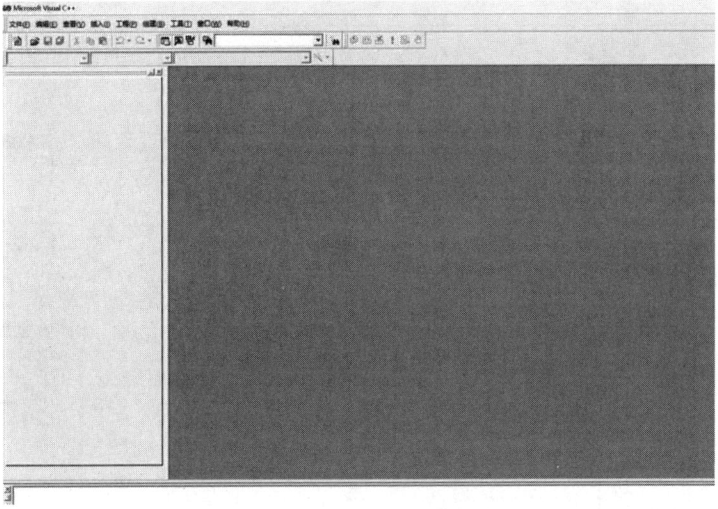

图1-3 Visual C++ 6.0集成开发环境

1.3.2 创建一个C语言程序的步骤

如图1-4所示，在Visual C++ 6.0集成开发环境中执行“文件”→“新建”命令可打开如图1-5所示的“新建”对话框。对话框中有四个选项卡，首次打开会默认定位到第二个选项卡上（即“工程”选项卡），意味着要创建一个文件。首先要创建一个“工程”项目，然后在这个工程项目中添加一个或多个文件。

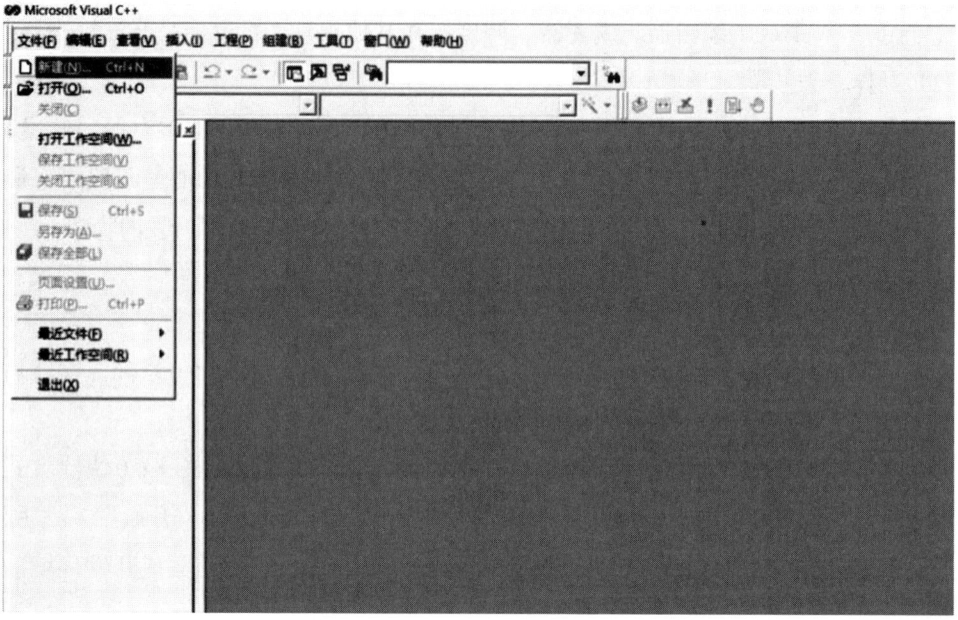

图1-4 Visual C++ 6.0“新建”对话框

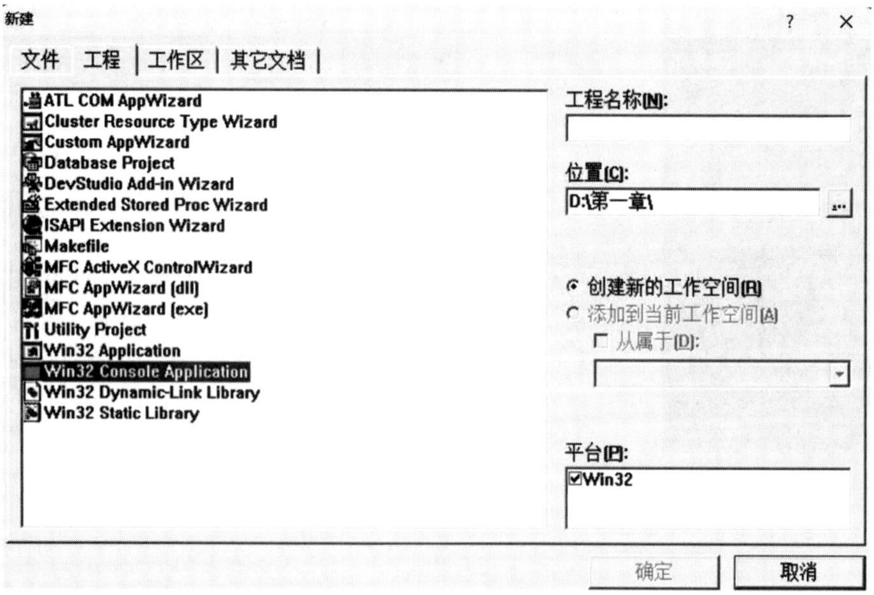

图1-5 “新建”对话框

在“工程”选项卡中选择“Win32 Console Application”，即创建一个基于32位的控制台应用程序。在右侧的“工程名称[N]:”下的文本框中输入要创建的工程名称（例如“eg1_1”），在“位置[C]:”下的文本框中填入工程项目存储的位置。如果是新建的工作区（workspace），则需单击“创建新的工作空间[R]”单选按钮，如图1-6所示。

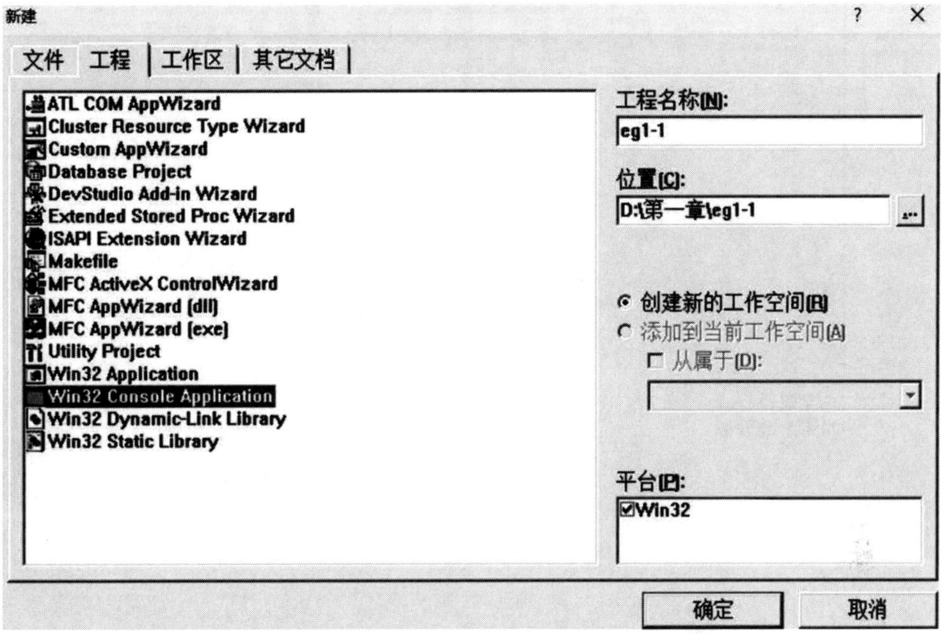

图1-6　创建一个32位控制台应用程序

在图1-6中单击“确定”按钮后，会出现如图1-7所示的对话框，然后保持默认选择，即选中第一个单选按钮“一个空工程[E]”，再单击“完成”按钮，可打开如图1-8所示的“新建工程”对话框；接着，单击对话框中的“确定”按钮，一个空的工程项目就创建完毕了。新创建的工程项目主界面如图1-9所示。

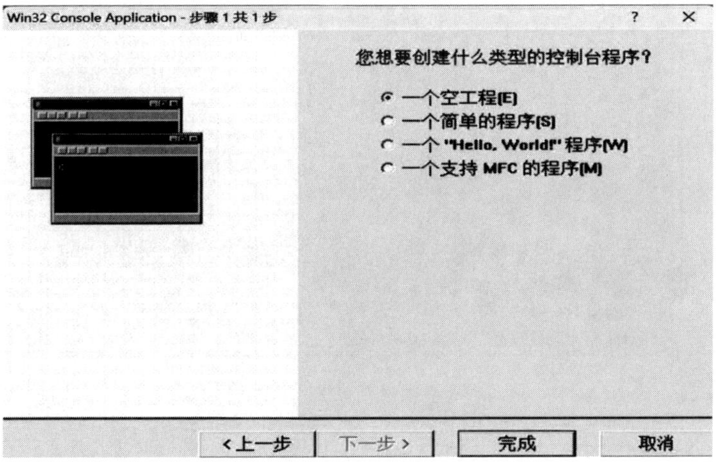

图1-7　创建一个空的工程项目

图 1-8 “新建工程”对话框

图 1-9 创建空的工程项目后的 Visual C++ 6.0 主页面

接下来，要向工程中添加C语言文件。在Visual C++ 6.0集成开发环境中，依然执行"文件"→"新建"命令，即可打开如图1-5所示的"新建"对话框。不同的是本次默认位置在"文件"选项卡上（如图1-10所示），表示已经创建了工程，此次是向其中添加文件。

在图1-10中选择"C++Source File"，然后在右侧选择复选框"添加到工程[A]:"，在其下拉列表中选择刚才创建的工程"eg1_1"，然后在"文件名[N]:"下的文本框中输入文件名称，并以".c"作为扩展名。默认情况下，如果不输入扩展名，则默认为".CPP"，这是C++语言源文件的扩展名。如果保持默认设置，虽不影响程序运行，但会按照C++语言的语法规则来编译C语言源文件。

按图1-10所示填写文件名和扩展名时，文件名既可以与工程名相同，也可以另行命名。设置好之后，单击"确定"按钮进入编写代码界面，便可在工作区中输入程序代码，如图1-11所示。

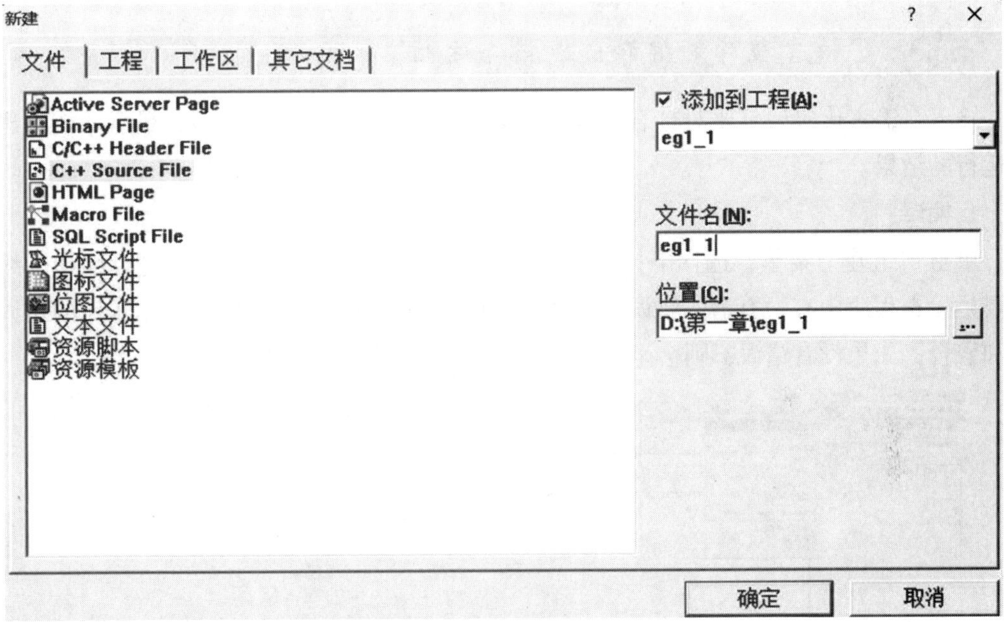

图1-10 向工程中添加"1_1.c"

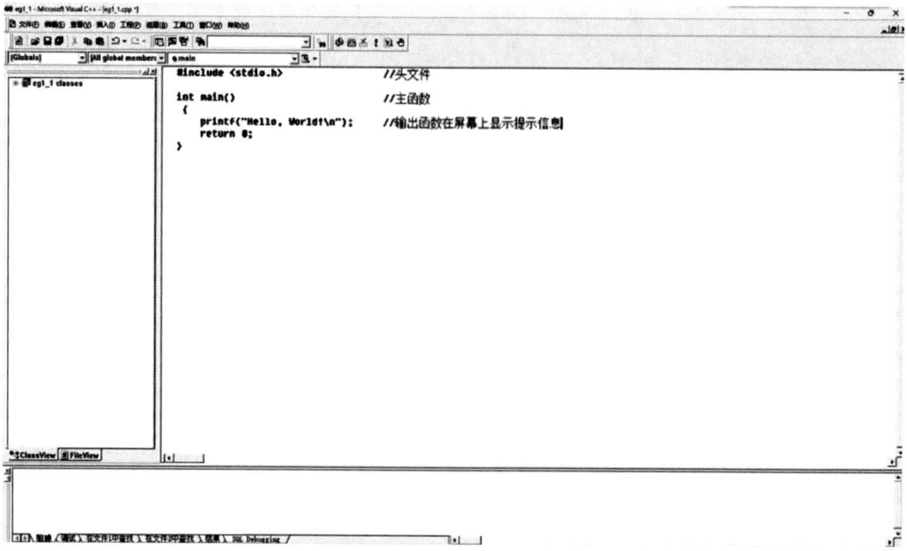

图1-11　向文件“1_1.c”中输入代码

1.3.3　C语言程序的编译、连接与运行

输入C语言代码后，要对C语言源程序文件进行编译、连接和运行，最后才能得出程序运行的结果。

1. 编译

单击“组建”菜单，选择下拉菜单的第一项“编译[1_1.c]”，对程序进行编译。编译主要是检查程序中有没有语法错误。编译通过后，如果有错误，则将给出本程序的错误信息和警告；如果没有错误，则会生成扩展名为“.obj”的文件，如图1-12所示。

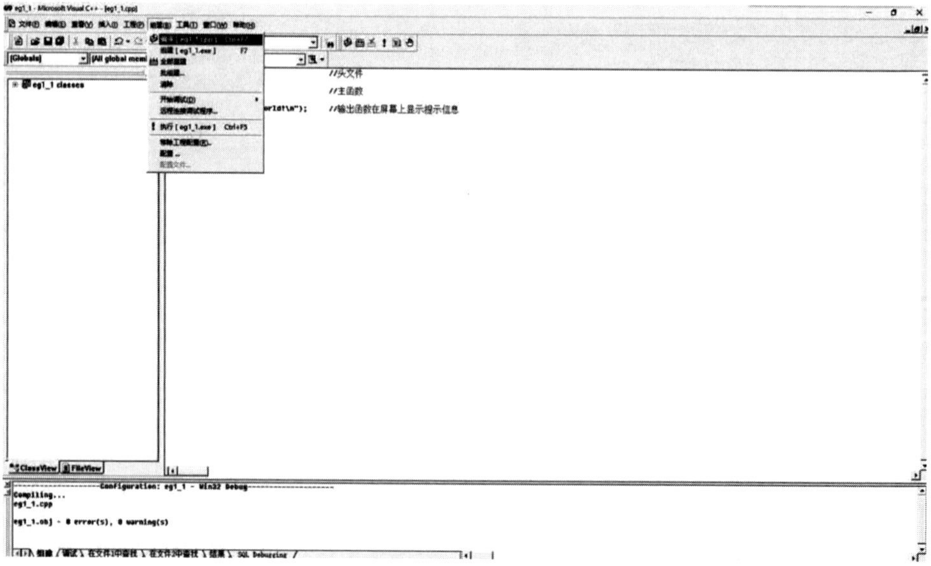

图1-12　“1_1.c”编译成功后的界面

2. 连接

连接主要是将程序的函数调用与函数定义进行连接，包括用户自定义函数和库函数等。连接通过执行“组建”→“组建[egl_1.exe]”命令来完成。连接成功后，会生成一个扩展名为“.exe”的文件，如图1-13所示。

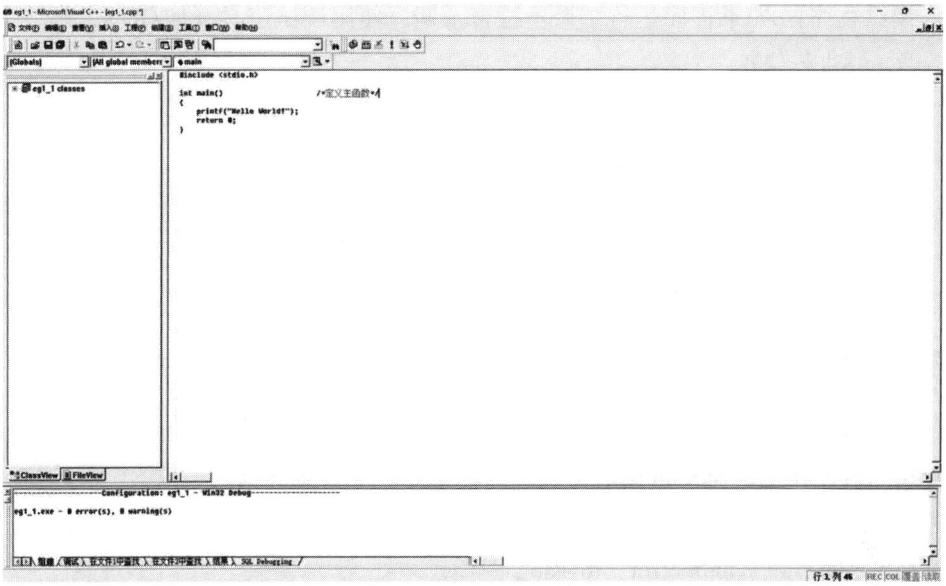

图1-13　连接成功后的界面

3. 运行

在Visual C++ 6.0下，通过执行“组建”→，“执行[egl_1.exe]”命令完成运行；或者单击工具栏中的红色感叹号按钮来运行可执行文件，结果如图1-14所示。

图1-14　“egl_1.exe”的运行结果

以上各个步骤，可以通过执行“组建”→“执行[egl_1.exe]”命令一次性完成，不用分步执行，中间的步骤由编译系统自动执行。

程序全部结束完毕，将所有内容保存后，关闭工作区，然后重新建一个工程，可以进行下一个程序的调试，也可以在当前的工程项目中继续下一个程序的调试。要注意的是，在一个程序中不能出现两个主函数，因此可以通过注释掉原来代码或者建立多个文件的程序等方式来调试下一个程序。

【注意】如果不再进行其他的处理，应当执行“文件”→“关闭工作区”命令，结束对该程序的操作。

① 编译代码：在命令行或集成开发环境（IDE）中运行编译后的可执行文件，查看程序的输出结果。

② 调试程序：如果程序运行结果不符合预期，使用调试工具（如GDB）来检查代码中的错误，并进行修正。

③ 优化代码：根据程序运行的效率和性能，对代码进行优化，提高程序的执行速度和资源利用率。

任务1.4　C语言常见错误

知识点

在学习和编写C语言程序过程中，难免会出现一些没有见过的错误。这时候我们就需要学会总结常见的错误。以下是C语言常见的错误，供大家参考。

C语言调试程序常见错误分析

（1）语法错误（syntax error：missing ';'）

语法错误通常是由代码中的拼写错误、缺少分号、括号不匹配、错误地使用标点符号等引起的。例如，忘记在语句末尾添加分号，或者在使用数组时忘记定义数组的大小。这类错误在编译阶段就会被发现，编译器会给出明确的错误提示，通常指出错误发生的位置和类型。

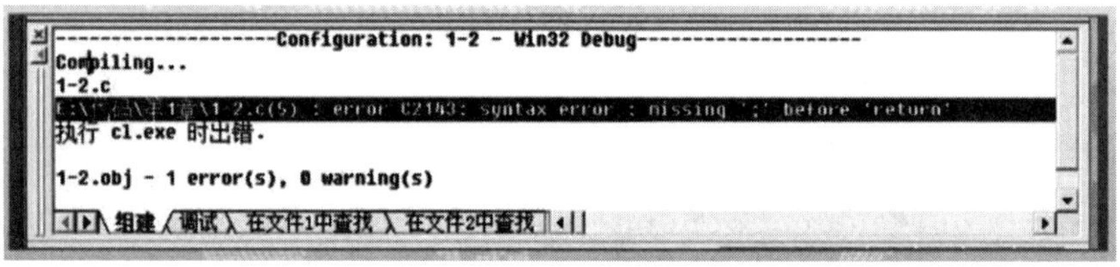

【错误分析】提示语法错误，第5行“return”前缺少分号。上述程序在编译时，编译器在“printf ("Hello World!/n")”语句后没有发现分号，会接着检查下一行是否有分号，编译器会认为“return 0”也是上一行语句的一部分，直到分号结束。

```
# include <stdio.h>
int main()
{
    print("Hello World!\n"):          /*printf函数名写错了*/
    return 0;
}
```

（2）逻辑错误（unresolved external symbol _print）

逻辑错误是指程序按照设计者的意图执行，但结果却不符合预期。这类错误往往不容易被发现，因为程序在语法上是正确的。例如，使用错误的比较运算符或者进行错误的条件判断。解决逻辑错误通常需要仔细检查程序的逻辑流程，并通过调试工具逐步跟踪程序执行过程来定位问题。

【错误分析】编译没有错误，说明语法没有错。在连接时出现“unresolved external symbol_print”错误信息，表示编译器遇到无法解析的外部符号print。一般来说，当遇到这类错误时通常需要检查函数名是否输错。

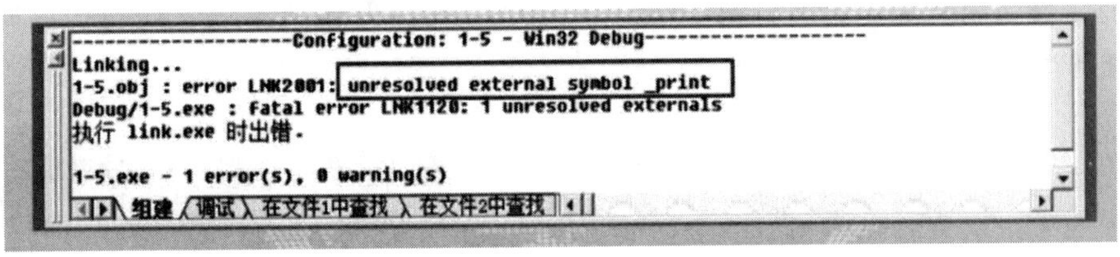

一般情况下，程序编译完成后如果没有错误，在连接程序时就很少发生错误了，除非是调用函数出了问题。

```
# include <stdio.h>
int main()
{
    print("Hello World!\n");          /*printf函数名写错了*/
    return 0;
}
```

（3）运行时错误

运行时错误发生在程序执行过程中，通常是由于内存访问违规、除以零操作、数组越界等引起的。例如，对未初始化的指针进行解引用，或者尝试访问超出其定义范围的数组元素。这类错误需要通过运行时调试来检测，可以使用断点、单步执行等调试技术来观察程序状态，从而找到错误发生的原因。

（4）内存错误

内存错误包括缓冲区溢出、内存泄漏等。这类错误可能会导致程序崩溃或不稳定。例如，向一个固定大小的缓冲区写入过多数据，导致数据溢出。内存错误需要通过专门的内存调试工具来检测，如Valgrind等，这些工具可以帮助开发者发现和修复与内存管理相关的问题。

为了有效地调试C语言程序，开发者需要熟悉各种调试技巧和工具。例如，使用断点来暂停程序执行并观察变量的当前值；使用单步执行来逐步跟踪程序的执行过程；利用调试器提供的监视窗口来监控变量的变化。此外，还需要学会分析编译器和调试器给出的错误及警告信息，这些信息是发现和解决问题的重要线索。

总之，C语言调试是一个系统性的过程，需要开发者具备扎实的基础知识、细致的观察力和耐心。通过不断实践和学习，开发者可以提高调试技能，更有效地解决编程过程中遇到的问题。

项目小结

本项目介绍了C语言程序设计的基础知识，包括C语言的历史、课程介绍、开发步骤、运行环境以及调试程序常见错误的分析。强调了理论知识与实践能力相结合的重要性，以及如何通过动手实践、项目驱动学习、反思总结、持续学习和交流分享等方式来提高编程技能。同时，探讨了C语言的广泛应用及其重要性，以及如何利用调试技巧和工具来解决编程中的错误。

拓展阅读

中国传统文化：“天行健，君子以自强不息。”——强调自强不息的重要性。

故事：从无到有的计算机梦

20世纪50年代，中国计算机领域的前辈们面临着巨大的挑战。当时，中国在计算机领域没有技术积累，没有专业人才，甚至连基本的硬件设备都没有。然而，老一辈科学家们怀揣着为国家争光、为民族争气的决心，开始了艰苦卓绝的探索。

他们从最基本的电子管技术学起，逐步掌握了晶体管技术。在没有现成资料的情况下，他们通过自学和研究国外的少量文献，逐步掌握了计算机的基本原理。经过数年的努力，中国第一台电子计算机终于在1958年诞生。这台计算机虽然性能简单，但它标志着中国计算机事业的起步。

① 自强不息：中国计算机领域的前辈们在艰苦的条件下，凭借着顽强的毅力和不懈的努力，实现了从无到有的突破。这种自强不息的精神，正是我们在学习C语言时需要传承的。

② 团队合作：计算机的研发是一个复杂的系统工程，需要多个领域的专家共同努力。这种团队合作的精神，正是我们在学习C语言时需要培养的。

③ 创新精神：前辈们在没有现成技术的情况下，勇于创新，敢于尝试，最终取得了成功。这种创新精神，正是我们在学习C语言时需要发扬的。

课后习题

一、选择题

1. C语言是在（　　）语言的基础上发展起来的。

A. COBOL　　B. B　　C. Pascal　　D. FORTRAN

2. 下列选项中，不是C语言的主要优点的是（　　）。

A. 语句简洁紧凑　　B. 运算符丰富　　C. 程序可移植性好　　D. 易于学习

3. “C语言程序设计”在计算机相关专业中属于（　　）。

A. 选修课　　B. 必修课　　C. 辅修课　　D. 非正式课程

4. 在C语言编程中，下列选项不属于理论知识与实践能力结合的重要性的是（　　）。

A. 基础概念的理解　　B. 原理的掌握　　C. 思维方式的培养　　D. 无需动手实践

5. C语言在TIOBE指数中的排名情况是（　　）。

A. 第一　　B. 第二　　C. 不稳定　　D. 未进入前十

二、填空题

6. C语言的设计者是__________，他在1972年设计出了C语言。

7. 在C语言编程过程中，理论知识与实践能力的结合是提高_______的关键。

8. C语言开发步骤包括编写代码、保存代码、______、运行代码和________。

9. C语言可以在___________上运行，如Windows、Linux、macOS等。

10. 在C语言调试程序时，常见的错误类型包括________________________。

项目2
数据类型与运算

学习目标

1. 知识目标

- 学习算法的基本概念。
- 学会使用流程图来表示算法。
- 学习结构化程序设计方法。

2. 技能目标

- 理解算法的概念和特性。
- 具备简单程序的编写、运行与测试能力。

3. 素质目标

- 具有简单程序设计的能力。
- 具有独立思考的能力和创新意识。
- 具备举一反三、解决复杂问题的能力。
- 培养求真务实、主动探索、创新实践的科学精神。

项目导引

在编程世界里，掌握C语言，就是掌握了编程的核心。在项目1中，我们初步了解了C语言概述、开发步骤与运行环境和调试C语言程序时的常见错误分析。接下来，我们将深入探讨C语言的算法。这不仅是C语言学习的基石，更是构建复杂程序的必经之路。

任务2.1 算法的概念

知识点

算法，顾名思义就是计算方法，主要解决“做什么”和“怎么做”的问题。简单来说，算法就是一系列的计算步骤，用来将输入数据转换为想要的输出结果。

科学技术的进步、社会生产力的发展，都是由于相关问题得到不断解决的结果。在当今社会中，随着信息化概念的提出，许多问题的解决都借助了电子计算机。人们解决问题通常使用人工解题和计算机解题两种方法。

无论哪种解题方式，在解决某一实际问题时，都应该正确地理解问题的题意，从看似复杂的问题中整理出思路，然后通过算法（即解决问题的具体步骤）描述出某一问题的解决过程，进行一定量的计算，最后都必须验证计算结果。

当计算量较大时，人工解题就显得力不从心了，而计算机每秒上亿次的计算速度能轻松应对。只要算法正确，并且编程语句无误，使用计算机编写的解题程序就可以反复利用。例如，$sum=1+2+3+4+5+\cdots+(n-1)+n$这样的求和问题。

教学

【例2-1】简单算法举例：求1×2×3×4×5。

最原始方法：

步骤1：先求1×2，得到结果2。

步骤2：将步骤1得到的乘积2乘以3，得到结果6。

步骤3：将6再乘以4，得24。

步骤4：将24再乘以5，得120。

这样的算法虽然正确，但太复杂。

改进的算法：

S1：令t=1

S2：令i=2

S3：令t与i相乘，乘积仍然放在变量t中，可表示为t×i→t或t←t×i

S4：i 的值为加 1，即 i+1→i 或 i←i+1

S5：如果 i≤5，则返回重新执行步骤 S3 以及其后的 S4 和 S5；否则，算法结束。

如果计算 100!，只需将 S5 中的条件改成 i≤100 即可。

如果改求 1×3×5×7×9×11，算法也仅需做少量改动：

S1：1→t

S2：3→i

S3：t×i→t

S4：i+2→i

S5：若 i≤11，返回 S3；否则，结束。

该算法不仅正确，而且是计算机中较好的算法之一，因为计算机是高速运算的自动机器，很容易实现循环。

【思考】在【例 2-1 】中，如果我们需要求 1×3×5×7×9×…×100，请问该怎样表示？

学习

一个有效的算法应该具有有穷性、确定性、可行性、输入和输出等特点。这意味着算法必须在有限的步骤内完成，每一步都必须明确无误，且每个步骤都是可行的操作，同时算法需要有明确的输入和输出。

（1）有穷性。一个算法必须总是在执行有限步后结束，且每一步都必须在有限时间内完成。一个算法应包括有限的操作步骤，这里的有穷性是指“在合理的范围之内”。比如让计算机运算 10 000 年才结束，那该计算就不能算作有效的算法。究竟什么算是“合理限度”，由人们的常识和需要来判断。

（2）确定性。算法中的每一个步骤都应当是确定的，不能是含糊其词或模棱两可，以使算法的执行者或阅读者都能明确其含义及如何执行。例如，“手举过头顶”，这个描述就是不确定的，因为没有说明是右手、左手还是双手举过头顶。

（3）有效性（可行性）。算法中每一个步骤都应当能有效地执行，并得到确定的结果。例如，若 b=0，则执行 a/b 是不能有效执行的，因为分母不能为 0。

（4）有 0 个或多个输入。输入是指在执行算法时需要从外界取得必要的信息。例如，求任意两个整数的最小值，则需要用键盘输入 2 个整数，然后才能输出最小值。当然，一个算法也可以没有输入，比如直接输出一行信息“Hello world!”。

（5）有 1 个或多个输出。算法的目的就是求解，“解”即为输出，无输出的算法没有任何意义。

【注意】算法的解，不仅仅是通过运算得到的数值，还可以是文字。

练习

【例 2-2】 有 50 名同学，要求将他们之中成绩为 80 分以上者打印出来。 如果n表示学生学号，则 n_i 表示第i名同学的学号；如果g表示学生成绩，则 g_i 表示第i名同学的成绩。请按照前面讲解的算法列出具体的算法步骤。

任务2.2　算法的表示方式

表示一个算法常用的方法有自然语言、流程图、计算机语言等方式。

知识点

2.2.1　用自然语言表示算法

自然语言描述算法是一种使算法易于理解和使用的方法，它通过清晰、简洁地表达算法的思想和步骤，避免使用专业术语和复杂的公式，使得非专业人士也能够快速掌握算法的要领。这种描述方式更侧重于对算法每一步骤的表达和理解。

算法及其表示

自然语言描述算法的应用范围广泛，以冒泡排序为例，其算法步骤可以描述为：

（1）重复遍历数组，每次比较相邻的两个元素；

（2）如果前面的元素比后面的元素大，则交换这两个相邻元素的位置；

（3）这样的操作将使得数组中最后一个元素成为最大值，因此下次只需遍历前n-1个元素；

（4）重复以上步骤，直到整个数组有序为止。

自然语言描述算法的优点在于其易于理解和传达，但也有局限性。例如，无法直接在程序中执行，难以精确描述算法的细节等。为了弥补这些不足，可以采用流程图或代码来更精确地描述算法的执行过程和细节。

2.2.2　使用流程图表示算法

流程图是用一些图框来表示各种操作的图形工具。一个流程图包括以下几部分：（1）表示相应操作的框；（2）带箭头的流程线；（3）框内外必要的文字说明。

常用的流程图符号如下。

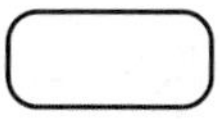
起止框（开始或者结束）

输入输出框

判断框

 处理框

 流程线

 连接点

2.2.3 使用计算机语言表示算法

通过项目1的学习，我们也可以使用计算机语言来表示算法。常用的计算机语言包括C语言、Java、C#、Python等，而C语言是其他编程语言的基础，所以我们优先学习C语言。

教学

【例2-3】将【例2-1】求5!的算法用流程图表示，如图2-1所示。

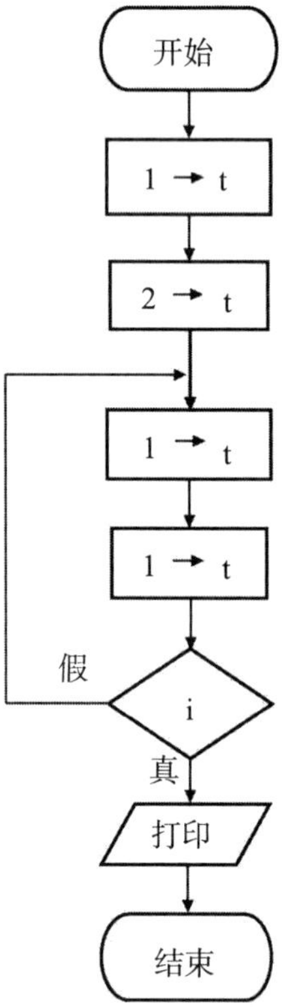

图2-1 【例2-3】的流程图

【例2-4】使用流程图来表示“判断2000—2500年间某年是否为闰年”，如图2-2所示。

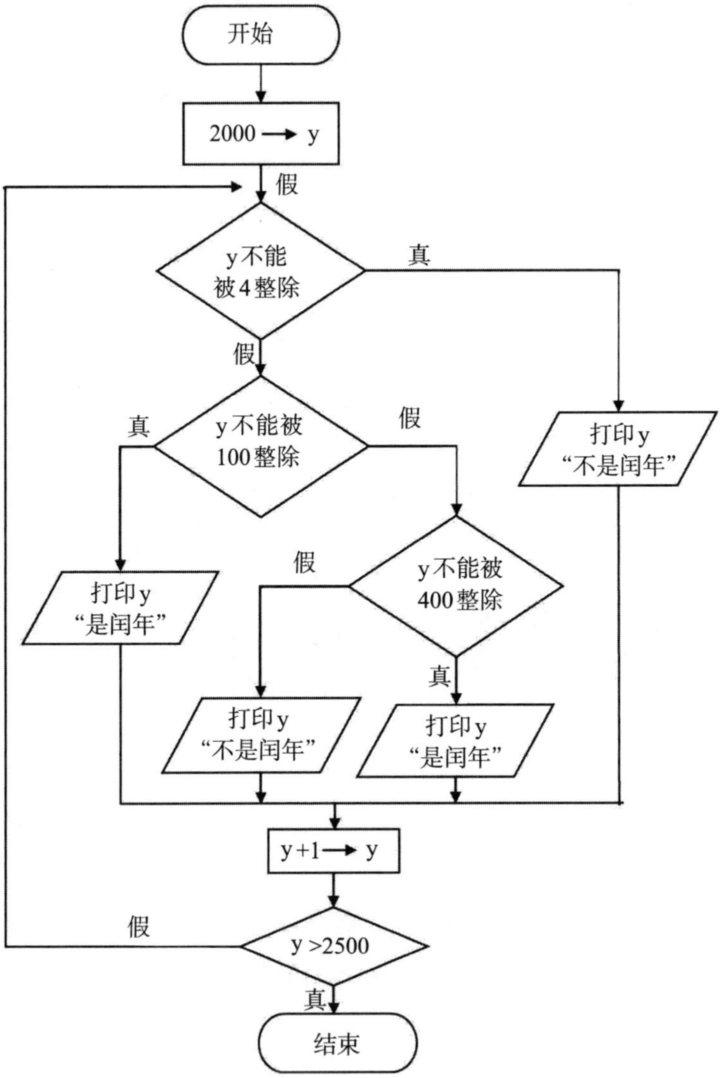

图2-2 【例2-4】使用流程图表示闰年

练习

使用流程图表示如下需求：有50位学生，要求将他们之中成绩在80分以上者打印出来。

【思考】如果要使用C语言来表示，【例2-1】中5！该怎样写呢？

【注意】用计算机语言表示算法必须严格遵循所用语言的语法规则。

考点

【例2-5】至【例2-6】是计算机二级考试C语言真题精选。

【例2-5】为避免流程图在描述程序逻辑时的灵活性带来的混乱等问题，提出了用方框图来代替传统的程序流程图，通常也把这种图称为（　　）。

A. PAD图　　B. N-S图　　C. 结构图　　D. 数据流图

【答案】B

【解析】N-S图是由Nassi和Shneiderman提出的一种符合程序化结构设计原则的图形描述工具。它的提出是为了避免流程图在描述程序逻辑时的随意性。

【例2-6】结构化程序设计主要强调的是（　　）。

A. 程序的规模　　B. 程序的效率

C. 程序设计语言的先进性　　D. 程序易读性

【答案】D

【解析】结构化程序设计方法的主要原则可以概括为自顶向下、逐步求精、模块化及限制使用goto语句，总的来说可使程序结构良好、易读、易理解、易维护。

任务2.3 结构化程序设计方法

知识点

结构化程序设计是一种程序设计范式，强调在程序设计过程中使用清晰、逻辑的结构。其核心原则包括自顶向下、逐步求精的设计方法，以及模块化的程序设计。结构化程序主要由三种基本控制结构组成，分别是顺序结构、选择结构（包括单选择、双选择和多选择）、循环结构。这些结构确保了程序中的每个部分都有一个明确的入口和出口。

流程图和结构化的程序设计

在结构化程序设计的过程中，首先从问题的总体目标开始设计，然后逐步细化，分解出具体的算法和程序结构。每个模块都完成特定的功能，并通过明确的接口进行交互。这种方法不仅提高了程序的可理解性和可维护性，而且也有助于减少错误和提高开发效率。

（1）结构化程序的步骤

① 自顶而下。

② 逐步细化。

③ 模块化设计。将程序模块化，分成若干个子模块（一般不超过50行），划分子模块时要注意模块的独立性，每个模块完成一项功能。

④ 结构化编码。将设计好的算法用计算机语言来表示（C语言、Java等）。

(2) 结构化程序的基本结构

① 顺序结构

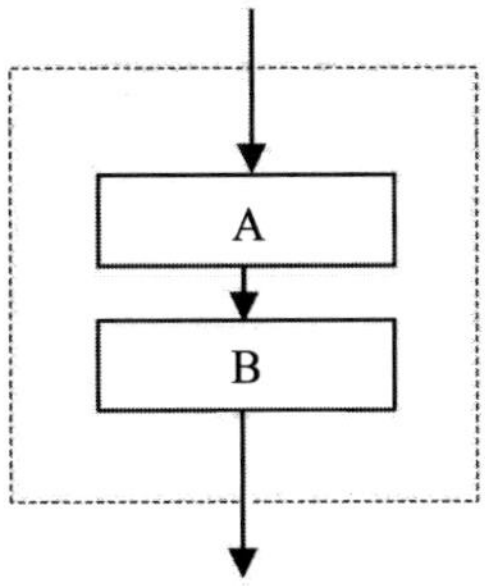

② 选择结构

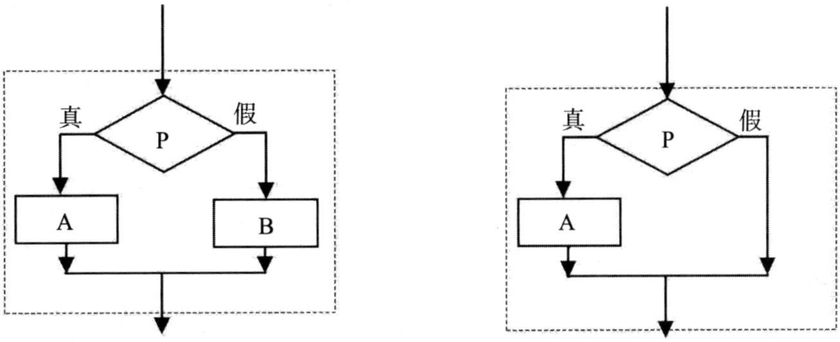

③ 循环结构

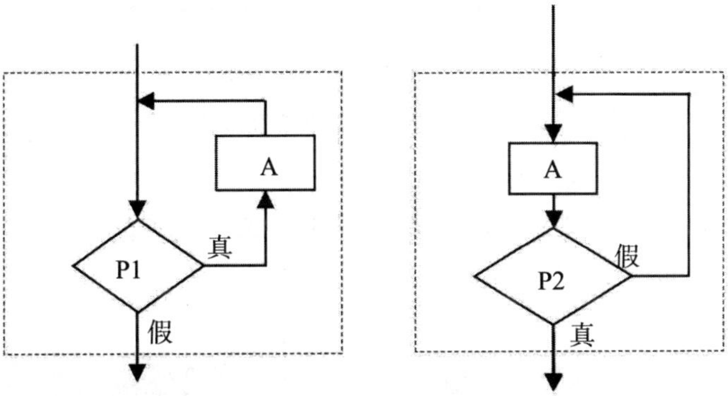

(3) 三种基本结构的共同特点

① 只有一个入口；

② 只有一个出口；

③ 结构内的每一部分都有机会被执行到；

④ 结构内不存在“死循环”。

项目小结

本项目主要介绍了C语言中算法的概念、算法的表示方式，以及结构化的程序设计方法。算法是解决特定问题的明确步骤集合，它具有确定性、有穷性、可行性等特点。通过一个简单的C语言程序，就可以明白程序也有其固定的结构。我们在编写程序时，要严格按照程序的结构进行编程，积极与其他同事团队协作，养成良好的编程习惯，遵循规范和标准，才能写出更加完善的程序。

拓展阅读

中国传统文化：“差之毫厘，谬以千里。”——强调严谨和精确的重要性。

故事：两弹元勋的严谨态度

在20世纪60年代，我国计算机先驱们参与了“两弹一星”工程。在核武器研发过程中，数据的精确性至关重要，任何微小的误差都可能导致严重的后果。科学家们使用早期的计算机进行复杂的数学运算，必须精确地选择数据类型和变量，以确保计算结果的准确性。例如，钱学森、邓稼先等科学家在计算核弹的爆炸当量时，严谨地定义和使用数据，确保了数据的精确性和可靠性。

①严谨态度：科学家们在面对复杂计算时，严谨地选择和使用数据类型，确保数据的精确性。这种严谨态度不仅体现在科学研究中，也体现在编程过程中的变量定义和使用上。

②责任意识：数据的精确性直接关系到任务的成功与否。在编程中，我们也要有强烈的责任意识，确保每一段代码的正确性和可靠性。

③创新精神：在没有现成技术的情况下，科学家们勇于创新，敢于尝试新的方法。这种创新精神也鼓励我们在编程过程中不断探索和尝试新的解决方案。

课后习题

一、选择题

1. 下列选项中，算法的基本特性不包括（　　）。

A. 有穷性　　B. 确定性　　C. 通用性　　D. 可复用性

2.下列选项中，算法表示方法之一是（　　）。

A. 诗歌　　B. 伪代码　　C. 音乐　　D. 舞蹈

3. 下列选项中，结构化程序设计方法中不包括（　　）。

A. 顺序结构　　B. 选择结构　　C. 循环结构　　D. 并行结构

4. 在C语言中，下列关键字通常用于实现循环结构的是（　　）。

A. if　　B. for　　C. switch　　D. while

5. 下列选项中，结构化程序设计方法的优点是（　　）。

A. 增加了程序的复杂性　　B. 减少了代码的可读性

C. 提高了程序的可维护性　　D. 限制了程序员的创造力

二、填空题

6. 算法的五个基本特性包括有穷性、确定性、输入、输出和________。

7. 伪代码是一种算法表示方法，它使用________来描述算法的逻辑，而不考虑具体的语法细节。

8. 在结构化程序设计中，程序被分解成多个________，每个模块执行单一功能。

9. 顺序结构是结构化程序设计中最基本的逻辑结构，它表示代码按照________执行。

10. 选择结构允许程序根据不同的条件执行不同的代码块，常见的选择结构关键字包括if和________。

项目3
顺序结构程序设计

学习目标

1. 知识目标

- 掌握C语言的数据类型。
- 学习C语言的运算符和表达式。
- 掌握C语言的格式化输入和输出。
- 学习顺序结构程序设计的方法。

2. 技能目标

- 具备使用C语言的数据类型来进行基本运算操作的能力。
- 具备简单程序的编写、运行与测试能力。
- 具备灵活运用C语言格式化输入输出的能力。

3. 素质目标

- 具备严谨、规范的程序设计思维与工程意识。
- 形成主动发现问题、分析并优化算法效率的质量意识。
- 树立团队协作、持续学习的职业素养与开源精神。

项目导引

在深入探讨C语言程序设计的核心要素之前，我们首先回顾算法这一重要概念。算法作为程序的灵魂，指导着程序如何高效地解决问题。而数据类型、运算和输入/输出则是实现这些算法的基础工具。在C语言的学习旅程中，本项目的内容无疑是构建程序基础的关键。本项目深入探讨了数据类型、运算和输入输出这三大核心概念，为后续的程序设计奠定了坚实的基石。

任务3.1 C语言的数据类型

知识点

3.1.1 标识符

数据的认识 数据分类 数据类型转换 数据编程与应用

C语言标识符是用于表示变量、函数、常量、类型等程序元素的名称。在C语言中，标识符的命名规则和命名规范非常重要，它们直接影响代码的可读性、可维护性和可扩展性。

C语言规定，标识符可以是字母（A～Z，a～z）、数字（0～9）、下画线组成的字符串，并且第一个字符必须是字母或下画线。在使用标识符时还要注意以下几点。

①标识符的长度最好不要超过8位，因为在某些版本的C语言中规定标识符前8位有效。当两个标识符前8位相同时，则被认为是同一个标识符。

②标识符是严格区分大小写的。例如Age和age是两个不同的标识符。

③标识符应选用具有实际含义的英文单词组成，做到“见名知义”，避免使用中文。

④标识符不得与C语言的关键字重名。

想了解更多C语言关键字的知识，可查阅C语言的官方文档。

3.1.2 数据类型

在我们玩游戏的时候，游戏中的角色有敏捷型、力量型、法术型等类型。同样，C语言的数据类型可分为基本类型、构造类型、指针类型、空类型四大类。如图3-1所示。

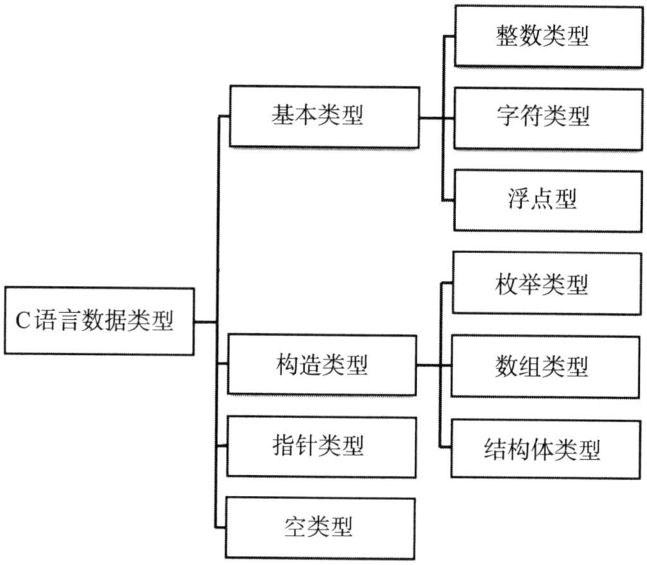

图3-1　C语言数据类型

教学

在C语言中，数据类型指的是用于声明不同类型的变量或函数的一个广泛的系统。变量的类型决定了变量存储在内存中占用的空间，这里用字节（byte）表示，如表3-1所示。

表3-1　C语言数据类型

类型		关键字表示	存储大小	取值范围
整数类型	整型	int	4字节	-2 147 483 648～2 147 483 647
	短整型	short	2字节	-32 768～ 32 767
	长整型	long	4字节	-2 147 483 648～2 147 483 647
字符类型	字符型	char	1字节	-128～127
浮点类型	单精度	float	4字节	1.2E-38～3.4E+38(6位有效数字)
	双精度	double	8字节	2.3E-308～1.7E+308(15位有效数字)
空类型	空类型	void	—	—

注：枚举类型、数组类型、结构体类型将在后续内容中讲解。

为了得到某个类型或某个变量在特定平台上的准确大小，用户可以使用sizeof运算符。表达式sizeof（type）得到对象或类型的存储字节大小。

练习

【例3-1】本实例演示了获取int类型的大小。

```
#include <stdio.h>
#include <limits.h>
int main()
{
    printf("int 存储大小:%lu \n", sizeof(int));
    return 0;
}
输出结果: int 存储大小: 4
```

用同样的方法还可以获取其他类型的大小。下面的示例获取float类型的大小以及精度。

【例3-2】

```
#include <stdio.h>
#include <float.h>
int main()
{
    printf("float 存储最大字节数:%lu \n", sizeof(float));
    printf("float 最小值:%E\n", FLT_MIN );
    printf("float 最大值:%E\n", FLT_MAX );
    printf("精度值:%d\n", FLT_DIG );
    return 0;
}
float 存储最大字节数: 4
float 最小值: 1.175494E-38
float 最大值: 3.402823E+38
精度值: 6
```

【注意】%E、%lu会在后面的格式化输出中详细解释其用法。

【思考】前面我们学习了数据类型，接下来我们一起思考，数据类型怎么使用，或者说如何将前面提到的整数类型、字符类型、小数类型有效地存储起来。

【答疑解惑】经过思考，我们知道，在C语言中，我们是通过变量来存储数据的，在计算机高级语言（例如C、Java等）中，数据存储主要通过变量和常量来实现。

3.1.3 变量和常量

1. 变量

顾名思义，变量就是可变的量。变量的使用严格按照声明（定义）、赋值、使用三个步骤进行。

① 变量声明（定义）

```
语法：type  变量名;
```

type：变量的数据类型，可以是整型、浮点型、字符型、指针型等，也可以是用户自定义的对象。

变量名：可以由一个或多个变量的名称组成。多个变量之间用逗号分隔，变量由字母、数字和下画线组成，且以字母或下画线开头。C语言区分大小写。

```
int age;            // 声明了一个整数类型的变量age
float salary;       //声明了一个浮点类型的变量salary
```

② 变量赋值（初始化）

```
语法：变量名=值;
```

变量名：和前面定义时一样，要按照C语言的语法规则，这里的“=”表示赋值运算符。

值：后面的内容要和步骤① 的数据类型一致，否则会有语法错误。当然，这里的步骤① 和步骤② 也可以同时进行。

```
age=20;                 //接步骤①表示把20赋值给变量age
salary=3000.00;         //把3000.00赋值给变量salary
int x = 10;             //定义整型变量x并初始化为10
int d = 3, f = 5;       //同时定义并初始化d和f
```

【注意】变量在使用之前应该被初始化。未初始化的变量值是未定义的，可能包含任意的垃圾数据。因此，为了避免不确定的行为和错误，建议在使用变量之前进行初始化。

③ 变量使用

```
int x=10;               // 声明了一个整数类型的变量age
printf("%d \n",x);      //使用变量x，打印输出结果
// 输出结果为：10
```

【练一练】根据学习的变量使用方法，定义一个name变量，初始化为自己的名字，并使用printf函数在控制台打印输出结果。

2. 常量

常量即固定不可变的量，是在程序执行期间值不会改变的数据。它可以是任何基本数据类型，比如整数常量、浮点常量、字符常量或字符串常量，还有枚举常量。

（1）整数常量：整数常量可以是十进制、八进制或十六进制的数值。前缀指定基数：0x 或 0X 表示十六进制，0 表示八进制，不带前缀则默认表示十进制；整数常量也可以带后缀，可以是U（无符号）和L（长整型）的任意组合，顺序不限。

```
//下面列举几个整数常量的实例：
85            /* 十进制 */
```

```
0213          /* 八进制 */
0x4b          /* 十六进制 */
30            /* 整数 */
30u           /* 无符号整数 */
30L           /* 长整数 */
078           /* 非法的：8 不是八进制的数字 */
032UU         /* 非法的：不能重复后缀 */
```

① 浮点常量：由整数部分、小数点和小数部分组成，有时也包含指数部分。用户可以使用小数形式或者指数形式来表示浮点常量。例如，后缀f表示float类型的常量。

```
//下面列举几个浮点常量的实例：
3.14f            /* 合法的 float 类型的常量 */
```

② 字符常量：字符常量是用单引号括起来的单个字符，例如，'x' 可以存储在char类型的简单变量中；也可以是一个转义序列（例如 '\t'）或一个通用字符（例如 '\u02C0'）。

如表3-2所示列出了一些常见的转义序列码。

表3-2　常见的转义序列码

转义序列	含义
\\	\ 字符
\'	' 字符
\"	" 字符
\?	? 字符
\a	警报铃声
\b	退格键
\f	换页符
\n	换行符
\r	回车
\t	水平制表符
\v	垂直制表符
\ooo	一到三位的八进制数
\xhh	一个或多个数字的十六进制数

（2）字符串常量：字符串字面值或常量是括在双引号中的。一个字符串包含类似于字符常量的字符：普通的字符、转义序列和通用的字符；字符串常量在内存中以 null 终止符 \0 结尾。例如：

```
char myString[] = "Hello, world!"; //系统对字符串常量自动加一个 '\0'
```

【思考】前面我们学习了常量，接下来我们一起思考，如何在编程中来定义常量。

【答疑解惑】在 C 语言中，有两种简单的定义常量的方式：#define 预处理器指令和 const 关键字。

① #define 预处理器指令：#define 可以在程序中定义一个常量，它在编译时会被替换为其对应的值。因为是预编译过程的一部分，所以一般写在库函数声明之后，具体函数实现之前。

语法：#define 常量名 常量值

```
//下面的代码定义了一个名为PI的常量：
#define PI 3.14159
//在程序中使用该常量时，编译器会将所有的PI替换为 3.14159。
```

② const 关键字：const 关键字用于声明一个只读变量，即该变量的值不能在程序运行时被修改。

语法：const 数据类型 常量名=常量值

```
//下面的代码定义了一个名为MAX_VALUE的常量：
const int MAX_VALUE = 100;
```

注意：将常量定义为大写字母形式是一个良好的编程习惯。

【练一练】根据学习的常量的使用方法，使用#define 或者 const 来定义一个长度为 10，宽度为 5 的矩形，并计算该矩形的面积 area。

考点

【例 3-3】至【例 3-4】是计算机二级考试 C 语言真题精选。

【例 3-3】下列选项中，可用于 C 语言用户标识符的一组是（　　）。

A. void, define, WORD　　B. a3_3,_123,Car

C. For, -abc, IF Case　　D. 2a, DO, sizeof

【答案】 B

【解析】 此题使用排除法。C 语言规定用户标识符由字母、数字和下画线组成，且第一个字符必须是字母或下画线，可见选项 C、D 是错误的；此外，C 语言不允许用户将关键字作为标识符，而选项 A 中的“void”正是 C 语言的关键字。

【例 3-4】下列选项中，可作为 C 语言合法常量的是　（　　）。

A. -80　　B. -080　　C. -8e1.0　　D. -80.0e

【答案】 A

【解析】 选项B中，以0开头表示是一个八进制数，而八进制数的取值范围是0～7，所以“-080”是不合法的；选项C、D中，“e”后面的指数必须是整数，因此也不合法。

知识点

3.1.4　类型转换

类型转换是将一个数据类型的值转换为另一种数据类型的值。C语言中有以下两种类型转换。

① 隐式类型转换：隐式类型转换是在表达式中自动发生的，无须进行任何明确的指令或函数调用。它通常是将一种较小的类型自动转换为较大的类型，例如，将int类型转换为long类型或将float类型转换为double类型。隐式类型转换也可能会导致数据精度丢失或数据截断。

```
//下面是隐式类型转换实例:
int i = 10;
float f = 3.14;
double d = i + f; // 隐式将int类型转换为double类型
// 运算结果:13.14
```

② 显式类型转换：显式类型转换需要使用强制类型转换运算符（type casting operator）。它可以将一个数据类型的值强制转换为另一种数据类型的值。强制类型转换可以使程序员在必要时对数据类型进行更精确的控制，但也可能会导致数据丢失或截断。

显式类型转换实例：

```
double d = 3.14159;
int i = (int)d; // 显式将double类型转换为int类型，这里精度丢失
```

【程序运行结果】3

下面的示例演示char类型与int类型之间的隐式转换。

```
#include <stdio.h>
int main()
{
    char c='a';
    // %d 显示整数 // %c 显示对应字符
    printf ("%c 的 ASCII 为 %d", c, c) ;
    return 0; 。
    }
```

【程序运行结果】

```
a 的 ASCII 为 97。
```

任务3.2 C语言的运算符

知识点

C语言的运算符和表达式构成了程序的基本逻辑。通过各种运算符对数据进行算术运算、逻辑运算、位运算等操作，并用表达式将这些运算组合成完整逻辑。C语言提供了丰富的运算符，包括算术运算符、关系运算符、逻辑运算符、位运算符等多种类型，每种运算符都有明确的优先级和结合性规则。

C语言运算符（一）　C语言运算符（二）

3.2.1 算术运算符

算术运算符是完成基本数学运算的基础工具，包括加（+）、减（–）、乘（*）、除（/）和取余（%）。使用这些运算符时，必须遵循它们的优先级和结合性，否则可能会产生果。C语言基本算术运算符如表3-3所示。在表3-3中，假设变量A的值为10，变量B的值为20。

表3-3　算术运算符

运算符	描述	示例
+	把两个操作数相加	A + B 将得到 30
-	从第一个操作数中减去第二个操作数	A - B 将得到 -10
*	把两个操作数相乘	A * B 将得到 200
/	分子除以分母	B / A 将得到 2
%	取模运算符,整除后的余数	B % A 将得到 0
++	自增运算符,整数值增加 1	A++ 将得到 11
--	自减运算符,整数值减少 1	A-- 将得到 9

在C语言中，乘号用“*”代替，除号用“/”代替。除法运算中如果相除的两个数都是整数的话，则结果也为整数，小数部分省略，如8/3 = 2；如果两数中有一个为小数时，结果则为小数，如9.0/2 = 4.500000。取余运算只适合对两个整数进行，如10%3 = 1；而10.0%3则是错误的表达；运算后的符号取决于被模数的符号，如(–10)%3 = –1；但是，10%(–3) = 1。

不同算术运算符的优先级不同。例如，乘除法运算符（*, /）的优先级高于加减法运算符（+, –），而取余运算符（%）的优先级又低于加减法运算符。当多个运算符出现在同一个表达式中时，就根据这种优先级来决定它们的执行顺序。如果需要改变这种默认的执行顺序，则可以使用圆括号来明确指定部分表达式的优先级。

例如：表达式a+b*c会先计算b*c然后加上a的值。如果你想先计算b*c再将结果与a相加并得到正确结果，应该使用（a+b）*c。

下面是一个简单的例子，演示了如何使用这些算术运算符来进行基础的数学运算，代码如下：

```
#include <stdio.h>
int main() {
    int a = 3, b = 5, c = 7, d = 9;
    int r = a * b * c * d; // 使用乘法运算符'*' 进行连乘
    printf ("结果 of %d, %d, %d, and %d is %d\n", a, b, c, d,r) ;
    return 0;
}
```

在这个例子中，我们首先使用乘法运算符进行连乘，然后将结果输出。

3.2.2 关系运算符

C语言支持的所有关系运算符如表3-4所示。在表3-4中，假设变量A的值为10，变量B的值为20。

表3-4 C语言支持的所有关系运算符

运算符	描述	示例
==	用于检查两个操作数的值是否相等。如果相等,则条件为真	(A == B) 为假
!=	用于检查两个操作数的值是否不等。如果不等,则条件为真	(A != B) 为真
>	用于检查左操作数的值是否大于右操作数的值。如果是,则条件为真	(A > B) 为假
<	用于检查左操作数的值是否小于右操作数的值。如果是,则条件为真	(A < B) 为真
>=	用于检查左操作数的值是否大于或等于右操作数的值。如果是,则条件为真	(A >= B) 为假
<=	用于检查左操作数的值是否小于或等于右操作数的值。如果是,则条件为真	(A <= B) 为真

3.2.3 逻辑运算符

C语言支持的所有关系逻辑运算符如表3-5所示。在表3-5中，假设变量A的值为1，变量B的值为0。

表3-5　C语言支持的所有关系逻辑运算符

运算符	描述	实例
&&	称为逻辑与运算符。如果两个操作数都非零,则条件为真	(A && B) 为假
||	称为逻辑或运算符。如果两个操作数中有任意一个非零,则条件为真	(A || B) 为真
!	称为逻辑非运算符。用来逆转操作数的逻辑状态。如果条件为真,则逻辑非运算符将使其为假	!(A && B) 为真

【例3-5】下面的示例演示了逻辑运算符用法。

```
#include <stdio.h>
int main() {
    int a = 5;
    int b = 20;
    int c ;
        if ( a && b ) {
        printf("Line 1 - 条件为真\n" );
        }
        if ( a || b ) {
        printf("Line 2 - 条件为真\n" ); }
        /* 改变 a 和 b 的值 */
        a = 0; b = 10;
        if ( a && b ) {
        printf("Line 3 - 条件为真\n" );
        } else {
        printf("Line 3 - 条件为假\n" );
        }
        if ( !(a && b) ) {
        printf("Line 4 - 条件为真\n" );
        }
    }
//输出结果为:
Line 1 - 条件为真
Line 2 - 条件为真
Line 3 - 条件为假
Line 4 - 条件为真
```

3.2.4　赋值运算符

C语言支持的赋值运算符如表3-6所示。

表3-6 C语言支持的赋值运算符

运算符	描述	示例
=	简单的赋值运算符。把右边操作数的值赋给左边操作数	C = A + B 将把 A + B 的值赋给 C
+=	加且赋值运算符。把右边操作数加上左边操作数的结果赋值给左边操作数	C += A 相当于 C = C + A
-=	减且赋值运算符。把左边操作数减去右边操作数的结果赋值给左边操作数	C -= A 相当于 C = C - A
*=	乘且赋值运算符。把右边操作数乘以左边操作数的结果赋值给左边操作数	C *= A 相当于 C = C * A
/=	除且赋值运算符。把左边操作数除以右边操作数的结果赋值给左边操作数	C /= A 相当于 C = C / A
%=	求模且赋值运算符。将两个操作数相除的余数赋值给左边操作数	C %= A 相当于 C = C % A
<<=	左移且赋值运算符	C <<= 2 等同于 C = C << 2
>>=	右移且赋值运算符	C >>= 2 等同于 C = C >> 2
&=	按位与且赋值运算符	C &= 2 等同于 C = C & 2
^=	按位异或且赋值运算符	C ^= 2 等同于 C = C ^ 2
|=	按位或且赋值运算符	C |= 2 等同于 C = C | 2

【例3-6】通过示例演示赋值运算符用法。

```
#include <stdio.h>
int main()
{
    int a = 21;
    int c ;
    c = a;
    printf("Line 1 - = 运算符实例,c 的值 = %d\n", c );
    c += a; printf("Line 2 - += 运算符实例,c 的值 = %d\n", c );
    c -= a; printf("Line 3 - -= 运算符实例,c 的值 = %d\n", c );
    c *= a; printf("Line 4 - *= 运算符实例,c 的值 = %d\n", c );
    c /= a; printf("Line 5 - /= 运算符实例,c 的值 = %d\n", c );
    c = 200;
    c %= a;
    printf("Line 6 - %%= 运算符实例,c 的值 = %d\n", c );
    c <<= a; printf("Line 7 - <<= 运算符实例,c 的值 = %d\n", c );
    c >>= a; printf("Line 8 - >>= 运算符实例,c 的值 = %d\n", c );
```

```
    c &= a; printf("Line 9 - &= 运算符实例,c 的值 = %d\n", c );
    c ^= a; printf("Line 10 - ^= 运算符实例,c 的值 = %d\n", c );
    c |= a; printf("Line 11 - |= 运算符实例,c 的值 = %d\n", c );
}
//输出结果:
Line 1 - =  运算符实例,c 的值 = 21
Line 2 - += 运算符实例,c 的值 = 42
Line 3 - -= 运算符实例,c 的值 = 21
Line 4 - *= 运算符实例,c 的值 = 441
Line 5 - /= 运算符实例,c 的值 = 21
Line 6 - %= 运算符实例,c 的值 = 11
Line 7 - <<= 运算符实例,c 的值 = 44
Line 8 - >>= 运算符实例,c 的值 = 11
Line 9 - &= 运算符实例,c 的值 = 2
Line 10 - ^= 运算符实例,c 的值 = 0
Line 11 - |= 运算符实例,c 的值 = 2
```

3.2.5 条件运算符

条件运算符是?:，也被称为三元运算符。它是一种特殊的运算符，需要三个操作数：第一个为条件，第二个和第三个分别为表达式1和表达式2。其基本原则是根据条件的真假来决定执行哪个表达式的计算并返回其结果。如果条件为真（即非零），则计算并返回表达式1的值；如果条件为假（即为零），则返回表达式2的值。

尽管在某些特定情况下，条件运算符的优先级可能不如其他运算符高，但在多数情况下，它的优先级是最高的。然而，当多个条件运算符出现在同一个表达式中时，它们的执行顺序取决于在表达式中出现的先后顺序。需要注意的是，条件运算符的结合性是从右到左的，这意味着同优先级的条件运算符会先作用于最右侧的操作数。例如，a > b ? a : b会首先判断a是否大于b，然后根据结果返回相应的值。

【例3-7】下面是使用条件运算符的示例。

```
#include <stdio.h>
int main()
{
    int a = 3, b = 5, c = 7, d = 9;
    int result;
    result = a > b ? a:b; // result 的值为 5,因为 3 不大于 5
printf("%d \n",result);
    result = a < c ? a:c; // result 的值为 3,因为 3 小于 7
printf("%d \n",result);
    result = a == d ? a:d; // result 的值为 9,因为 3 不等于 9
```

```
printf("%d \n",result);
    return 0;
}  // 输出结果为：5    3    9
```

在上述示例中，我们使用了条件运算符来简化了一些基本的逻辑判断。

3.2.6 逗号运算符

C语言中的逗号运算符（,）是一个特殊的二元运算符，它允许在一条语句中同时执行多个表达式。逗号运算符的优先级非常低，这意味着在表达式求值时，它会是最后被执行的运算符。因此，逗号运算符通常用于在一条语句中初始化多个变量或将多个表达式连接在一起。

【例3-8】下面是一个使用逗号运算符的示例。

```
#include <stdio.h>
int main()
{
    int a, b, c;
    a = 1, b = 2, c = a + b; // 逗号运算符用于初始化变量a和b,并将a与b相加,结果
赋值给c
    printf("c = %d\n", c); // 输出c的值为3
    return 0;
}
```

在这个示例中，逗号运算符用于在main函数的开始处初始化a、b和c三个变量。逗号运算符使得可以在一个语句中同时进行多个变量的初始化和一个表达式的计算。

3.2.7 sizeof长度运算符

sizeof运算符是C语言中用于获取数据类型或数据对象长度的运算符，返回一个对象或类型所占用的存储空间（以字节为单位）。sizeof运算符可以用于基本数据类型、结构体、联合体、数组以及函数指针类型。当应用于数组时，它返回整个数组占用的空间，而非单个元素的大小。

sizeof运算符的优先级较低，因此在表达式中，它会最后被求值。其结合性是从左到右的，意味着在表达式中，sizeof会首先计算最靠左的操作数，然后是下一个，依此类推。

【例3-9】下面是使用sizeof运算符的示例。

```
#include <stdio.h>
int main()
{
    int intSize = sizeof(int); //获取整型的大小
    float floatSize = sizeof(float); // 获取浮点型的大小
    char strSize = sizeof("Hello World"); //获取字符串的大小
    return 0;
}
```

上面的示例中，我们演示了如何使用sizeof运算符来获取不同数据类型和对象的大小。

3.2.8 优先级

优先级是指在运算过程中各种运算符被计算的先后顺序。

如表 3-7 所示列出了各种运算符的优先级。具有较高优先级的运算符位于表格上方，具有较低优先级的运算符出现在下方。在表达式计算时，会首先执行较高优先级的运算符所参与的操作。

表 3-7 运算符优先级

类别	运算符	结合性
后缀	() [] -> . ++ --	从左到右
一元	+ - ! ~ ++ -- (type) * & sizeof	从右到左
乘除	* / %	从左到右
加减	+ -	从左到右
移位	<< >>	从左到右
关系	< <= > >=	从左到右
相等	== !=	从左到右
位与	&	从左到右
位异或	^	从左到右
位或	|	从左到右
逻辑与	&&	从左到右
逻辑或	||	从左到右
条件	?:	从右到左
赋值	= += -= *= /= %= >>= <<= &= ^= |=	从右到左
逗号	,	从左到右

上表中的优先级依次递减。举例说明：例如 x = 7 + 3 * 2，在此例中，x 被赋值为 13，而非 20，因为乘法运算符的优先级高于加法运算符，所以首先进行乘法 3*2 的计算，然后再加上 7。

【例 3-10】下面通过实例进一步展示运算符的优先级。

```
#include <stdio.h>
int main() {
  int a = 20;
  int b = 10;
  int c = 15;
  int d = 5;
  int e;
  e = (a + b) * c / d; // ( 30 * 15 ) / 5
```

```
    printf("(a + b) * c / d 的值是 %d\n", e );
    e = ((a + b) * c) / d; // (30 * 15 ) / 5
    printf("((a + b) * c) / d 的值是 %d\n" , e );
    e = (a + b) * (c / d); // (30) * (15/5)
    printf("(a + b) * (c / d) 的值是 %d\n", e );
    e = a + (b * c) / d; // 20 + (150/5)
    printf("a + (b * c) / d 的值是 %d\n" , e );
    return 0;
  }
  // 运算结果为:
  (a + b) * c / d 的值是 90
  ((a + b) * c) / d 的值是 90
  (a + b) * (c / d) 的值是 90
  a + (b * c) / d 的值是 50
```

考点

【例3-11】至【例3-12】是计算机二级考试C语言真题精选。

【例3-11】有以下程序段：

```
char ch; int k;
ch='a';
k=12;
printf("%c,%d,%d,\n",ch,ch,k);
printf("k=%d \n",k);
```

已知字符a的ASCII码值为97，则执行上述程序段后的输出结果是（　　）。

A. 因变量类型与格式描述符的类型不匹配，输出无定值

B. 输出项与格式描述符个数不符，输出为零值或不定值

C. a,97,12 k=12

D. a,97,12,k=12

【答案】D

【解析】输出格式控制符%c表示将变量以字符的形式输出；输出格式控制符%d表示将变量以带符号的十进制整型数输出。所以第一个输出语句输出的结果为a,97,12；第二个输出语句输出的结果为k=12。

【例3-12】有下列程序：

```
#include <studio.h>
main()
{  int i,s=1;
```

```
for (i=1;i<50;i++)
if(!(i%5)&&!(i%3))  s+=i;
printf("%d\n",s);}
```

则程序的输出结果是（　　）。

A. 409　　B. 277　　C. 1　　D. 91

【答案】D

【解析】本题是计算50之内的自然数中能被5和3同时整除的数相加之和，题中if语句括号中的条件表达式！(i%5)&&!(i%3)表明只有能同时被5和3整除的数才符合相加的条件。1～49满足这个条件的只有15、30和45，因为s的初始值为1，所以s=1+15+30+45=91。

任务3.3　C语言的格式化输入和输出

知识点

C语言函数库中有一批“标准输入输出函数”，它是以标准的输入输出设备（一般为终端设备）为输入输出对象的。其中有putchar()、getchar ()、printf ()、scanf()、puts()、gets()六个函数。可以将它们分为两类：格式化输入输出和字符的输入输出。

格式输入输出（一）

格式输入输出（二）

字符的格式输入输出

3.3.1　格式化输出函数printf()

格式化输出语句，也可以说是占位输出语句，是将各种类型的数据按照格式化后的类型及指定的位置从计算机上显示。这样做的好处，是有利于计算机能够准确地显示我们所要输出的数据类型。其格式为：

```
printf("输出格式符",输出项);
```

C语言中的常用格式化符如表3-8所示。

表3-8　常用的格式化符

格式符	说明	示例
%d	带符号十进制整数	int a=10 ; printf("%d",a); 输出结果为10
%c	单个字符	char x='a'; printf("%c", x); 输出结果为a
%s	字符串	printf(%s","慕课网"); 输出结果为慕课网
%f	6位小数	float a=1.23; printf("%f",a);输出结果为1.230000

当输出语句中包含普通字符时，可以采用以下格式：

printf("普通字符输出格式符", 输出项);

输出语句中包含普通字符的代码如图3-2所示。

```
int a = 10;
printf("a=%d", a);
```

图3-2　输出语句中包含普通字符

图3-2中的代码输出的结果：a=10。如果要输出多个变量并指定变量的位置时，格式符还可以连用，变量之间需要用逗号隔开，如图3-3所示。

```
[illegible] a = [illegible];
[illegible] b = [illegible];
[illegible] x = [illegible];
[illegible]("整数：%d，小数：%f，字符：%c", a, b, x);
```

图3-3　输出多个变量

图3-2中的代码输出的结果：

整数：10，小数：7.560000，字符：c。

【注意】格式符的个数要与变量、常量或者表达式的个数一一对应。

3.3.2　格式化输入函数scanf()

scanf()函数是C语言中用于格式化输入的标准函数，它允许程序员从标准输入（通常是键盘）读取数据，并将这些数据存储在指定的变量中。scanf()具有强大的数据读取能力，并且可以通过特定的格式字符串来转换输入的数据，使其与程序中的预期格式相匹配。

scanf()的格式字符串可以包含多种格式化指令，例如%d用于整数，%f用于浮点数，%c用于字符。格式字符串中还可以包含限定符，如%10s表示最多读取十个字符的字符串。scanf()函数中的格式控制符如表3-9所示。

表3-9　scanf()函数中的格式控制字符

格式控制符	对输入的要求
%d或%i	要求用户输入一个十进制有符号的整数
%x,%X	要求用户输入一个十六进制无符号整数
%o	要求用户输入一个八进制无符号整数
%u	要求用户输入一个十进制无符号整数
%c	要求用户输入一个字符
%s	要求用户输入一个字符串
%f	要求用户输入一个实数
%e,%E	要求用户用指数形式输入一个实数
%g,%G	等价于%f或%e或%E

假设我们要读取三个整数a、b和c，代码如下。

```
#include <stdio.h>
int main()
{
    int a, b, c;
    printf ("请输入三个数字: ") ;
     scanf ("%d %d %d", &a, &b, &c) ;
    printf ("%d, %d, %d\n", a, b, c) ;
    return 0;
}
```

在此示例中，scanf()用于读取用户输入的三个整数，并将它们存储在变量a、b和c中。

3.3.3 字符输入和输出函数

C语言提供了一系列用于输入和输出字符和字符串的函数，除了printf()和scanf()，还有putchar()、getchar()、puts()和gets()等函数，用于处理字符和字符串的输入与输出。这些函数的使用方法和场景各有不同，下面我们将详细探讨每个函数的特点和应用。

putchar()函数用于向标准（通常是屏幕）输出单个字符。它的原型是int putchar (int c);，其中c是要输出的字符。例如，putchar(‘A’)；将输出字符‘A’。如果输出成功，函数会返回输出的字符的ASCII码。

getchar()函数从标准输入读取下一个可用的字符，并以整数形式返回。它的原型是int getchar(void);，不需要参数。例如，ch = getchar();将读取一个字符并将它存储在变量ch中。

使用getchar()和putchar()函数的实例如下。

```
#include <stdio.h>
int main()
{
   int c;
   printf( "请输入：");
   c = getchar();
   printf( "\nYou entered:");
   putchar( c );
   printf( "\n");
   return 0;
}
```

当上面的代码被编译和执行时，它会等待用户输入一些文本，当输入一个字符并按下回车键时，程序会继续并只会读取这一个单一的字符，显示如图3-4所示。

```
请输入:r  ↵(回车)
You entered: r
```

图3-4 输入输出的结果

puts()函数用于向标准输出打印一个字符串，并在末尾添加换行符。它的原型是int puts(const char *str);，其中str是要输出的字符串。例如，puts("Hello, World!")；将输出字符串"Hello, World!"及其后跟随的换行符。

gets()函数用于从标准输入读取一行字符串，直到遇到换行符或EOF。由于它不检查缓冲区大小，可能会导致缓冲区溢出，因此不建议使用。可以用fgets()代替，后者可以在读取指定数量的字符后停止，并在字符串末尾自动添加空字符（非换行符）。

使用gets()和puts()函数的实例如下。

```
#include <stdio.h>
int main( )
{
   char str[100];
   printf( "Enter a value :");
   gets( str );
   printf( "\nYou entered: ");
   puts( str );
   return 0;
}
```

当上面的代码被编译和执行时，它会等待用户输入一些文本，当输入一个文本并按下回车键时，程序会继续并读取一整行直到该行结束，显示如图3-5所示。

```
$./a.out
Enter a value :runoob

You entered: runoob
```

图3-5 输入输出的结果

在实际编程中，我们需要根据不同的需求选择合适的输入输出函数。例如，当需要格式化输出时，printf()是首选；当需要逐个字符输入或输出时，getchar()和putchar()更为合适；当需要输出完整的字符串，并且希望立即换行时，puts()可以快速实现。对于字符串的输入，fgets()是更安全的选择，因为它允许指定最大输入字符数，避免了溢出的问题。

任务3.4 C语言的顺序结构

知识点

C语言中的顺序结构是一种基础的程序设计模式，它遵循代码书写的顺序，从上到下逐行执行。在顺序结构中，程序的执行路径是单一的，不存在跳转或分支。这种结构通常包含赋值语句、输入/输出语句等，它们按顺序执行，完成特定的任务。顺序结构的特点如下。

流程图的画法

① 按顺序执行：程序从第一行开始执行，逐行执行每一行代码，直至最后一行。

② 逐条执行：每一条语句都要完整执行后，才能进入下一条语句的执行，不会跳过或并行执行。

③ 依赖关系：后续语句的执行可能依赖于前面的语句，形成一种数据流向的依赖关系。

假设我们要编写一个程序，计算两个整数的和并输出结果。我们可以使用顺序结构来实现，先声明变量，然后接收用户输入，接着进行加法运算，最后输出结果。这个过程体现了顺序结构的特性，每一步都是在前一步完成的基础上进行的，代码如下。

```
#include <stdio.h>
int main()
{
    int num1, num2, sum;
    printf("请输入两个整数:");
    scanf("%d %d", &num1, &num2);
    sum = num1 + num2;
    printf("两数的和为:%d\n", sum);
    return 0;
}
```

顺序结构虽然简单，但在实际编程中非常重要，它是构建更复杂程序的基础。通过与其他控制结构的结合，可以实现各种功能丰富的应用程序。

项目小结

本项目主要介绍了C语言的数据类型、运算符、表达式以及顺序结构程序设计。通过理解和学习C语言的数据类型，我们就可以学会在编写程序的过程中精确地确定变量的类型。这就要求我们在学习时要时刻保持追求精确、严谨的工作态度。

拓展阅读

中国传统文化："言必信，行必果。"——强调信息的准确性和可靠性。

故事：农业专家的信息管理责任感

20世纪70年代，我国计算机专家们在开发农业管理信息系统时，需要收集和管理大量的农田数据。他们意识到，信息的准确性直接关系到农业生产的效率和农民的利益。因此，他们在设计数据输入和输出时，非常注重信息的准确性和完整性。例如，农业专家们在输入农田的土壤肥力、作物生长情况等数据时，严谨细致，确保数据的真实可靠。

① 信息管理责任：信息的准确性直接关系到决策的科学性和有效性。在编程中，我们要有强烈的信息管理责任感，确保输入和输出的数据准确无误。

② 团队合作：农业管理信息系统涉及多个领域的合作。在编程中，我们也要学会团队合作，共同完成复杂任务。

③ 服务社会：通过信息技术提高农业生产效率，体现了科技服务社会的价值。编程不仅是技术，更是服务社会的工具。

课后习题

一、选择题

1. 在C语言中，整型数据类型（int）通常占用的内存空间有（　　）。

A. 1字节　　B. 2字节　　C. 4字节　　D. 8字节

2. 在C语言中，下列选项中用于计算两个数的乘积的运算符是（　　）。

A. +　　B. -　　C. *　　D. /

3. 在C语言中，格式化输入输出通常使用的库函数是（　　）。

A. printf()　　B. scanf()　　C. both A and B　　D. None of the above

4. 在C语言中，下列选项中用于实现顺序结构的程序设计的语句是（　　）。

A. if-else　　B. for　　C. while　　D. ;

5. 下列选项中，不是C语言基本数据类型的是（　　）。

A. int　　B. float　　C. double　　D. string

二、填空题

6. 在C语言中，基本数据类型包括整型（int）、字符型（char）、________和双精度型（double）。

7. C语言中的算术运算符包括加（+）、减（-）、乘（*）、除（/）以及模运算符（__________）。

8. 在C语言中，使用________函数可以实现从键盘输入数据。

9. 顺序结构程序设计中，每个语句按照它们在源代码中的_______顺序执行。

10. 在C语言中，使用printf()函数输出数据时，可以通过格式说明符来控制输出的格式，例如%d用于输出________。

项目4
选择结构程序设计

学习目标

1. 知识目标

- 掌握关系运算。
- 掌握逻辑运算。
- 掌握条件运算。
- 掌握if语句。
- 掌握switch语句。

2. 技能目标

- 具备对关系表达式求值的能力。
- 具备对逻辑表达式求值的能力。
- 具备对条件表达式求值的能力。
- 具备利用if语句实现选择的能力。
- 具备利用switch语句实现多分支选择的能力。

3. 素质目标

- 具备观察思考的意识。
- 具备判断和选择的能力。
- 具备把复杂问题分解成简单问题的能力。

项目导引

顺序结构程序自上而下依次执行程序中的每一条语句，以固定方式处理数据，完成简单的运算，解决生活中不需要选择的问题。

现实生活中，我们经常要面对复杂的问题，需要根据不同条件进行不同的操作。这时候就要用到计算机的逻辑判断能力，C语言提供了选择结构来实现逻辑判断。选择结构允许我们根据条件表达式的结果来选择不同的语句块执行，从而实现程序的灵活性和动态性。

本项目将重点讲解如何使用C语言中的选择结构，包括if语句、switch语句以及条件运算符。通过本项目的学习，我们能够编写出更加灵活的C语言程序，解决复杂多样化的问题。

任务4.1 构建选择结构的条件表达式

关系运算和逻辑运算是C语言中实现条件判断的基础，对于编写具有决策能力的程序至关重要。通过结合关系运算和逻辑运算，我们可以构建复杂的条件表达式，实现程序的决策控制。

分支结构中的关系运算

分支结构中的逻辑运算

在C语言中，我们如何实现选择功能？C语言中一般用关系运算、逻辑运算、条件运算来构成选择条件，通过条件表达式运算的结果来实现选择功能。下面我们就来了解关系表达式，逻辑表达式及条件表达式的运算。

知识点

4.1.1 认识关系运算符与关系表达式

1. 关系运算符

关系运算符是比较两个操作数大小的运算符，其运算结果为逻辑值“真”或“假”。当关系成立时，结果为“真”；关系不成立时结果为“假”。C语言中的6种关系运算符如表4-1所示。

表4-1 6种关系运算符

运算符	名称	示例	运算结果
>	大于	10>5	1
>=	大于等于	10>=10	1

续表

运算符	名称	示例	运算结果
<	小于	10<5	0
<=	小于等于	10<=10	1
= =	等于	10= =5	0
!=	不等于	10!=5	1

【说明】

① ">=""<=""==""!="这几种符号之间不能存在空格。

② 在C语言的逻辑运算中，用"1"代表"真"，用"0"代表"假"。

③ 上面6种关系运算中，前4种（>、>=、<、<=）的优先级相同，后2种（==、! =）的优先级相同，前4种的优先级高于后2种。

④ 关系运算符的结合性是从左到右的。

2. 关系表达式

用关系运算符把两个表达式连接起来的式子称为关系表达式。

① 关系表达式的一般形式为：

```
表达式1 关系运算符 表达式2
```

② 关系表达式的值有两个，分别是1和0。当关系表达式成立时，其值为1；当关系表达式不成立时，其值为0。

教学

【例4-1】根据关系运算符的优先级和结合性，求如表4-2所示关系表达式的值。已知a=1，b=1，c=2。

表4-2 关系表达式

关系表达式	等价于	关系成立否	表达式值
a+1<b	(a+1)<b	2<1,不成立	0
c= =b+1	c= =(b+1)	2= =2,成立	1
a<=b+c	a<=(b+c)	1<=3,成立	1
a= =c>b	a= =(c>b)	1= =1,成立	1
a=b>c	a=(b>c)	a=0,(0赋值给a)0	0
a<=b!=b>=2	(a<=b)!=(b>=2)	1!=0,成立	1
c<a<b	(c<a)<b	0<1,成立	1

【说明】

① 表达式运算按照运算符的优先级进行，优先级高的先运算。

② 运算符优先级相同的按照运算符的结合性运算。

③ 关系运算符的优先级低于算术运算符，但高于赋值运算符。

学习

【例4-2】分析以下程序的运行结果。

```
#include<stdio.h>
int main()
{
  int a = 3, b = 4, c = 5;
  printf("a+3<=c值为:%d\n",a+3<=c);
  printf("3*b-2>c+4值为:%d\n",3*b-2>c+4);
  printf("c>b>a值为:%d\n",c>b>a);
  return 0;
}
```

【程序解读】

① 关系运算符和算术运算符做混合运算时，先进行算术运算，然后才做关系运算。

② 多个关系运算符参与运算时，按照关系运算符的优先级和结合性依序进行运算。

【程序运行结果】

```
a+3<=c值为: 0
 3*b-2>c+4值为: 1
 c>b>a值为: 0
```

练习

分析以下程序的运行结果。

```
#include<stdio.h>
int main()
{
  int a=3, b=4, c=5;
  float  x=9.8;
  printf("x-5==x/2值为:%d\n",x-5==x/2);
  printf("a+b+c!=2*b值为:%d\n",a+b+c!=2*b);
  printf("c==b+1==a+2值为:%d\n",c==b+1==a+2);
  return 0;
}
```

知识点

4.1.2 认识逻辑运算符与逻辑表达式

1. 逻辑运算符及其运算规则

逻辑运算是用来表示运算对象的逻辑关系。C语言中的逻辑运算符如表4-3所示。

表4-3 逻辑运算符

运算符	名称	示例	运算规则
!	逻辑非	!a	取a的反值,即: 若a为真值,则!a为假值; 若a为假值,则!a为真值
&&	逻辑与	a&&b	a、b都为真值时,结果为真值,否则为假值
||	逻辑或	a||b	a、b有一个为真值时,结果为真值,否则为假值

各种逻辑运算的真值表如表4-4所示。

表4-4 逻辑运算的真值

x	y	!x	!y	x&&y	x||y
0	0	1	1	0	0
0	非0	1	0	0	1
非0	0	0	1	0	1
非0	非0	0	0	1	1

2. 逻辑表达式

关系表达式只能描述单一的条件，当选择判断的条件有多个时，就要借助逻辑表达式。用逻辑运算符连接起来的表达式即为逻辑表达式。其一般形式如表4-5所示。

表4-5 逻辑表达式

逻辑表达式	示例	表达式结果
!表达式1	!(5>8)	1
表达式1&&表达式2	5>=5 && 7>8	0
表达式1||表达式2	5>=5 || 7>8	1

【说明】

① 逻辑运算符的优先性

!（非）→算术运算符→关系运算符→&&和||→赋值运算符

（高） （低）

② 逻辑运算符的结合性

! 右结合，&&和||左结合。

教学

【例4-3】根据逻辑运算符的优先级和结合性，计算如表4-6所示逻辑表达式的值。

表4-6 逻辑表达式的值

逻辑表达式	表达式值
!0	1
0&&3	0
0||3	1
!0&&4	1
4&&0||3.2	1
'A'&&'B'	1

【例4-4】求表达式 2<3 && 6>3-!0的值。

【表达式说明】

① C语言中()运算符的优先级最高，多个()嵌套时，由内向外依次求出每个()里的值，因此我们可以在表达式中加上()运算符来明确表达式的运算顺序。

② 根据运算符的优先级，先计算!，接着进行算术运算，然后进行关系运算，最后进行&&运算。

③ 2<3&&6>3-!0等价于(2<3)&&(6>(3-(!0)))，表达式的运行过程如图4-1所示。

```
(2<3)&&(6>(3-(!0)))
  1  &&(6>(3- 1  ))
  1  &&(6>  2     )
  1  &&     1
     1
```

图4-1 例【4-4】表达式运算过程

【表达式运行结果】1

学习

【例4-5】分析以下程序的运行结果。

```
#include<stdio.h>
int main()
{     int a=3,b=4,c=5;   //定义了3个整型变量并赋初值
```

```
    (a>b)&&(b=b+c)||(c=c+b);   //表达式运算
    printf("a=%d,b=%d,c=%d\n",a,b,c);   //输出语句
    return 0;
}
```

【程序解读】

① 主函数中定义了3个整型变量a、b、c并赋初值。

② 执行一条表达式运算语句。

③ 输出变量a、b、c的值。

其中表达式（a>b）&&（b=b+c）||（c=c+b）的运行过程如图4-2所示。

(a>b)&&(b=b+c)||(c=c+b) 的运算				
(a>b)	&&	(b=b+c)	||	(c=c+b)
0	&&	**不运算**	||	**(c=c+b)**
	0		||	**(c=9)**
	0		||	1
			1	

图4-2　表达式运算过程

【程序运行结果】

```
a=3,b=4,c=9
```

【说明】

①参与逻辑运算的对象可以是任何类型的数据。凡为“0”的数据都作“0”处理，将所有“非0”的数据都作 “1”处理。运算结果一定是“1”（表示逻辑“真”）或“0”（表示逻辑“假”）。

② 短路：在逻辑表达式的求解过程中，只要能确定表达式的值，就不继续向后求解其他表达式的值，这种情况称为“短路”。

a）a&&b：若a==0，则&&右边的表达式不再运算。

b）a||b：若a==1，则||右边的表达式不再运算。

【例4-4】使用逻辑表达式设定下述判断条件：

1. 判断字符变量ch是否为数字字符，即字符变量ch要在数字‘0’和‘9’之间。

C语言中对应表达式：`(ch>='0')&&(ch<='9')` 。

2. 判断字符变量ch是否为英文字符（大小写不分），即字符变量ch要在小写字符‘a’和‘z’或者大写字符‘A’和‘Z’之间。

C语言中对应表达式：`(ch>='a'&& ch<='z')||(ch>='A' && ch<='Z')`。

3. 设定数据的表示范围：$0<a<1$，$0<b<1$

C语言中对应表达式：`(a>0 && a<1)&&(b>0 && b<1)`

练习

分析下面程序的运行结果。

```
#include <stdio.h>
int main()
{
    int a=3,b=3,c=2;
    printf("%d\n",!a&&!b&&c);
    printf("%d\n",!a||!b||c);
}
```

任务4.2 用if语句完成单分支选择结构

知识点

C语言提供了简单的if语句可以实现单分支选择结构。

分支结构中的条件运算

4.2.1 if语句的一般格式

```
if (表达式)
    {语句体}
```

4.2.2 if语句的执行过程

①计算 if后面表达式的值。

②如果表达式的值为真，则执行语句体，否则不执行语句体。

4.2.3 if语句的流程图

if语句的流程图如图4-3所示。

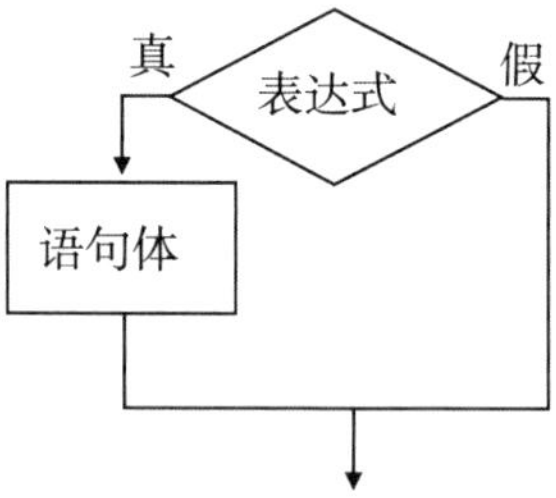

图4-3 if语句的流程图

【说明】

① if后面的表达式必须用圆括号括起来。

② 语句体可以是一个简单语句（此时可以省略{}），也可以是复合语句（此时不可以

省略{})。

教学

【例4-5】分析下面程序的运行结果。

```
#include<stdio.h>
int main()
{
   int a=5;
   if(a>=1&&a<=10) printf("ok1!\n");
   if(1) printf("ok2!\n");         /*条件永远为真*/
   if(a==3) printf("ok3!\n");
   if(a<=10) {a=a+1;printf("ok%d!\n",a);}
   return 0;
}
```

【程序解读】

① 主函数中定义了1个整型变量a并赋初值。

② 主函数中有4个if语句，依次执行if语句。

③ 其中第3个if语句中，if后面条件表达式为假，该语句不执行。

【程序运行结果】

```
ok1!
ok2!
ok6!
```

学习

【例4-6】编写程序：实现对小区保安志愿者的筛选。

小区保安志愿者的条件为身高大于等于175cm，体重在70～80kg，要求志愿者输入身高和体重后，系统显示"谢谢你的参与!"；如果志愿者满足条件就显示"欢迎你加入小区保安志愿队!"。

【解题步骤】

① 定义整型变量high存放志愿者身高，weight存放志愿者体重；

② 屏幕输出提示语句"请输入身高（cm）和体重（kg）:"；

③ 从键盘输入两个整数分别放到变量high和weight中；

④ 屏幕输出语句"谢谢你的参与!"。

⑤ 执行if语句。如果条件满足，屏幕显示"欢迎你加入小区保安志愿队!"。

【流程图】如图4-4所示。

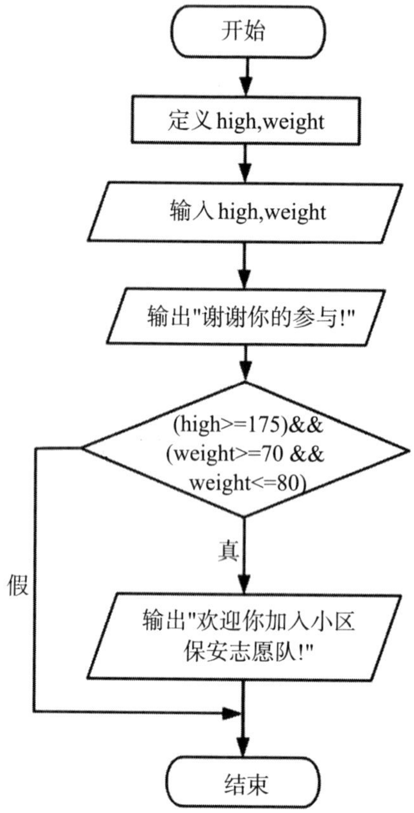

图4-4 【例4-6】的流程图

【程序代码】

```
#include<stdio.h>
int main()
{
   int high,weight;
   printf("请输入身高(cm)和体重(kg):\n");
   scanf("%d%d",&high,&weight);
   printf("谢谢你的参与!\n");
   if((high>=175)&&(weight>=70 && weight<=80))
         printf("欢迎你加入小区保安志愿队!\n");
     return 0;
  }
```

【程序运行结果】

程序运行时若输入：176 78

屏幕上显示：

谢谢你的参与!

欢迎你加入小区保安志愿队!

练习

编写程序：从键盘输入一个整数，输出其绝对值。

任务4.3 用if-else语句完成双分支选择结构

知识点

C语言提供了if-else语句，可以实现双分支选择结构。

用if语句实现分支结构

4.3.1 if-else语句的一般格式

```
if (表达式)
  { 语句体1 }
else
  { 语句体2 }
```

4.3.2 if-else语句的执行过程

① 计算if后面表达式的值。

② 如果表达式的值为真，则执行语句体1；否则，执行语句体2。

4.3.3 if-else语句的流程图

if-else语句的流程图如图4-5所示。

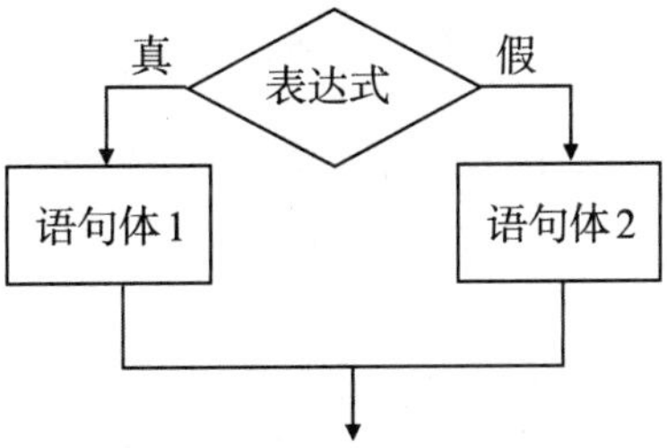

图4-5 if-else语句的流程图

【说明】

① if()后面没有分号，直接写{语句体}，else后面也没有分号，直接写{语句体}。

② if和else同属一个if语句，else不能作为语句单独使用，程序中不可以没有if而只有else。

③ if-else语句在执行时，只能执行与之相关的一个语句体，不能同时执行两者。

④ 语句体可以是单条语句也可以是复合语句，单条语句不要忘记写分号“;”，复合语句{}后面不能加“;”。

教学

【例4-7】编写程序：控制小区门禁开关。

从键盘输入116，则门禁开，显示“欢迎你回家!”；从键盘输入其他数字，则门禁关，显示“你不能进入本小区!”

【解题步骤】

① 定义整型变量in1存放用户输入密码。

② 接受用户从键盘输入的数字，存入变量in1。

③ 根据in1的值，控制门禁状态。若in1==116，则门禁开，输出“欢迎你回家!”；否则，门禁关，输出“你不能进入本小区!”。

【流程图】如图4-6所示。

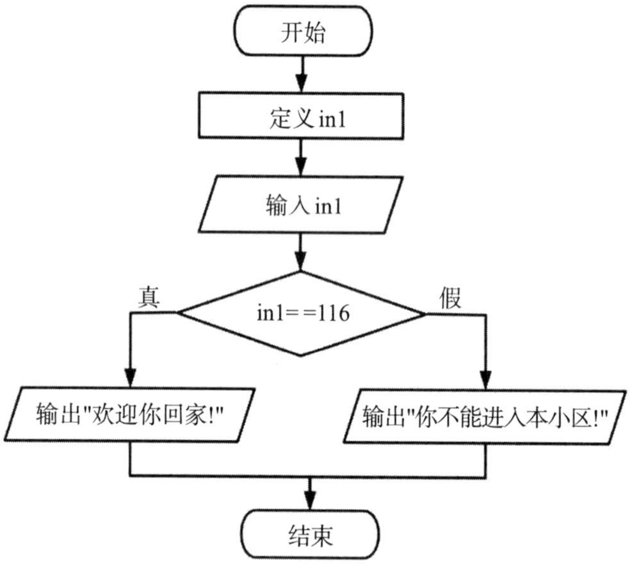

图4-6 【例4-7】的流程图

【程序代码】

```
#include<stdio.h>
int main()
{
  int in1;
  printf("请输入通行密码(3位整数):");
  scanf("%d",&in1);
   if(in1==116)
      {printf("欢迎你回家!");}
   else
      {printf("你不能进入本小区!");}
  return 0;
}
```

【程序运行结果】

```
程序运行时若输入：100
屏幕上显示：你不能进入本小区！
程序运行时若输入：116
屏幕上显示：欢迎你回家！
```

【程序说明】

① 这个程序中有if-else语句，必须进行判断选择。

② 判断in1==116是否为真。若为真，表示门禁开，则输出“欢迎你回家！”；否则，门禁关，输出“你不能进入本小区！”。

学习

【例4-8】编写程序：从键盘输入一个整数，判断它是偶数还是奇数。

【解题步骤】

① 定义整型变量x。

② 从键盘读入整数并放到变量x中。

③ 通过x除以2的余数来判定x是偶数还是奇数。

④ 输出判断结果。

【流程图】如图4-7所示。

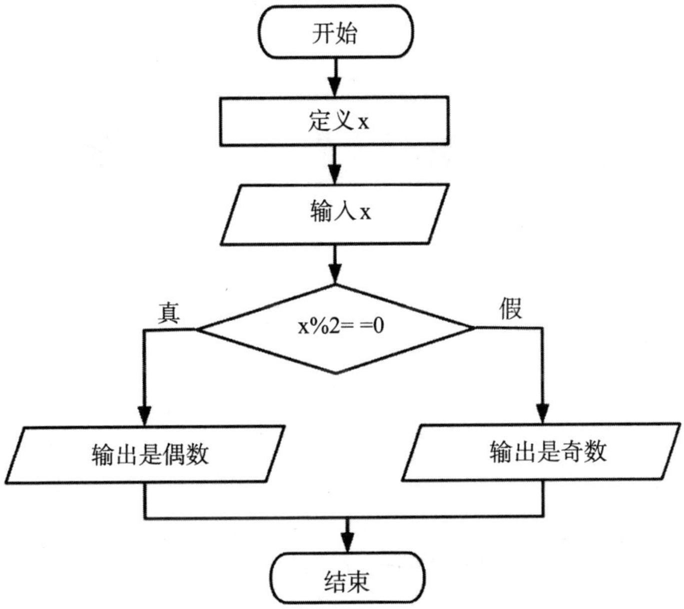

图4-7　【例4-8】的流程图

【程序代码】

```
#include <stdio.h>
int main()
{ int x;
```

```
    printf("请输入一个整数:");
    scanf("%d", &x);
    if(x%2==0)
       printf("%d是一个偶数.",x);
    else
       printf("%d是一个奇数.",x);
    return 0;
}
```

【程序运行结果】

程序运行时若输入：113

屏幕上显示：113 是一个奇数。

【程序说明】

① 一个数若能被2整除，则该数是偶数；一个数若不能被2整除，则该数是奇数。

② 判断一个数能否被另一个数整除可用求余运算，如果两数相除余数为0则可以整除，比如34%2==0，说明34可以被2整除；又如13%2==1，说明13不可能被2整除。

练习

编写程序：输入一个整数，判断该数是否是3和7的倍数。

【提示】如果该数能同时被3和7整除则是它们的倍数，如输入整数42，42%3==0，42%7==0，则42是3和7的倍数。

任务4.4 用条件运算实现双分支选择结构

知识点

C语言提供了条件运算符“?:”，它有逻辑判断的作用，可以实现双分支选择结构，由条件运算符构成的表达式称为条件表达式。

4.4.1 条件表达式的一般格式

表达式1? 表达式2: 表达式3

4.4.2 条件表达式的执行过程

① 计算“表达式1”的值。

② 如果“表达式1”的值为真（非零），则条件表达式的值即为“表达式2”的值，否则为“表达式3”的值。

【说明】

① 条件运算符的结合性为从右到左。

例如：a>b?a:(c>d?c:d)等价于a>b?a:(c>d?c:d)；

若a=1,b=2,c=3,d=4,则表达式值为4。

② 表达式1、表达式2和表达式3的类型可以各不相同，表达式2和表达式3不仅可以是数值表达式，也可以是赋值表达式或函数表达式。

例如：x>y? x=3*x:y=y+10;

若x=5，y=3，则表达式执行后x为15。

教学

【例4-9】编写程序：从键盘输入两个整数，输出值较小的那个整数。

【解题步骤】

① 定义两个整型变量x和y，用来存放两个整数。定义整型变量min，存放两个整数中较小的一个。

② 从键盘输入两个整数并存入x和y中。

③ 比较x和y，将值小的放入min中。

④ 输出min值。

【流程图】如图4-8所示。

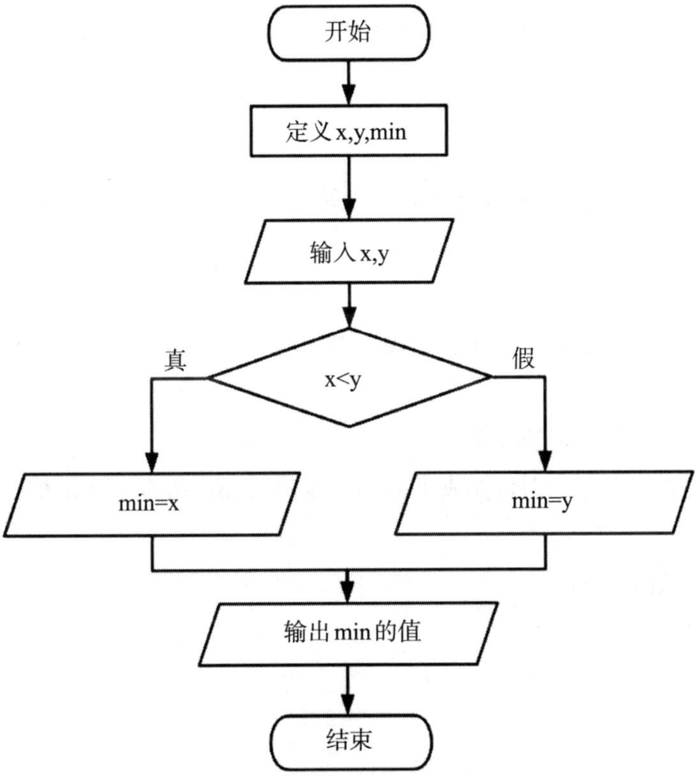

图4-8　【例4-9】流程图

【程序代码】

```
#include<stdio.h>
int main()
 {
    int x,y,min;
    printf("请输入两个整数:\n");
    scanf("%d%d",&x,&y);
    min=(x<y)?x:y;
    printf("两个数中较小数是%d",min);
    return 0;
}
```

【程序运行结果】

若程序运行时输入：129 128

屏幕上显示：两个数中较小数是128

【程序说明】

① 本程序用条件表达式(x<y)?x:y来实现双分支选择结构。它的执行过程是：如果x<y，则min=x；否则min=y。

② 条件运算符的优先级高于赋值运算符，但低于算术运算符、关系运算符和逻辑运算符。

学习

【例4-10】编写程序：将从键盘输入的大写字母转换为小写字母输出，小写字母则原样输出。

【解题步骤】

① 定义1个字符变量ci，用来存放输入字符。定义1个字符变量co；用来存放输出字符。

② 从键盘输入1个字符存到ci中。

③ 如果ci是大写字母，则转换成小写字母赋值给co；否则直接赋值给co。

④ 输出co值。

【流程图】如图4-9所示。

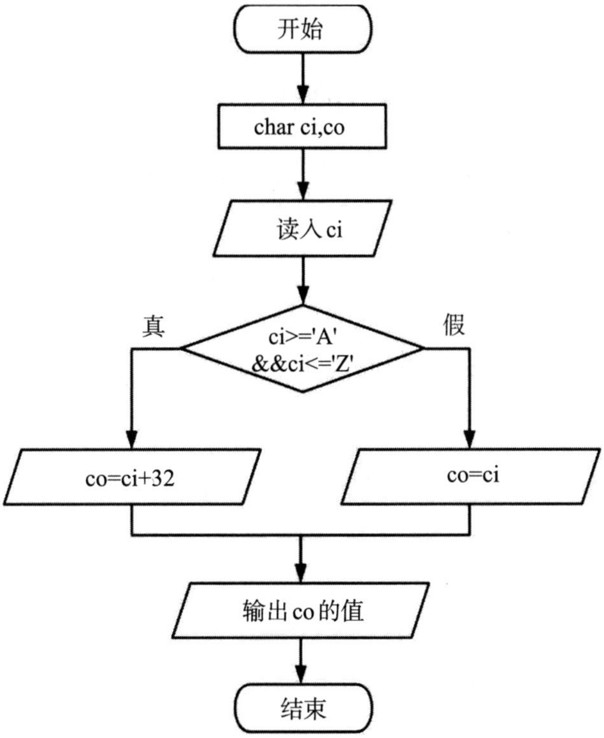

图4-9 【例4-10】的流程图

【程序代码】

```
#include<stdio.h>
int main()
{   char ci,co;
    printf("请输入1个英文字母:");
    scanf("%c",&ci);
    co=(ci>='A' && ci<='Z')?(ci+32):ci;
    printf("%c\n",co);
    return 0;
}
```

【程序运行结果】

```
若程序运行时输入: T
屏幕上显示: t
```

【程序说明】

表达式（ci>='A' && ci<='Z'）用来判断ci是否为大写字母，表达式为真时ci是大写字母，为假则表示不是。大写字母转换为小写字母通过co=(ci+32)实现。

练习

编写程序：从键盘输入3个整数，输出其中较大的那个整数。

任务4.5 用嵌套的if-else语句实现多分支选择结构

知识点

嵌套是指在if-else语句的if或else子句中又包含一个或多个if-else语句，用于解决多分支选择问题。

4.5.1 嵌套形式1（在if子句中嵌套）

```
if(表达式1)
  if(表达式2)
    语句体2;
 else
    语句体3;
else
  语句体1;
```

嵌套形式1的执行过程：

① 如果“表达式1”为假，则执行语句体1；

② 如果“表达式1”为真，再判断“表达式2”；为真则执行语句体2，否则执行语句体3。

4.5.2 嵌套形式2（在else子句中嵌套）

```
if(表达式1)
  语句体1;
else if(表达式2)
      语句体2;
 else
      语句体3;
```

嵌套形式2的执行过程：

① 如果“表达式1”的值为真，则执行语句体1；

② 如果“表达式2”的值为真，则执行语句体2；两者都不满足时，执行语句体3。

4.5.3 嵌套形式3（多分支if语句）

```
if(表达式1)
  语句体1;
else if(表达式2)
  语句体2;
…
else if(表达式n)
     语句体n;
 else
    语句体n+1;
```

嵌套形式3的执行过程：

依次判断各个表达式的值，当某个表达式为真时，执行其对应的语句体，并结束整个嵌套的if-else语句，然后继续后续程序的执行。所有表达式都为假时，执行最后一个else后的语句体n+1，之后继续执行后续程序。

【说明】

① 语句体可以是简单语句，也可以是一对{}括起来的复合语句；

② if和else的搭配，else总是与其前面最靠近的，并且没有和其他else配对的if配对；

③ 书写配对的if-else语句采取相同的缩进，或者加{}来确定配对关系。

教学

【例4-11】编写程序：根据键盘输入的x值，计算y值并输出。

$$y=\begin{cases}2x & x<2\\ 7-3x & 2\leqslant x\leqslant 10\\ 1-\cos x & x>10\end{cases}$$

【解题步骤】

① 定义实型变量x和实型变量y；

② 从键盘输入实数并放到x中；

③ 根据x的值，选择相应的表达式计算y值；

④ 输出y值。

【流程图】如图4-10所示。

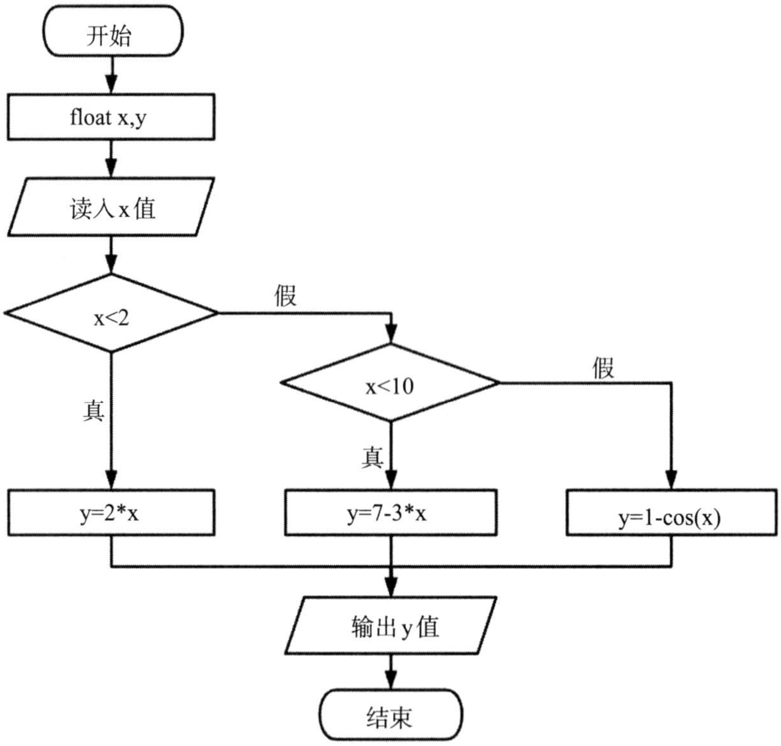

图4-10 【例4-11】的流程图

【程序代码】

```
#include<stdio.h>
#include<math.h>
int main()
{
    float x,y;
    printf ("输入x的值：")；
    scanf ("%f",&x)；
    if (x<2)
        y=2*x;
    else if (x<=10)
        y=7-3*x;
    else
        y=1-cos (x)；
    printf ("y=%0.1f\n",y)；
    return 0;
}
```

【程序运行结果】

若程序运行时输入：20

屏幕上显示：y=0.6

【例4-12】某视频网站对用户按积分划分不同级别，编程实现用户输入积分，显示用户对应级别。

用户积分与级别对应关系如下：

用户积分score	对应级别
score≥10 000	钻石客户
5 000≤score＜10 000	黄金客户
1 000≤score＜5 000	白银客户
score＜1 000	普通客户

【解题步骤】

① 定义整型变量score用来存放用户积分；

② 从键盘输入用户积分放到score中；

③ 根据score值输出用户级别。

【流程图】如图4-11所示。

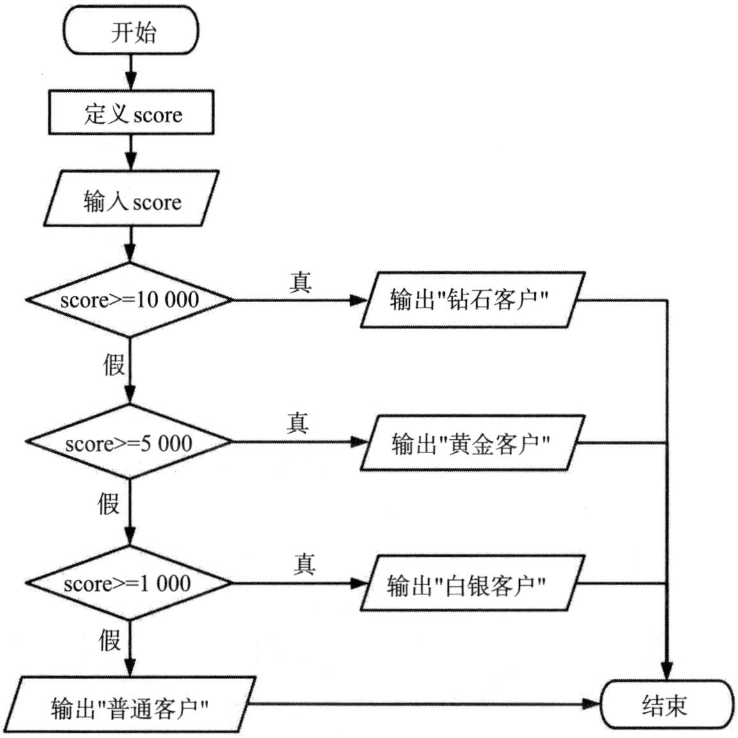

图4-11　【例4-12】的流程图

【程序代码】

```
 #include <stdio.h>
int main()
{ int score;
  printf ("请输入用户积分: \n") ;
  scanf ("%d",&score) ;
  if (score >= 10000)
     {printf ("钻石客户\n") ;}
  else if (score >= 5000)
     {printf ("黄金客户\n") ;}
  else if (score >= 1000)
     {printf ("白银客户\n") ;}
  else
     {printf ("普通客户\n") ;}
  return 0;
}
```

【程序运行结果】

若程序运行时输入：1980

屏幕上显示：白银客户

学习

【例4-13】某大学录取条件为高考总分≥570，如果数学≥120可选择任意专业，数学<120只能选择非计算机专业，高考总分<570则不能录取。

使用嵌套if-else语句判断小明能否录取该大学计算机专业。

【解题步骤】

① 定义整型变量score和math；

② 从键盘输入总分放到score中，输入数学分放到math中；

③ 根据输入的总分和数学分输出录取结果。

【流程图】如图4-12所示。

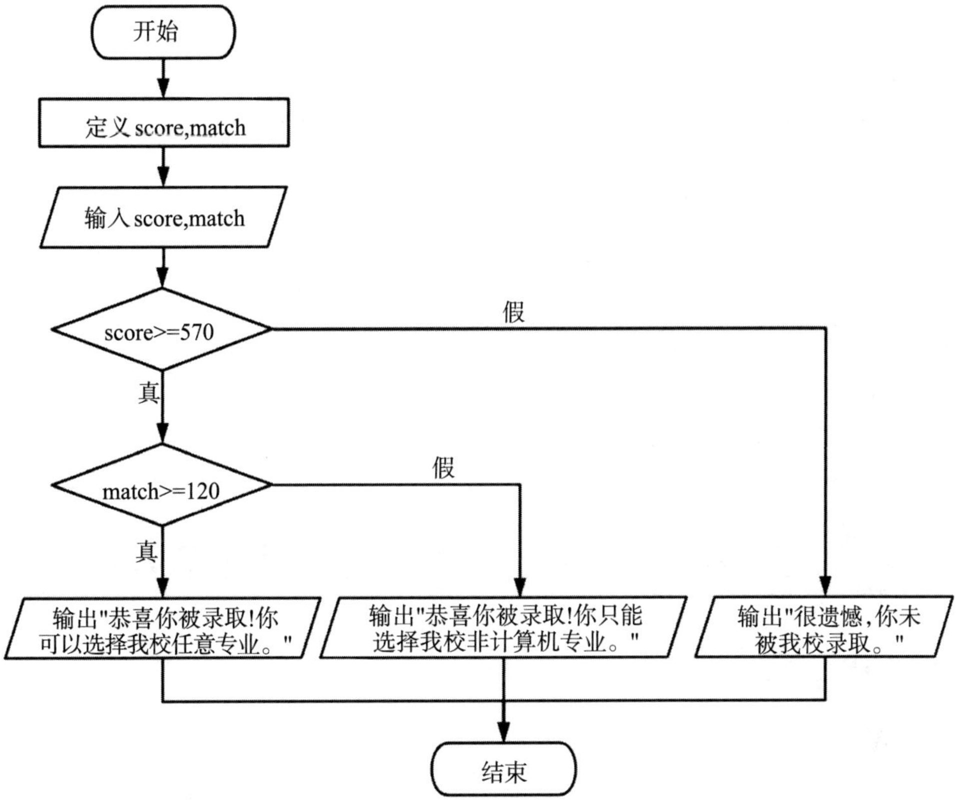

图4-12 【例4-13】的流程图

【程序代码】

```
#include <stdio.h>
int main()
{
  int score,math;
  printf ("请输入考生的总分和数学分: ") ;
  scanf ("%d,%d",&score,&math) ;
  if (score>=570)
     if (math>=120)
       {printf ("恭喜你被录取! 你可以选择我校任意专业。") ;}
     else
       {printf ("恭喜你被录取! 你只能选择我校非计算机专业。") ;}
  else
     {printf ("很遗憾, 你未被我校录取。") ; }
  return 0;
}
```

【程序运行结果】

若程序运行时输入: 575 110

屏幕上显示: 恭喜你被录取! 你只能选择我校非计算机专业。

练习

编写程序：用if语句将下列成绩的百分制转换为等级制。

百分制	等级制
90≤score≤100	A
80≤score<90	B
70≤score<80	C
60≤score<70	D
0≤score<60	E
score>100或score<0	Error

任务4.6 用switch语句实现多分支选择结构

知识点

4.6.1 switch语句的一般格式

```
switch(表达式)
{
    case 常量表达式1:语句块1;[break;]
    case 常量表达式2:语句块2; [break;]
    …
    case 常量表达式n:语句块n; [break;]
    [default:语句块n+1;]
}
```

C语言中的switch语句

4.6.2 switch语句的执行过程

① 当switch后面括号中表达式的值与某个case后面常量表达式的值相匹配时，执行该case中的语句块，然后由break语句退出switch结构。

② 当switch后面括号中表达式的值与所有case后面常量表达式的值不匹配时，执行default中的语句块。

【说明】

① switch后面括号中表达式类型只能是整型、字符型或枚举型，不能是实型。

② 每个case后面的“常量表达式”的值各不相同，它们代表着不同的选择分支。

③ case后语句块可以包含多个语句，可以不用{}括起来，case子句的先后顺序可以变动，而不会影响程序执行结果。

④ []里面是可选项，当没有break语句，case子句会一直往后执行直到遇到break语句或switch语句结束，才会跳出switch语句，default子句可以省略。

4.6.3　switch 语句的流程图

switch语句的流程图如图4-13所示。

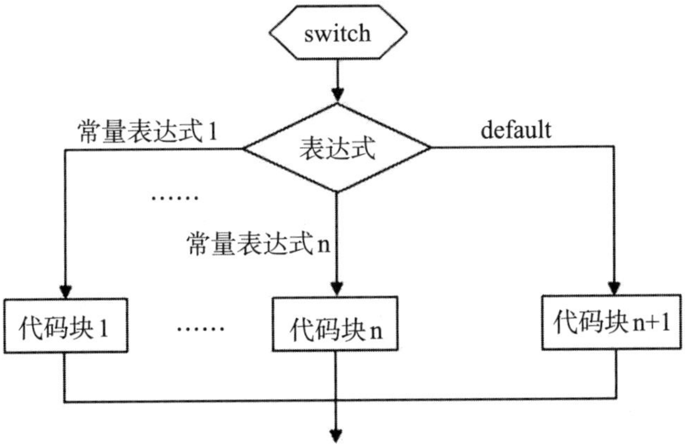

图4-13　switch语句的流程图

教学

【例4-14】编写程序：根据学生的考试分数score输出对应成绩等级。成绩等级分为A～E，等级划分方式如下。

考试分数	成绩等级
90≤score≤100	A
80≤score<90	B
70≤score<80	C
60≤score<70	D
0≤score<60	E

【解题步骤】

① 定义float变量score存放考试分数。

② 定义int变量isc作为switch语句的测试条件，并赋初值为-1（代表无效输入分数）。

③ 输出提示信息。

④ 从键盘输入考试分数放到变量score中。

⑤ 如果score合法（即在0～100），则isc=score/10。

⑥ 根据isc值输出对应的成绩等级。

【流程图】如图4-14所示。

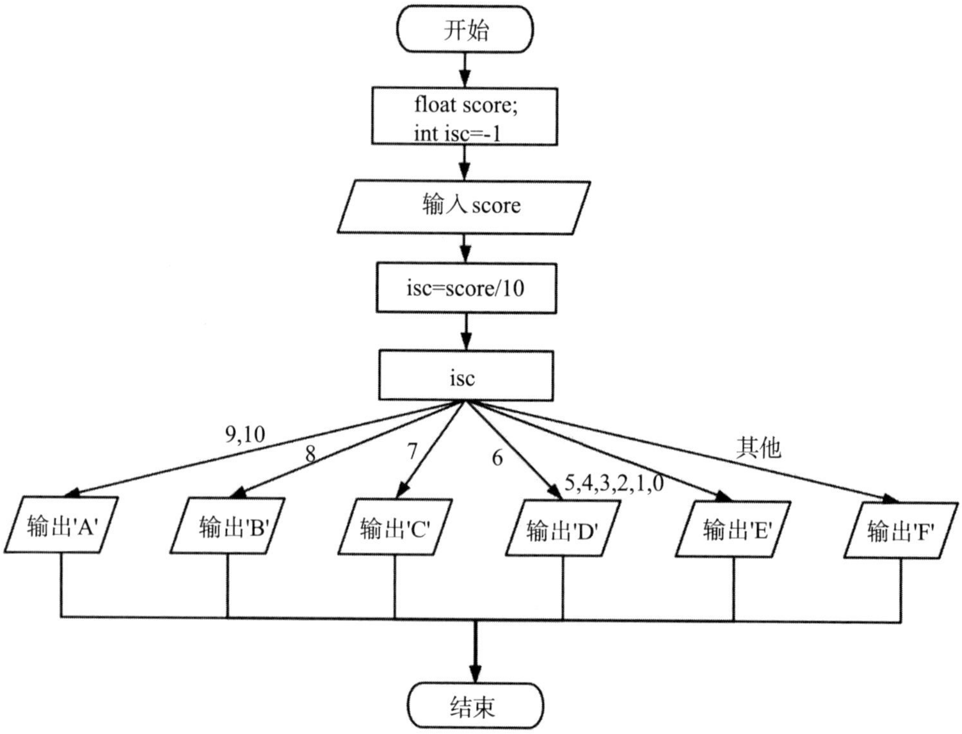

图4-14 【例4-14】的流程图

【程序代码】

```
 #include <stdio.h>
int main()
{
    float  score;
    int isc=-1;
    printf("请输入学生的考试分数:");
    scanf("%f",&score);
    if(score>=0&&score<=100)
    isc=score/10;
    switch(isc)
        {
         case 10:
         case 9:printf("A");break;
         case 8:printf("B");break;
         case 7:printf("C");break;
```

```
            case 6: printf ("D") ;break;
            case 5:
            case 4:
            case 3:
            case 2:
            case 1:
            case 0: printf("E");break;
            default:printf("error");
           }
       return 0;
}
```

【程序运行结果】

若程序运行时输入：54

屏幕上显示：E

【程序说明】

① switch仅能判断一种逻辑关系，即switch后面表达式的值和case中指定的常量值是否相等，而不能进行大小的判断。

② 程序中通过isc=score/10，把score在一个区间的值定位在一个点上，以便与case后面的常量值比较是否匹配。

③ case子句后如没有break语句，会一直往后执行直到遇到break语句，因此可以多个case子句共用同一个语句体。

学习

【例4-15】分析以下程序的运行结果。

```
#include <stdio.h>
int main()
{
   int a=3;
   switch(a)
     {
       case 1:a--;
       default:a++;
       case 2:a=a+2;
       }
    printf("a=%d",a);
    return 0;
}
```

【程序解读】

① 该程序有2个case子句和1个default子句。

② 系统根据switch(a)中的a值找到对应的case入口。一旦找到，就从此入口开始执行，不再进行新的入口判断。所以必须加上break语句才能结束该分支选择，否则将继续执行下一条语句，直到碰到break语句。

③ 当所有case后面的值都不能匹配switch后面括号中表达式的值时，程序会执行default子句；如无default子句，则语句直接跳过switch结构继续向下执行。

【程序运行结果】

```
a=6
```

【程序说明】

① 在switch中，a的值为3，所以所有case后面的值都不能匹配。程序执行default子句a++，此时a的值变为4。

② 由于从default子句开始执行且其后没有break语句，程序会继续执行下一个遇到的语句a=a+2，使得a值变为6；然后switch语句结束。

【注意】

① 嵌套if-else语句和switch语句都能实现多分支选择结构，它们的应用环境不同。switch语句只能判断是否相等的逻辑关系，而不能进行大小的判断。if-else语句可以判断不同的逻辑关系，可以进行大小比较。

② switch后面括号中表达式类型只能是整型、字符型或枚举型，不能是实型；if后面表达式可以是任意数据类型。

③ 如果多分支选择结构需要判断的逻辑关系只是是否相等，则最好用switch语句；如果要进行复杂判断，可以用嵌套if-else语句，switch语句不能完全替代if-else语句。

练习

编写程序：输入一个月份值，输出该月份是第几季度。

任务4.7 常见错误分析

教学

【例4-16】指出以下程序存在的问题并改正。

```
#include<stdio.h>
int main()
{
    int a;
    scanf ("%d",&a) ;
    if (a=1)
```

```
        printf ("yes\n") ;
    else
        printf ("no\n") ;
    return 0;
}
```

【存在问题】程序编译没有问题，但运行时无论输入什么数，都输出“yes”，无法实现对变量a数值的判断。

【错误分析】C语言中“==”是关系运算符，a==1。

是判断a的值是否为1；“=”是赋值运算符，a=1是使a的值为1，这时不管a原来是什么值，a的值变为1。

【改正】该程序需要将if(a=1)改成if(a==1).

学习

【例4-17】指出以下程序存在的问题并改正。

```
#include <stdio.h>
int main()
{
    int x;
    scanf("%d",&x);
    if(2<x<5)
        printf("yes\n");
    else
        printf("no\n");
    return 0;
}
```

【存在问题】该程序编译时顺利通过，但运行结果不对。如输入x的值为7，不满足2<x<5的条件，但是输出仍为“yes”。

【错误分析】C语言中，关系运算符的结合性为从左至右。2<x<5的求值是先求2<x，得到一个逻辑值（1或0）；再用该逻辑值与5作比较，结果恒为真，没有表达出2<x<5的条件。

【改正】若存在类似判断条件的代码，需要将if（2<x<5）改成if（(2<x）&&（x<5)）。

练习

指出以下程序存在的问题并改正。

```
#include <stdio.h>
int main()
```

```
{
    int a;
    printf("请输入一个整数:\n");
    scanf("%d",&a);
    if(a>0);
       printf("这是一个正数!");
    else
        printf("这不是一个正数!");
    return 0;
}
```

任务4.8 计算机二级C语言考题练习

考点

1. 分析以下程序，其输出结果是（　　）。

```
#include <stdio.h>
int main()
{
  int x=1,y=2,z=3;
  if(x>y)
     printf("%d",y<x?1:2);
       else
        printf("%d",z<x?2:3);
       return 0;
}
```

A. 1　　B. 2　　C. 3　　D. 4

【答案】C

2. 分析以下程序，其输出结果是（　　）。

```
#include <stdio.h>
int main()
{
    int x=1,y=2,z=3;
    if(x>y)
     if(y<z)
      printf("%d",++z);
    else
```

```
    printf("%d",++y);
    printf("%d\n",x++);
      return 0;
}
```

A. 331　　B. 41　　C. 2　　D. 1

【答案】D

3. 下列选项中，说法正确的是（　　）。

A. 条件运算符是单目运算符。

B. 条件运算符是双目运算符，因为它有2个运算符号。

C. 条件运算符是三目运算符，因为它有3个运算对象。

D. 条件运算符的优先级高于赋值运算符和逻辑运算符。

【答案】C

4. 分析以下程序，其输出结果是（　　）。

```
#include <stdio.h>
int main()
{
   int num=4;
   switch(num)
   {
   case 0:printf("0");break;
   case 1:printf("1");break;
   case 2:printf("2");break;
   default:printf("-1");break;
   }
   return 0;
}
```

A. -1　　B. 0　　C. 1　　D. 2

【答案】A

5. 分析以下程序，其输出结果是（　　）。

```
#include <stdio.h>
int main()
{
  int x=1,y=0,a=0,b=0;
  switch(x)
{
     case 1: switch(y)
                   { case 0: a++; break;
```

```
            case 1: b++;  break;
            }
        case 2: a++; b++; break;
      case 3: a++; b++;
  }
  printf("%d,%d",a,b);
  return 0;
}
```

A. 1，0　　B. 2，2　　C. 1，1　　D. 2，1

【答案】D

项目小结

1. C语言提供了多种形式的条件语句以实现选择结构。

① 基本if语句主要用于单分支选择结构；

② if-else语句则用于双分支选择结构；

③ if-else语句、嵌套的if语句和switch语句主要用于多分支选择结构。

2. 理解if-else分支结构的嵌套，以及else的配对关系。

3. if多分支结构与switch多路开关语句的区别。

① if多分支结构可以解决所有的多分支问题；

② switch语句多用于变量值相等的判断，而且需要想办法将非整型或非字符型变量转换为整型或字符型变量再进行判断。

拓展阅读

中国传统文化："三思而后行。"——强调决策前的深思熟虑。

故事：工业控制系统的决策能力

在20世纪80年代，我国计算机专家们在开发工业控制系统时，需要根据不同的运行状态选择不同的控制策略。他们通过深入分析和精确计算，确保系统在各种复杂情况下都能做出正确的决策。例如，在钢铁生产过程中，系统需要根据温度、压力等参数的变化，自动调整生产流程，以确保生产安全和效率。

① 决策能力：在面对复杂问题时，要通过深入分析和精确计算做出正确决策。编程过程中的选择结构也是如此，需要根据不同的条件进行合理的逻辑判断。

② 严谨思考：决策前的深思熟虑可以避免错误和风险。在编程过程中，我们要养成

严谨思考的习惯，确保每一个决策都是基于充分的分析。

③ 创新应用：通过技术创新解决实际问题，体现了科技的创新价值。编程过程中的选择结构可以用来实现各种创新的应用。

课后习题

一、选择题

1. 已有定义：int x=3，y=4，z=5；则表达式 !(x+y)+z-1&&y+z/2 的值是（　　）。

A. 6　　B. 0　　C. 2　　D. 1

2. 设a=5， b=6，c=7，d=8， m=2，n=2，则执行(m=a>b) &&(n=c>d)后n的值为（　　）。

A. 1　　B. 2　　C. 3　　D. 4

3. 能正确表示“当x的取值在[-58,-40]和[40,58]范围内为真，否则为假”的表达式是（　　）。

A. (x>=-58) &&(x<= -40) &&(x>=40) &&(x<=58)

B. (x>= -58) || (x<= -40) || (x>=40) || (x<=58)

C. (x>= -58) &&(x<= -40) || (x>=40) &&(x<=58)

D. (x>= -58) || (x<= -40) &&(x>=40) || (x<=58)

4. 已知int a=1,b=2,c=3；执行以下语句后a，b，c的值是（　　）。

```
if(a>b)
c=a; a=b; b=c;
```

A. a=1, b=2, c=3　　B. a=2, b=3, c=3

C. a=2, b=3, c=1　　D. a=2, b=3, c=2

5. 阅读以下程序：该程序（　　）。

```
#include <stdio.h>
void main()
{ int x=-10,y=5, z=0;
  if(x=y+z) printf("* * *\n");
  else  printf("$ $ $\n");
}
```

A. 有语法错误，不能通过编译　　B. 可以通过编译，但不能通过连接

C. 输出* * *　　D. 输出$ $ $

6. 分析以下程序，其运行结果是（　　）。

```
#include <stdio.h>
void main()
{ int a=1;
  if  (a++>1) printf("%d\n",a);
  else   printf("%d\n", a--);
}
```

A. 0　　B. 1　　C.2　　D.3

7. 选择结构中的条件与循环结构中循环成立的条件，在写法上可以是任一表达式，但其值只能被判断为“真”或“假”。作为逻辑“假”值的数是（　　）。

A. -1　　B. 1　　C. 非零的数　　D.0

8. 逻辑运算符两侧运算对象的数据类型（　　）。

A. 只能是0或1　　B. 只能是0或非0正数

C. 只能是整型或字符型数据　　D. 可以是任何类型的数据

9. 下列选项中，关于运算符优先顺序的描述中正确的是（　　）。

A. 关系运算符<算术运算符<赋值运算符<逻辑运算符

B. 逻辑运算符<关系运算符<算术运算符<赋值运算符

C. 赋值运算符<逻辑运算符<关系运算符<算术运算符

D. 算术运算符<关系运算符<赋值运算符<逻辑运算符

10. 为避免在嵌套的条件语句 if-else 中产生二义性，C语言规定：else 分支总是与（　　）配对。

A. 缩排位置相同的if　　B. 其之前最近的if

C. 其之后最近的if　　D. 同一行上的if

二、编程题

11. 从键盘输入3个整数，按从大到小的顺序输出。

12. 从键盘输入一个年份值，判断是否闰年。设year为某一年份，year为闰年的条件为：year可以被4整除且不可以被100整除，或者year可以被400整除。

13. 输入一个字符，如果是小写字母输出其对应大写字母；如果是大写字母输出其对应小写字母；如果是数字输出数字本身；如果是空格，输出“space”；如果不是上述情况，输出“other”。

14. 从键盘输入1～7的数字时，显示对应的星期几的英文单词。当输入数字不在1～7时，输出“输入数字错误!”。

15. 输入整数x，y，若$x^2+y^2<1\ 000$，则输出x^2+y^2的值，否则输出x+y的值。

项目5
循环结构程序设计

学习目标

1. 知识目标

- 掌握while循环语句的使用。
- 掌握do-while循环语句的使用。
- 掌握for循环语句的使用。
- 掌握循环嵌套的使用。
- 掌握break和continue语句的使用。

2. 技能目标

- 具备使用循环结构解决问题的能力。
- 具备简单程序的编写、运行与测试能力。

3. 素质目标

- 具备循环程序设计的能力。
- 具备举一反三、解决复杂问题的能力。

项目导引

在我们的日常生活和编程过程中，经常需要反复执行相同或类似的任务。当你想要打印九九乘法表，或者重复地输入学生成绩来进行管理时，你会怎么做呢？这时，循环语句就派上用场！比如，可以用循环语句来帮助打印出漂亮的九九乘法表，而不需要重复书写九九八十一次程序代码。本项目将带你探索三种主要的循环语句：while、do-while和for循环，同时探讨循环嵌套和转移语句的使用，这些技巧会让循环更加灵活和高效！

任务5.1 用while语句完成循环操作

知识点

5.1.1 while语句的一般格式

```
while(表达式)
{
循环体
}
```

while循环语句

while语句是当型循环控制语句。首先计算表达式值，当表达式值为真时，执行循环体。

5.1.2 while语句的执行过程

① 计算while后面的表达式。如果其值非0（真），则转向②；否则，转向③。
② 执行循环体，循环体执行完毕，转向①。
③ 退出循环，执行该结构的后继语句。

5.1.3 while语句的流程图

while语句的流程图如图5-1所示。

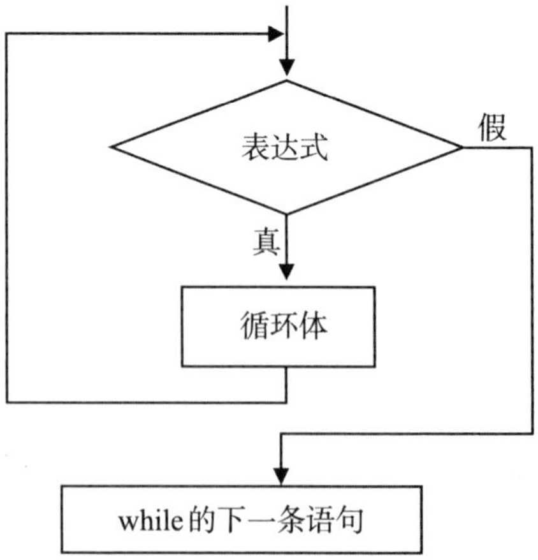

图5-1　while语句的流程图

【说明】

① while 语句先计算表达式的值，再决定是否执行循环体语句。如果表达式初值为0，那么循环体一次也不执行；如果表达式值为非0常量，则表示循环条件永远为真。

② 循环体内有多条语句时，“{}”一定不能省略。

③ 在循环体中应有修改表达式值的操作，以避免出现“死循环”。

教学

【例5-1】编写程序：计算1+3+5+…+99的值，然后输出结果。

【解题步骤】

① 初始化：定义累加器s，初始化s=0；定义循环变量i，初始化i=1。

② 设置循环条件：当i<=99时，执行循环体。

③ 执行循环体：将循环变量加到累加器中（s=s+i），修改循环变量的值（i=i+2）。

④ 输出s值。

【流程图】如图5-2所示。

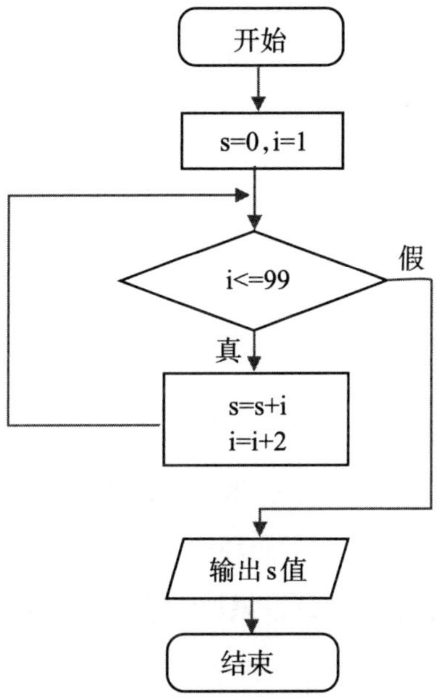

图5-2　【例5-1】的流程图

【程序代码】

```
#include<stdio.h>
int main()
{
```

```
int s=0,i=1;
     while(i<=99)
      {
        s=s+i;
        i=i+2;
      }
    printf("和是%d",s);
    return 0;
}
```

【程序运行结果】

和是2500

【程序说明】

循环三要素如下：

① 循环变量初值：决定循环从哪里开始，在循环开始之前循环变量必须初始化。

② 循环条件：决定循环在什么情况下结束，当条件为真时执行循环，条件为假时结束循环。

③ 循环体：重复执行的语句序列，里面包括修改循环变量的语句，避免“死循环”的发生。

本程序中，循环变量初值i=1，循环条件i<=99，循环体s=s+i；i=i+2。

学习

【例5-2】编写程序：计算N位学生的平均分，然后输出结果。

【解题步骤】

① 初始化：定义符号常量N表示学生人数，可以根据需要给一个常数值； 累加器s存放分数总和，x用于存放每次输入的学生分数，循环变量i统计学生人数，初始化i=1。

② 设置循环条件：当i<=N时，执行循环体。

③ 执行循环体：读入一个学生分数，累加学生分数到s中，同时累加学生人数i。

④ 输出学生平均分。

【流程图】如图5-3所示。

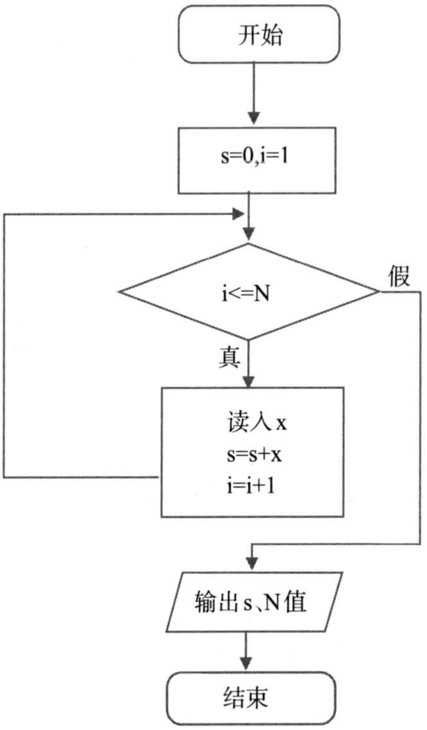

图5-3 【例5-2】的流程图

【程序代码】

```
#include <stdio.h>
#define N 10
int main()
{
      int x,i=1;
      float s=0;
      while(i<=N)
       {
         printf("请输入学生分数:");
         scanf("%d",&x);
        s=s+x;
        i++;
       }
     printf("平均分=%.2f\n",s/N);
     return 0;
}
```

【程序运行结果】

```
若程序运行时输入：60 70 80 90 100 50 60.8 70.8 80.5 80
则屏幕上显示：平均分=74.21
```

【例5-3】编写程序：计算 $1^2+2^2+3^2+\cdots+n^2>1\ 000$ 的最小n值。

【解题步骤】

① 初始化：定义累加器s，初始化s=0；循环变量n，初始化n=0。

② 设置循环条件：当s<=1 000时，执行循环体。

③ 执行循环体：修改循环变量（n=n+1），累加器作累加运算（s=s+n*n）。

④ 输出循环变量n的值。

【流程图】如图5-4所示。

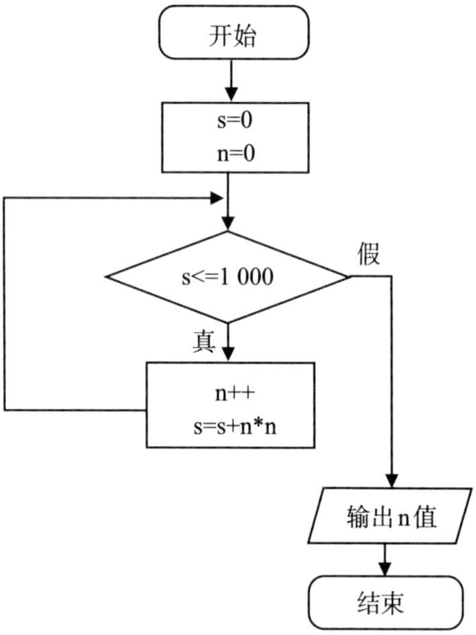

图5-4 【例5-3】的流程图

【程序代码】

```
#include<stdio.h>
int main()
{
     int s=0,n=0;
     while(s<=1000)
      {
        n++;
        s=s+n*n;
      }
    printf("n=%d",n);
    return 0;
}
```

【程序运行结果】

```
n=14
```

练习

编写程序：求自然数n的阶乘n!，其中n由用户通过键盘输入。

【提示】累乘器结果可能超过int范围，应定义long类型变量作为累乘器，其初值设置为1。

任务5.2　用do-while语句完成循环操作

知识点

5.2.1　do-while语句的一般格式

do-while循环语句

```
do
{
 循环体
 }
while(表达式);
```

do-while语句是直到型循环控制语句。首先执行一次循环体，然后计算表达式的值。若表达式值为真（非零），则继续执行循环体。

5.2.2　do-while语句的执行过程

① 执行do后面的循环体。

② 计算while后表达式的值。如果为真（非零），则转向①。否则，转向③。

③ 退出循环，执行该结构的后继语句。

5.2.3　do-while语句的流程图

do-while语句的流程图如图5-5所示。

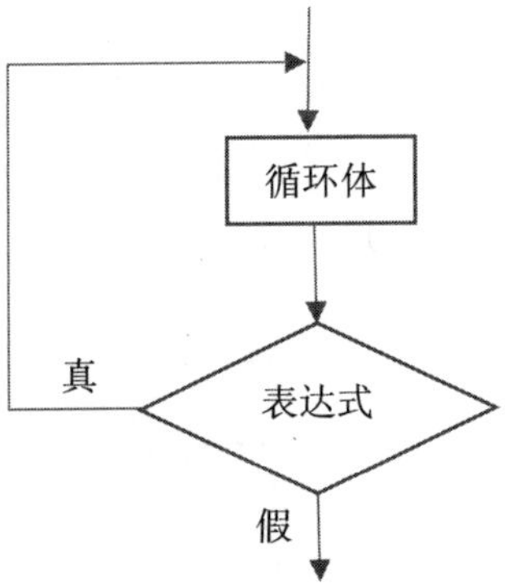

图5-5　do-while语句的流程图

【说明】

① do-while语句先执行一次循环体，然后再判断表达式的真假。即使表达式初值为假（零），循环体也会被执行一次。

② 循环体外面的“{}”一定不能省略。

③ 在do {}之后不能添加额外的分号（“;”），因为这会导致语法错误，表示语句提前结束。

④ while(表达式)后的分号是必不可少的，它标志着do-while语句到此结束。

教学

【例5-4】编写程序：计算1+3+5+…+99，用do-while语句实现。

【解题步骤】

① 初始化：定义累加器s，初始化s=0；定义循环变量i，初始化i=1。

② 执行循环体：将循环变量加到累加器中（s=s+i），修改循环变量（i=i+2）。

③ 设置循环条件：当i<=99时，执行循环体。

④ 输出s值。

【流程图】如图5-6所示。

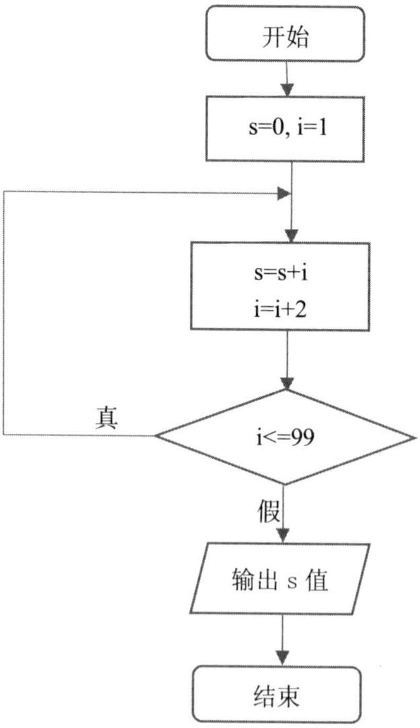

图5-6 【例5-4】的流程图

【程序代码】

```
#include<stdio.h>
int main()
{    int s=0,i=1;
        do
         {
            s=s+i;
            i=i+2;
         }
     while(i<=99);
     printf("和是%d",s);
     return 0;
}
```

【程序运行结果】

和是2500

【程序说明】

① do-while 语句与while 语句可以完成相同功能。

② do-while 语句先执行循环体，再判断条件。即使条件不满足，循环体至少执行一次；while 语句先判断条件再执行循环体，条件不满足时，循环体可以一次也不执行。

③ 本程序中，循环变量初值i=1，循环条件i<=99，循环体内进行累加操作s=s+i及更新循环变量i=i+2。

学习

【例5-5】统计键盘输入的一串字符有几个字符。

【解题步骤】

① 初始化：定义整型变量n存放字符个数，初始化n=0；字符变量c1存放当前读取的一个字符。

② 执行循环体：读取一个字符，字符数加1。

③ 设置循环条件：当读取的字符不是回车符时，执行循环体。

④ 输出字符个数n。

【流程图】如图5-7所示。

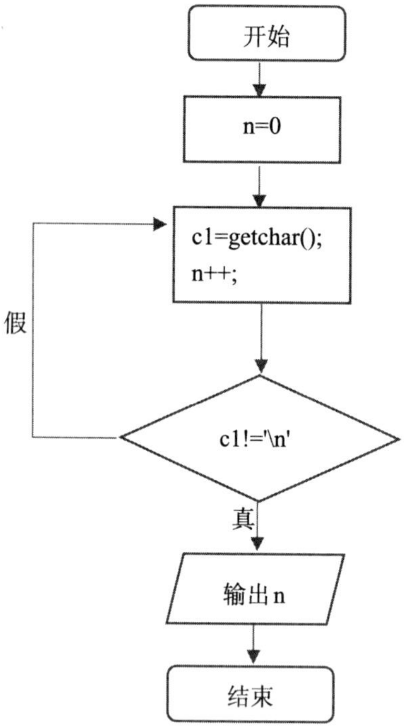

图5-7 【例5-5】的流程图

【程序代码】

```
#include<stdio.h>
int main()
{
    int n=0;
    char c1;
    do
    {
    c1=getchar();
    n++;
    } while(c1!='\n');
    printf("一共输入了%d个字符.",n-1);
    return 0;
}
```

【程序运行结果】

若程序运行时输入：hello word!

则屏幕上显示：一共输入了11个字符。

【说明】

① 程序运行时输入一串字符，字符保存在键盘缓冲区中，当输入回车符时表示字符串输入结束。

② getchar()函数每次从键盘缓冲区读取当前一个字符，通过循环操作顺序读取字符，读到回车符时结束循环。

③ 因为统计了最后读取的回车符，所以字符长度要减去1。

④ 空格也是一个字符。

练习

编写程序：1980年世界人口45亿，按年增长率1%计算，哪一年开始世界人口突破100亿大关？

任务5.3 用for语句完成循环操作

知识点

5.3.1 for语句的一般格式

```
for(表达式1;表达式2;表达式3)
  { 循环体 }
```

for循环语句

for循环一般用于已知循环次数的“计数型”循环。表达式1为循环变量赋初值，表达式2进行条件判断，表达式3修改循环变量。

5.3.2 for语句的执行过程

① 计算表达式1。

② 计算表达式2。若其值非0（真），则转向③；否则，转向⑤。

③ 执行循环体。

④ 计算表达式3，转向②。

⑤ 退出循环，执行该结构的后继语句。

5.3.3 for语句的流程图

for语句的流程图如图5-8所示。

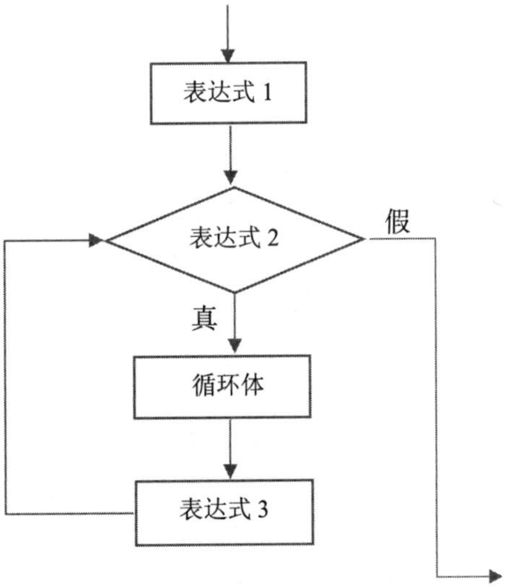

图5-8 for语句的流程图

【说明】

① 表达式1只执行一次，表达式2和表达式3执行多次。

② for语句中的3个表达式都省略时，但表达式间的两个分号作为分隔符不可省略。

③ for(;;)等价于while(1)，永远为真，形成无限循环。

④ 等价如下while循环：

```
  表达式1;
while(表达式2)
{  循环体语句;
   表达式3;
}
```

⑤ 等价如下do-while循环：

```
  表达式1;
do
{  循环体语句;
   表达式3;
}while(表达式2);
```

教学

【例5-6】编写程序：计算1+3+5+…+99的值，用for语句实现。

【解题步骤】

① 定义累加器s，初始化s=0。

② 初始化循环变量i=1，设置循环条件i<=99，修改循环变量i=i+2。

③ 执行循环体s=s+i。

④ 输出s的值。

【流程图】如图5-9所示。

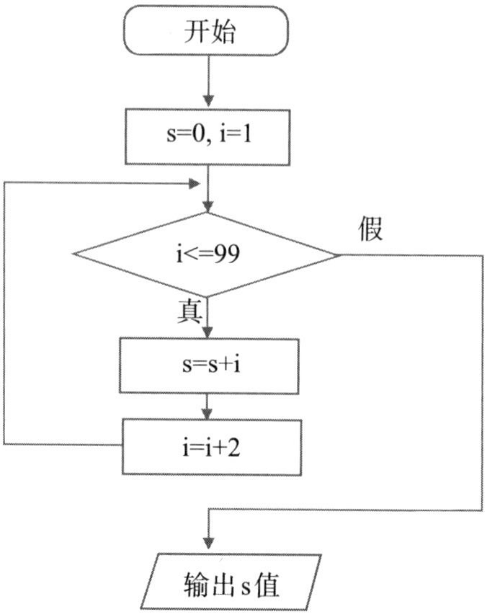

图5-9 【例5-6】的流程图

【程序代码】

```
#include<stdio.h>
int main()
{
    int i,s=0;
    for(i=1;i<=99;i+=2)
      s=s+i;
    printf("和是%d",s);
    return 0;
}
```

【程序运行结果】

屏幕上输出：和是2500

【程序说明】

本程序中，循环变量初值i=1，循环条件i<=99，循环变量修改i=i+2，循环体s=s+i。

学习

【例5-7】如表5-1所示为for语句的简化形式。

表5-1 for语句的简化形式

语句形式	对应处理	示例	使用原因

for(;表达式2;表达式3)	省略表达式1,"表达式1"可以写在for语句的外面	n=1;
		for(;n<100;n++) 语句;
		等价于
		for(n=1;n<100;n++)语句;
			循环控制变量的初值不是已知常量,需要通过前面语句的执行计算得到

for(表达式1;;表达式3)	省略表达式2,表示不用判断,循环条件总是满足的	for(i=1;;i++)语句;
		等价于:
		while(1)
			循环结束需要在循环体中判断

for(表达式1;表达式2;)	省略表达式3,在循环体中有更新循环控制变量的语句	for(n=1;n<=100;)
		{ …
		n=4*n-1;
		…
		}
			一般当循环控制变量呈非规则变化时

for(;;)	省略3个表达式,这是一个无限循环语句,在循环体内利用条件表达式与break语句的配合中断循环	for(;;)
		{ …
		if(x==0) break;
		…
		}
			循环结束需要在循环体中判断。
			表示当x等于0时,使用break语句退出循环

【例5-8】分析以下四个程序的运行结果。

程序一

```
#include <stdio.h>
int main()
{
    int  i=1;
    for(;i<=10; i++)
        printf("*");
    return 0;
}
```

【程序解读】

for语句省略了表达式1，变量i在for语句前面初始化了。

【程序运行结果】

屏幕上输出10个"*"。

程序二

```
#include <stdio.h>
int main()
{
    int  i;
    for(i=1;;i++)
     {
        if(i<=10)
            printf("*");
        else
            break;
    }
    return 0;
}
```

【程序解读】

for语句省略了表达式2， 循环体中通过break语句跳出循环。

【程序运行结果】

屏幕上输出10个"*"。

程序三

```
#include <stdio.h>
int main()
{
    int  i;
    for(i=1; i<=10;)
```

```
    {
        printf("*");
        i++;
    }
    return 0;
}
```

【程序解读】

for语句省略了表达式3（即第三个分号前的部分），循环体中增加了改变循环变量的语句。

【程序运行结果】

屏幕上输出10个"*"。

程序四

```
#include <stdio.h>
int main()
 {
    int  i;
    for(i=1;i<=10; i++)
        printf("*");
    return 0;
}
```

【程序解读】

for语句完整包含了3个表达式。

【程序运行结果】

屏幕上输出10个"*"。

【程序说明】

① for语句的应用方式灵活，但一般写成规范语句：

```
for(循环变量赋初值;循环条件;循环变量修改)
   {循环体语句}。
```

② 程序四的for语句为规范语句。

练习

编写程序：计算正整数1～n中的奇数之和及偶数之和。

任务5.4 认识break语句和continue语句

知识点

5.4.1 break语句

break和continue语句

① break语句的一般格式

```
break;
```

② break语句的功能

break语句只能用在switch语句或循环语句中。其作用是跳出switch语句或跳出本层循环，转去执行后面的程序语句。

5.4.2 continue语句

① continue语句的一般格式

```
continue;
```

② continue语句的功能

continue语句只能用在循环体中。其作用是结束本次循环，即不再执行循环体中continue语句之后的语句，转入下一次循环的判断与执行。

教学

【例5-9】分析以下两个程序的输出结果。

程序一

```
#include <stdio.h>
int main()
{
   for (int i=0; i<10; i++)
   {
       if(i==5)
       { break;}    // 当i等于5时跳出循环
printf("%d,", i);
   }
   return 0;
}
```

【程序解读】

循环体中当i等于5时执行break语句，即跳出所在循环，不再执行该循环的剩余部分。

【程序运行结果】

```
0,1,2,3,4,
```

程序二

```
#include <stdio.h>
int main()
{
    for (int i=0; i<10; i++)
    {
       if (i%2!=0)
      {   continue; }// 跳过奇数项
       printf("%d,", i); // 只打印偶数
      }
    return 0;
 }
```

【程序解读】

循环体中当i为奇数时执行continue语句，即跳过当前循环的剩余部分，并立即开始下一次循环的判断。

【程序运行结果】

```
0,2,4,6,8,
```

【程序说明】

① break语句用于结束其所在的那一层循环的执行。

② continue语句用于跳过当前循环的剩余部分，并立即进行下一次循环的条件判断，以决定是否继续执行循环体。

③ 合理使用 break 和 continue 可以简化代码逻辑，但过度使用可能使程序流程难以理解。

练习

分析以下程序的运行结果。

```
#include <stdio.h>
int main()
{ int i;
  for (i=5; i<=100; i++)
     {if (i%3!=0||i%5!=0)
        {   continue; }
        printf("%d,", i);
       }
    return 0;
```

```
}
```

任务5.5 用循环嵌套语句完成循环操作

知识点

5.5.1 循环嵌套语句的一般格式

循环嵌套

```
while(表达式)
   { …
   内循环
   …
   }
```

```
do
   { …
   内循环
   …
   } while(表达式);
```

```
for(表达式)
   { …
   内循环
   …
   }
```

【说明】

① 在一个循环的循环体内又包含另一个完整的循环结构，称为循环的嵌套。

② 把包含另一个循环结构的循环称为外循环，被包含的循环称为内循环。

③ 三种循环都可以互相嵌套，自由组合。

④ 一个循环结构必须完整嵌套在另一个循环体内，不能出现交叉现象。

⑤ 每一层循环体都应该用一对花括号括起来。

⑥ 写程序的时候，嵌套的循环部分最好采用缩进格式书写，使程序层次分明，便于阅读和调试。

5.5.2 循环嵌套语句的执行过程

外层循环每执行一次，内层循环要执行一轮（内循环一直执行到条件不满足时为一轮）。

教学

【例5-10】编写程序：输出九九乘法表。

【解题步骤】

① 乘法口诀表有9行，定义整型变量i，控制外层循环输出9行。

② 乘法口诀表第i行有k列，定义整型变量k计数列，用变量k控制内循环每行输出列数。

③ 内循环输出第i行第k列对象为表达式k‘*’i=k*i;。

④ 乘法口诀表每输完一行要换行，用 printf（“\n”）；语句实现。

⑤ 我们用for循环内嵌套for循环来实现程序功能。

【流程图】如图5-10所示。

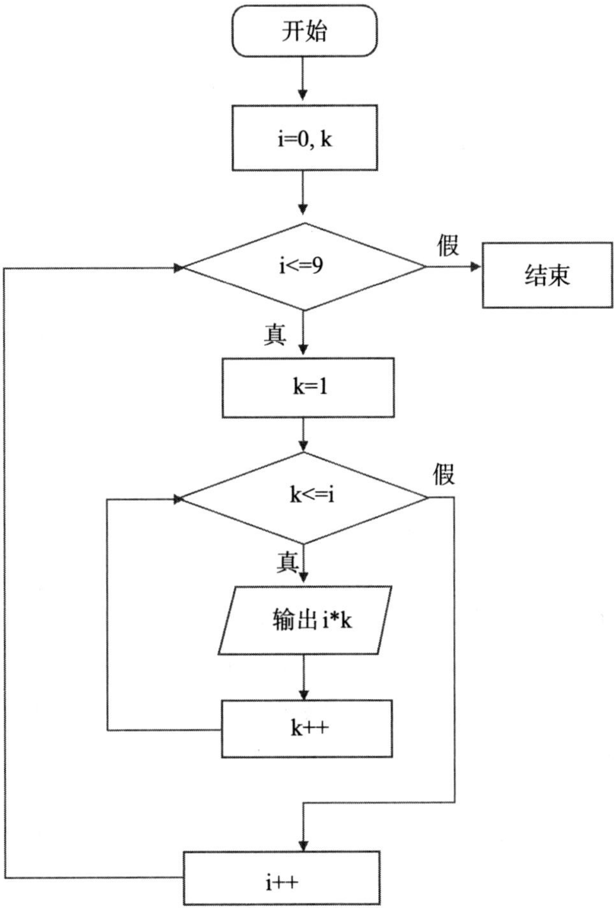

图5-10 【例5-10】的流程图

【程序代码】

```
#include<stdio.h>
int main()
{   int i,k;
    for(i=1;i<=9;i++)
      { for(k=1;k<=i;k++)
           {
            printf("%d*%d=%d\t",k,i,k*i);
           printf("\n");
          }
     return 0;
}
}
```

【程序运行结果】

```
1*1=1
```

```
1*2=2  2*2=4
1*3=3  2*3=6   3*3=9
1*4=4  2*4=8   3*4=12  4*4=16
1*5=5  2*5=10  3*5=15  4*5=20  5*5=25
1*6=6  2*6=12  3*6=18  4*6=24  5*6=30  6*6=36
1*7=7  2*7=14  3*7=21  4*7=28  5*7=35  6*7=42  7*7=49
1*8=8  2*8=16  3*8=24  4*8=32  5*8=40  6*8=48  7*8=56  8*8=64
1*9=9  2*9=18  3*9=27  4*9=36  5*9=45  6*9=54  7*9=63  8*9=72  9*9=81
```

学习

【例5-11】36人搬36块砖，男人一次搬4块，女人一次搬3块，两个小孩一次抬1块，要求一次全部搬完，问男人、女人、小孩各有几人？

【解题步骤】

① 定义整型变量men表示男人，men的取值为0～9。

② 定义整型变量women表示女人，women的取值为0～12。

③ 定义整型变量child表示小孩，child的值为36-men-women。

④ 利用穷举法来试探所有的值，找出满足条件的值。

⑤ 用for循环内嵌套for循环来实现程序功能。

【程序代码】

```
#include<stdio.h>
int main()
{
    int men,women,child;
    for(men=0; men<=9; men++)
        for(women=0; women<=12; women++)
         {
            child=36-men-women;
            if(men*4+women*3+child*0.5==36)
               printf("男:%d,女:%d,小孩:%d\n",men,women,child);
          }
    return 0;
}
```

【程序运行结果】

```
男: 3, 女: 3, 小孩: 30
```

练习

编写程序：利用循环嵌套求1!+2!+3!+…+10!的值并输出。

任务5.6 常见错误分析

练习

【例5-12】指出以下程序存在的问题并改正。

```
#include<stdio.h>
int main()
{
    int i,s=0;
    for(i=1;i<=6;i++)
        {   s*=i;   }
    printf("s=%d\n",s);
    return 0;
}
```

【存在问题】程序是求s=6!，编译通过，运行结果为s=0，结果错误。

【改正】把s=0改为s=1，一般累乘器初始化为1，累加器初始化为0。

【例5-13】指出以下程序存在的问题并改正。

```
#include<stdio.h>
int main()
{   int i=1;
    while(i<10)
        { printf("%d\n",i);}
    return 0;
}
```

【存在问题】程序出现死循环。由于变量i没有改变，所以i<10永远为真，循环将一直继续下去，持续输出“1”。

【改正】在循环体中增加改变循环变量的语句i++，循环体变为：

```
{ printf("%d\n",i);
     i++;
    }
```

任务5.7 计算机二级C语言考题练习

考点

1. 分析以下程序，其输出结果是（   ）。

```
#include<stdio.h>
int main()
{
    int n=10;
    while(n>7)
        { n--;
         printf("%d",n);
        }
    return 0;
}
```

A. 1098　　B. 987　　C. 10987　　D. 9876

【答案】B

2. 分析以下程序，其输出结果是（   ）。

```
#include<stdio.h>
int main()
{
    int i=0;
    do
    {
     printf("%d,",i)
    }
    while(i++);
    printf("%d,",i);
    return 0;
}
```

A. 0，0　　B. 0，1　　C. 1，1　　D. 程序进入无限循环

【答案】B

3. 以下是计算n!值的程序，空格处应选（　　）。

```
#include<stdio.h>
int main()
{
  int i,s,n;
  s=1;
    printf("enter n:");
    scanf("%d",&n);
    for(i=1;i<=n;i++) ______;
    printf("s=%d",s);
 return 0;
}
```

A. s=s*i　　B. s*i　　C. s=s+i　　D. s+i

【答案】A

4. 分析以下程序，其输出结果是（　　）。

```
#include<stdio.h>
int main()
{
    int x,i;
    for(i=1;i<=100;i++)
    { x=i;
      if(++x%2==0)
        if(++x%3==0)
         if(++x%7==0)
          printf("%d",x);
}
    printf("\n");
 return 0;
}
```

A. 3981　　B. 4284　　C. 2668　　D. 2870

【答案】D

5. 分析以下程序，其输出结果是（　　）。

```
#include<stdio.h>
int main()
{
    int i,j,m=0;
    for(i=1;i<=15;i+=4)
      for(j=3;j<=19;j+=4)
```

```
        m++;
    printf("%d\n",m);
    return 0;
}
```

A. 12　　B. 15　　C. 25　　D. 20

【答案】D

项目小结

1. 一段根据条件重复执行的代码称为循环。在进入循环之前，循环条件必须明确设置；在循环体中，必须有一个改变循环条件的语句，以便在适当的时机退出循环。C语言提供了三种循环语句来实现循环结构。

2. for语句一般用于实现给定循环变量初值、步长增值和循环次数的循环结构。while或do-while语句用于循环次数及循环控制条件要在循环过程中才能确定的循环结构。

3. 三种循环语句分析

① 用while或do-while语句时，循环变量的初始化应在循环之前进行；而for语句中循环变量的初始化是在表达式1中进行。

② while语句和for语句都是先判断表达式后执行循环体，do-while语句是先执行循环体后判断表达式。也就是说，do-while语句的循环体至少被执行一次，而while语句和for语句就不一定了。

③ 这三种循环结构都可以使用break语句跳出本次循环，或使用continue语句结束本次循环。

④ break语句使循环次数可能减少，提前结束循环；continue语句只是提前结束本次循环，总的循环次数不能减少，能够加速循环。

⑤ 循环可以嵌套，但必须完整成套，不允许交叉嵌套。

拓展阅读

中国传统文化："锲而不舍，金石可镂。"——强调坚持不懈的重要性。

故事：软件开发的坚持不懈精神

在20世纪90年代，我国计算机专家们在开发大型软件时，面对复杂的算法和庞大的数据量，他们坚持不懈，通过循环结构逐步解决每一个小问题，最终完成了整个项目。例如，在开发操作系统的最内核时，程序员们通过循环结构逐步调试和优化代码，确保系统的稳定性和高效性。

① 坚持不懈：面对复杂问题时，只有坚持不懈才能取得成功。编程过程中的循环结构可以用来逐步解决复杂问题。

② 耐心细致：通过循环结构逐步解决每一个小问题，需要耐心和细致的态度。在编程过程中，我们要培养这种耐心和细致的品质。

③ 团队合作：大型软件开发需要团队合作，共同解决问题。编程不仅是个人技能，更需要团队合作。

课后习题

一、选择题

1. 下列程序段的循环次数是（　　）。

```
while(k<10)
{if(k<1)
  continue;
if(k==5)  break;
k++;
   }
```

A. 5　　B. 6　　C. 4　　D. 死循环，不能确定循环次数

2. 设有程序段：

```
int k=10;
while(k=0)  k=k-1;
```

则下列选项中，描述正确的是（　　）。

A. while循环执行10次　　B. 循环是无限循环

C. 循环体语句一次也不执行　　D. 循环体语句执行一次

3. 下列程序段的运行结果是（　　）。

```
int n=0;
while(n++ <=2);
printf("%d",n);
```

A. 2　　B. 3　　C. 4　　D. 有语法错

4. 若有int x，则执行下列程序段后的输出结果是（　　）。

```
for (x=10;x>3;x--)
  {if(x%3)
     x--;
     --x;
     --x;
```

```
    Printf("%d",x);
}
```

A. 63　　B. 74　　C. 62　　D. 73

5. 当执行下列程序段时，(　　)。

```
x = -1;
do
{x= x * x;}
while ( ! x);
```

A. 循环体将执行一次　　B. 循环体将执行两次

C. 循环体将执行无数多次　　D. 系统将提示有语法错误

6. 若i，j已定义为int类型，则下列程序段中内循环的总执行次数是（　　）。

```
for ( i = 5 ;i ;i--)
for (j = 0;j<4;j++)
{…}
```

A. 20　　B. 24　　C. 25　　D. 30

7. 下列程序的输出结果是（　　）。

```
#include <stdio.h>
void main()
{   int x = 1,y = 1,a = 0,b= 0;
    switch ( x)
    {case 1 : switch ( y )
        {case 0:a++; break ;
        case 1:b++;break;
        }
        case 2:a++;b++;break;
}
printf( "a = %d,b= %d\n",a,b);
}
```

A. a = 1, b = 2　　B. a = 1, b= 1　　C. a = 1, b=0　　D. a=2,b=2

8. 有以下程序：

```
#include<stdio. h>
int abc( int u, int  v);
void main()
{   int c,a = 24,b= 16;
```

```
    c = abc(a,b);
    printf("%d\n" ,c);
    }
    int abc( int u,int v)
    {   int w;
    while(v)
    {w = u%v;u=v;v = w;}
    return u;
}
```

则输出的结果是（　　）。

A. 6　　B.7　　C.8　　D.9

9. 下列程序的输出结果是（　　）。

```
#include<stdio. h>
Void main()
{   int x = 3,y=6,a = 0;
    while (x++! = (y - = 1))
    {  a+ = 1;
    if (y <x)  break;
    }
    printf("x=%d,y=%d,a=%d\n",x,y,a);
}
```

A. x = 4, y = 4, a=1　　B. x = 5, y = 5, a= 1

C. x = 5, y = 4, a = 3　　D. x = 5, y = 4, a= 1

10. 若输入B，下列程序的运行结果为（　　）。

```
#include<stdio. h>
void  main()
{   char grade ;
    scanf( " %c",&grade);
    switch( grade)
       {case 'A':printf("> = 85.");
       case 'B':
       case 'C': printf("> = 60.");
       case 'D': printf("<=60.");
       default : printf( "error.");
       }
}
```

A.> = 85.　　B. > = 60.　　C. > = 60. <60. error.　　D. error.

二、编程题

11. 依次输入5个数，求其中的最大值并输出。

12. 编写程序：求两个正整数的最大公约数。

13. 编写程序：求100～999所有水仙花数。水仙花数的含义是指这样的一个3位数，其各位数字的立方和等于该数本身。例如$371=3^3+7^3+1^3$。

14. 百鸡问题：用100元钱买100只鸡，其中公鸡每只5元，母鸡每只3元，小鸡每3只1元，编写程序输出各种买法。

15. 求100以内的素数，要求每行输出10个。

项目6

认 识 数 组

学习目标

1. 知识目标

- 理解一维数组的概念，掌握定义、引用和初始化一维数组的方法。
- 理解二维数组的概念，掌握定义、引用和初始化二维数组的方法。
- 掌握定义、引用字符型数组元素的方法 。
- 理解字符串变量在内存中的存储方法，掌握针对字符串的程序设计方法。

2. 技能目标

- 具备应用数组分析和解决实际问题的能力。
- 具备优化算法的能力。

3. 素质目标

- 具有使用数组解决问题的意识。
- 具有良好的团队合作意识。
- 培养学生精益求精的工匠精神。
- 培养创新意识、创新精神。

项目导引

项目5我们深入探讨学习了C语言的循环结构程序设计，学习了while循环、do-while循环、for循环语句以及break和continue的用法。这些内容可以让我们编写更加复杂的程序，使用循环也可以解决很多复杂的问题。

在用C语言编程时，我们常常会遇到需要处理大量数据的问题，例如学生的考试成绩、职工的工资等问题。这样的数据量很大，且数据之间存在一定的内在关系。如果用前面学过的办法，用简单变量来处理大量的数据将十分不方便，理论上可以完成，实际上效率很低，甚至不能处理。为了解决这些问题，C语言引入一个重要的数据结构——数组。

本项目主要学习如何定义和使用数组，包括一维数组、二维数组、字符数组和字符串。

任务6.1 一维数组的定义、引用与初始化

通过前面的学习，如果想求几个整数的平均数，可以用类似下面的程序解决。

```
# include <stdio.h>
int main()
{
    float a,b,c,d;
    a=90.5;b=80;c=86.5;
    d=(a+b+c)/3;
    printf("%f",d);
    return 0;
}
```

一维数组的概念及定义

假如要求100名同学的平均分，如果我们沿用传统做法，需先定义100个变量，然后给每一个变量赋值，再求出这100个变量的平均值。理论上虽可行，实际编程过程中不仅繁琐，而且效率很低。示例程序如下。

```
# include <stdio.h>
int main()
{
    float  a,b,c,d,e,f,g,h,i,j,k,l,m,n,o,p,q;/*定义100个变量*/
    a=90.5;b=80;c=86.5; /*给100个变量赋值*/
    d=(a+b+c+…)/100; /*求100个变量的平均值*/
     printf("%s",d);
     return 0;
}
```

知识点

在这里，我们可以使用数组来解决问题。数组是具有相同数据类型变量的集合，这些变量具有相同的名字，但用不同的下标来表明数据的位置，一般称这些变量为数组元素。将数组与循环结合起来，可以有效地处理大批量的数据，从而大大提高工作效率。

6.1.1 一维数组的定义

在C语言中，一维数组是一种基础且常用的数据结构，用于存储具有相同类型的多个元素。与先定义后使用变量一样，要在C语言中使用数组，必须先定义数组。一维数组的定义方式为：

类型说明符 数组名 [常量表达式];

其中：

① 类型说明符可以是任意基本数据类型或构造数据类型，如int、float、char等。

② 数组名是用户定义的数组标识符。对于数组元素来说，它们共用一个名字，即数组名。

③ 常量表达式必须用方括号括起来。方括号中的常量表达式表示数组元素的个数，也称数组的长度，最后用分号结束。例如：

```
int ch[20];         /*定义整型数组ch，有20个元素*/
float b[10],c[20];/*定义实型数组b，有10个元素；实型数组c，有20个元素*/
```

对于数组定义，应注意以下几点。

第一，数组的类型实际上是指数组元素的取值类型。同一个数组中所有元素的数据类型都是相同的。

第二，数组名不能与其他变量名相同。例如：

```
int main()
{
   int a;
   float a[20];       /*数组名与其他变量名相同*/
   …
}
```

这是错误的。

第三，方括号中的常量表达式表示数组元素的个数，如int a[5]表示数组a有5个元素，但其下标从0开始计算，因此这5个元素分别为a[0]、a[1]、a[2]、a[3]、a[4]。注意没有a[5]这个元素。

第四，不能在方括号中用变量来表示元素的个数，但是可以使用符号常数或常量表达式。例如，下面的定义是合法的。

```
#define  D  3                          /*符号常量D的值为3*/
int main()
{
   int a[3+5],b[4+D];                  /*合法的定义*/
   …
}
```

但是，下面的说明方式是错误的。

```
int main()
{
   int n=5;
   int a[n];                           /*不合法的定义，n为变量*/
    …
}
```

第五，经过定义后，系统为数组元素在内存中分配了连续的存储单元。

例如：定义语句“int a[15];”说明了以下几个问题。

① 数组名为a。

② 数组元素的数据类型为整型（int）。

③ 数组元素的下标值从0开始。数组元素的个数为15个，分别是a[0]，a[1]，a[2]，…，a[13]，a[14]。注意，没有a[15]这个元素。

④ 数组名a代表数组存储区的首地址，即存放数组第一个元素的地址：a(等同于&a[0])。因此，数组名是一个地址常量，不能对数组名进行赋值和运算。数组元素的存储形式如图6-1所示，在Visual C++中，一个整型变量的存储空间为4个字节，所以这个数组的空间大小为4×15=60字节。

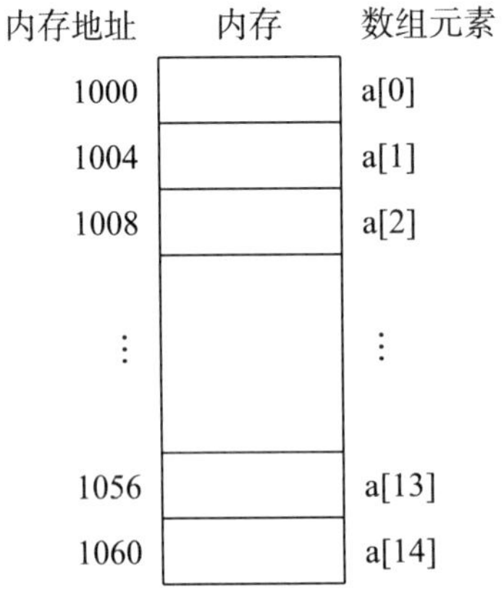

图6-1　一维数组的存储形式

6.1.2　一维数组的引用

一维数组的引用和初始化

要使用数组，可以通过引用数组元素的方式，使用该数组中的元素。一维数组的引用格式为

```
数组名[下标]
```

引用的过程中要注意以下几个问题：

① 下标可以是常量或常量表达式，如a[3]，a[3+2]。

② 下标也可以是变量或变量表达式，如a[i]，a[i+j]，a[i++]。

③ 引用时，若下标值不为整型，C系统会自动取整，如下标a[5.3]相当于a[5]。

④ 下标值从0开始，而不是从1开始。

⑤ 下标不能越界，即引用时的下标不能小于或等于定义数组时的数组个数，例如“int a[10]; 如果尝试访问a[10]=4;”是错误的。因为只有a[0]，a[1]，…，a[9]这10个元素，不存在a[10]这个元素。

6.1.3　一维数组的初始化

与一般变量的初始化一样，数组的初始化就是在定义数组的同时，给数组元素赋初值。数组初始化是在编译阶段进行的，这样就会减少程序的运行时间，从而提高程序效率。

对数组进行初始化赋值的一般形式为

```
类型说明符 数组名[常量表达式]={数值1,数值2,…,数值n};
```

其中，在花括号中的各数据值，即为各元素的初值，各值之间用逗号间隔。例如：

```
int a[3]={0,1,2};
```

经过以上初始化后，a[0]=0，a[1]=1，a[2]=2。

初始化过程中要注意以下几点：

① 可以只给部分元素赋初值。当“{}”中值的个数少于数组元素个数时，只给前面部分元素赋值。例如：int a[10]={0,1,2,3,4}；相当于只给a[0]，a[1]，a[2]，a[3]，a[4]赋初值了，后面的5个元素自动赋0值。

② 只能给元素逐个赋值，不能给数组整体赋值。例如，给5个元素全部赋1值，只能写为“int a[5]={1,1,1,1,1};”，而不能写为“int a[5]=1;”因为不能对数组整体赋值。

③ 如果在定义数组时给全部元素赋值，则在数组说明中可以不给出数组元素的个数，此时数组的个数由值的个数确定。例如：“int a[5]={1,2,3,4,5};”可写为“int a[]={1,2,3,4,5};”，表明数组有5个元素。

④ 如果“{}”中数值的个数多于数组元素的个数，编译时将提示语法错误。

教学

【例6-1】编写程序：从键盘中输入10个互不相同的整数，输出这10个整数并求其中的最小数。

一维数组的应用

【问题分析】这里我们需要10个变量用来存储这10个整数，因而可定义一个整型数组，包含10个数组元素。定义一个变量min用来存储最小值，首先将a[0]赋给min；然后将a[1]～a[9]逐个与min进行比较，如果小于min，则将值赋给min；最后输出min的值即为10个数中的最小值。

【程序代码】

```
#include <stdio.h>
int main()
{
    int a[10];                          /*数组定义,定义数组a*/
    int i,min;                          /*定义循环变量i和最小值min*/
    printf("please input:");
    for(i=0;i<=9;i++)                   /*循环10次*/
      scanf("%d",&a[i]);                /*数组引用,给数组元素赋值*/
    for(i=0;i<=9;i++)                   /*循环10次*/
      printf("%4d",a[i]);               /*数组引用,输出数组元素的值*/
    min=a[0];                           /*数组引用,给min变量赋初值*/
    for(i=1;i<=9;i++)                   /*循环9次*/
        if(min>a[i])                    /*数组引用,如果min大于a[i]*/
        min=a[i];                       /*数组引用,将较小的赋给min*/
    printf("\n最小值为%d\n",min);        /*输出最小值*/
    return 0;
}
```

【程序运行结果】

```
please input: 4 7 2 78 34 9 12 32 5 10
   4   7   2  78  34   9  12  32   5  10
最小值为2
```

【程序说明】程序中用了几次for循环语句，这是因为不能对数组整体进行（读取）操作，只能对数组的元素逐个地进行读取操作。如果要输入或输出a[0]～a[9]的所有数据，需要用到循环语句，让循环变量从0到9循环10次，从而输入或输出数组中的每个元素。

【例6-2】编写程序：从键盘中输入10位学生的竞赛成绩都为整数，计算并输出平均分。

【问题分析】定义一个整型数组，包含10个数组元素。定义一个float型变量fAve用来存储平均值，通过循环10次，累加总分，最后除以10求得平均分。

【程序代码】

```
#include <stdio.h>
#define SIZE 10
int main()
{
    int  i,iContest[SIZE];
    float  fAve=0;
    for(i=0;i<SIZE;i++)              /*循环输入数组元素*/
           scanf("%d", &iContest[i]);
    for(i=0;i<SIZE;i++)             /* 累加数组元素求出总分*/
          fAve=fAve+iContest[i];
    fAve=fAve/SIZE;
    printf("The average is%f", fAve);
    getchar();
}
```

【程序运行结果】

```
90 95 78 96 94 100 89 95 99 79
The average is 91.500000
```

【程序说明】第一个for循环语句，循环10次读取10个成绩存入数组'i Contest[SIZE]'中，第二个for循环语句循环10次累加数组中每个元素总和，最后求出平均值，该平均值为一个float数据。

【思考】编写程序：如何修改上面的程序，只使用一个循环，在输入数据的同时进行累加求和？

【例6-3】用数组来实现求Fibonacci数列的前20项。

【问题分析】我们知道Fibonacci数列是这样的数列，第一项和第二项的值为1，第三项的值为第一项和第二项值的和，第四项的值为第二项和第三项值的和。以此类推，从第三项开始，后面一项的值为前面两项值的和。

如果我们要用数组来表示Fibonacci数列的前20项，因为数组的下标从0开始，所以数列中的第一项用数组的第一个元素表示，那么：

```
f[0]=1
f[1]=1
f[2]= f[0]+f[1], f[2]的值为2
f[3]= f[1]+f[2], f[3]的值为3
…
f[n]=f[n-2]+f[n-1]
```

【程序代码】

```
#include <stdio.h>
int main()
```

```
{
    int n,f[20];                        /*定义变量*/
    f[0]=f[1]=1;                        /*赋初值*/
    for(n=2;n<20;n++)                   /*循环条件设定*/
        f[n]=f[n-1]+f[n-2];             /*计算f[n]的值*/
    for(n=0;n<20;n++)                   /*循环*/
        {
        if(n%4==0)                      /*如果n能够被4整除*/
           printf("\n");                /*每输出四个数后换行*/
         printf("%10d",f[n]);           /*输出数列中所有的值*/
        }
    printf("\n");                       /*输出换行符*/
    return 0;
}
```

【程序运行结果】

```
    1         1           2           3
    5         8          13          21
   34        55          89         144
  233       377         610         987
 1597      2584        4181        6765
```

【程序说明】我们运行以上程序，第一项是1，第二项是1，第三项是2，第四项是3。输出4个数后换行，以此类推，每项都是前面两项之和，总共20项，全部输出。很多数列问题都可以用类似上述计算斐波纳契数列的方法，用数组来进行存储和计算。

【例6-4】编写程序：给定任意n个整数，按由小到大次序对其进行排序，并输出结果。

【问题分析】排序方法有很多，如交换排序法、冒泡排序法、选择排序法、插入排序法等。本例将采用常用的交换排序法来实现。

交换排序法的基本思路是：将每个数与其后所有数一一进行比较，将较小的数调到前面。

首先，用第一个数依次与其后的所有数进行比较，如果后面的数比第一个数小，则交换这两个数；如果后面的数不比第一个数小，这两个数就不交换。例如，有5个数，分别是7、6、10、4、2，依次将其放入数组a中，如图6-2（a）所示。第1次先将a[0]与a[1]（7和6）进行比较，由于a[1]小于a[0]，将两数对调；第2次将a[0]与a[2]（6和10）进行比较，由于a[2]不小于a[0]，两数不对调；……如此进行4次比较后，得到2-7-10-6-4的顺序。此时可以看到，最小数已成为第一个数。比较过程如图6-2所示。

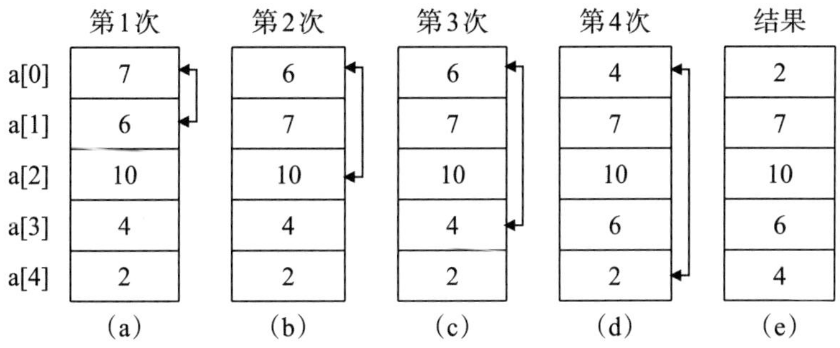

图6-2　第一趟比较过程

我们用程序表示上面的比较过程：

```
for(j=1;j<5;j++)
if(a[0]>a[j])
        {
              t=a[j];
              a[j]=a[i];
              a[i]=t;
        }
```

经过第一趟比较之后，我们找到了最小的数2，后面还有4个数（7、10、6、4），然后进行第2趟比较，对余下的4个数（7、10、6、4）进行新一轮比较，以便使次小数到达a[1]的位置。如图6-3所示，经过这一趟3次比较与交换之后，得到次小数4。

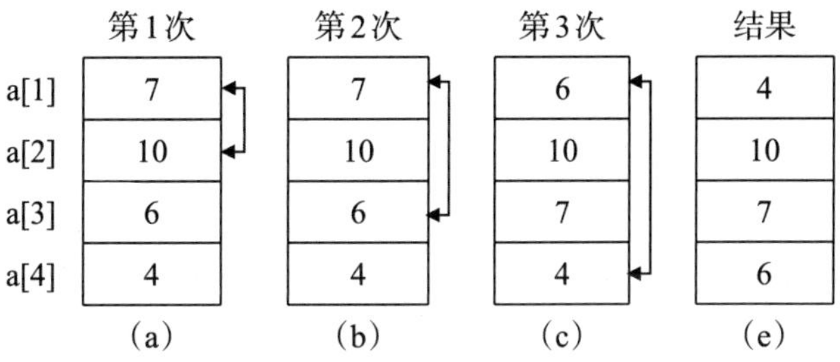

图6-3　第二趟比较过程

那么，这个过程用C语言表示如下：

```
for(j=2;j<5;j++)
if(a[1]>a[j])
        {
              t=a[j];
              a[j]=a[i];
              a[i]=t;
        }
```

按照以上规律，第一趟比较了4次后，我们得到了5个数中的最小数，第二趟比较了3次，得到剩下4个数中的最小数；第三趟比较了2次，得到剩下3个数中的最小数；第四趟比较了1次，得到剩下2个数中的最小数。这样，这5个数就按从小到大的顺序全部找出来了。

我们可以用双重循环的方式来实现排序：外循环用来控制趟数，内循环用来控制每趟的比较次数。控制流程语句如下：

```
for(i=0;i<N;i++)                    /*i是趟次循环变量(外循环变量)*/
   for(j=i+1;j<N;j++)               /*j是每趟中比较的次数变量(内循环变量)*/
      if(a[i]>a[j])                 /*比较相邻两数大小,将较小的数放在前面*/
       {
          t=a[j];
          a[j]=a[i];
          a[i]=t;
       }
```

如果要求对10个数进行比较，只需将上述代码中的数字5替换为10即可。在程序中，我们用‘#define N 10’来定义符号常量N为10。程序流程如图6-4所示。

【程序代码】

```
#include <stdio.h>
#define N 10                        /*定义符号常量，N为排序数字的个数*/
int main()
  {
    int  a[N];                      /*定义数组a*/
    int  i,j,t;                     /*定义变量*/
    printf("请输入10个整数:\n");    /*输出提示语*/
    for(i=0;i<N;i++)                /*从键盘接收N个数据放入数组a中*/
       {
        printf("a[%d]=",i);
        scanf("%d",&a[i]);
       }
    for(i=0;i<N;i++)                        /*i是趟次循环变量(外循环变量)*/
             for(j=i+1;j<N;j++)             /*j是每趟中比较的次数变量(内循环变量)*/
             if(a[i]>a[j])                  /*比较相邻两数大小,将较小的数放在前面*/
                {
                   t=a[j];
                   a[j]=a[i];
                   a[i]=t;
                }
    printf("排序后的顺序为:\n");            /*输出提示语*/
    for(i=0;i<N;i++)                        /*将排序好的数组输出*/
             printf("%d\t",a[i]);
    printf("\n");                           /*输出回车符*/
    return 0;
}
```

【程序运行结果】

```
请输入10个整数:
a[0]=13
```

```
a[1]=8
a[2]=2
a[3]=17
a[4]=10
a[5]=20
a[6]=5
a[7]=33
a[8]=6
a[9]=14
```

排序后的顺序为：2　5　6　8　10　13　14　17　20　33

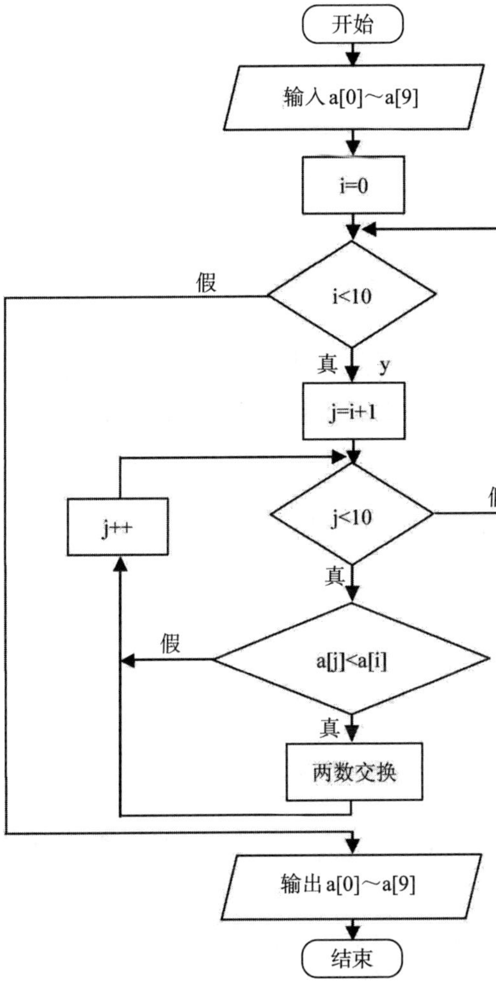

图6-4　【例6-4】的流程图

【程序说明】运行程序，首先输入10个整数，这10个数经过比较后，依次由小到大进行了排序并输出。

考点

【例6-5】至【例6-10】是计算机二级考试C语言真题精选。

【例6-5】以下程序中，有错误的行是（　　）。

```
main ()
{    int a[3]={1};
     int i;
     scanf("%d",&a);
     for (i=1; i < 3; i++)
           a[0]=a[0]+ a[i];
     printf("a[0]=%d\n", a[0]);
}
```

A. 3　　　　B. 6　　　　C. 7　　　　D. 4

【答案】D

【解析】本题考查一维数组的定义、初始化及元素的引用方法。第4行代码scanf输入数据时，要求输入项为地址，而数组名即为数组的首地址，所以不应该再在前面加取地址符号&。

【例6-6】若有定义：int a[10];, 则下列选项中对数组a元素的正确引用是（　　）。

A. a[10]　　　　B. a[3.5]　　　　C. a(5)　　　　D. a[10-10]

【答案】D

【解析】本题考查一维数组引用的基本语法，读者需要清楚地了解引用一维数组的基本格式。

【例6-7】有以下程序段：

```
#include <stdio.h>
main()
{    int k[30]={12,324,45,6,768,98,21,34,453,456};
     int count = 0, i=0;
     while (k[i])
         { if(k[i]%2==0||k[i]%5==0)    count++;
           i++ ;}
     printf("%d,%d\n", count, i);
}
```

则程序段的输出结果是（　　）。

A. 7, 8　　　　B. 8, 8　　　　C. 7, 10　　　　D. 8, 10

【答案】D

【解析】在C语言中，定义一维数组的语句一般形式如下：

```
类型说明 符数组名[常量表达式];
```

一维数组的引用形式为：

数组名 [下标表达式]

count表示能被2或5整除的个数，i则计算有多少个数组元素被遍历过。

【例6-8】下列选项中，合法的数组说明语句是（　　）。

A. int a[]="string";

B. int a[5]={0, 1, 2, 3, 4, 5};

C. char a="string";

D. char a[]={0, 1, 2, 3, 4, 5};

【答案】D

【解析】在C语言中，字符数组中存放的是与字符相对应的ASCII码。数值0,1,2,3,4,5所对应的ASCII字符虽然是不可显示的字符，但是这些都可作为控制字符。此时，数组的大小由后面的初始化数据的数量决定，即包含6个元素。

【例6-9】已知int类型的变量占4个字节，现有以下程序段：

```
#include<stdio.h>
main()
{  int a[]={1, 2, 3, 4, 5};}
   printf ("%d", sizeof(a));
}
```

则程序段的输出结果是（　　）。

A. 5　　B. 10　　C. 15　　D. 20

【答案】D

【解析】int类型的数组a初始化了5个整数，它隐含地定义了a数组大小为5个元素，而一个int变量占4个字节，所以整个数组占用20个字节，因此程序输出20。

【例6-10】若有以下语句，则选项中正确的描述是（　　）。

```
char x[]="12345";
char y[]={'1','2','3','4','5'};
```

A. x数组和y数组的长度相同　　B. x数组长度大于y数组长度

C. x数组长度小于y数组长度　　D. x数组等价于y数组

【答案】B

【解析】由于语句char x[]= “12345”，说明是字符型数组并进行初始化。系统按照C语言对字符串处理的规定，在字符串的末尾自动加上串结束标识‘\0’，因此数组x的长度是6； 而数组y是按照字符方式对数组进行初始化的，系统不会自动加上串结束标识‘\0’，所以数组y的长度是5。

任务6.2 二维数组

知识点

6.2.1 二维数组的定义

定义一维数组时只有一个下标，称为一维数组。在实际问题中有很多数据是二维的或多维的，例如同学们的成绩表由行和列组成，就是二维的。C语言允许构造多维数组，多维数组元素有多个下标，以标识它在数组中的位置，所以也称为多下标变量。本小节只介绍二维数组，多维数组可由二维数组类推而得到。

二维数组定义的一般形式为

```
类型说明 符数组名[常量表达式 1][常量表达式 2]
```

其中，常量表达式1表示行数，常量表达式2表示列数，与一维数组一样，下标值从0开始。例如：

```
int a[3][2];
```

定义了一个3行2列的整型数组a，共有6个元素，分别是

```
a[0][0],a[0][1]
a[1][0],a[1][1]
a[2][0],a[2][1]
```

二维数组在概念上是二维的，但是实际的硬件存储器却是连续编址的，即存储器单元是按一维线性排列的。对于数组a[3][2]，先存放a[0]行元素，再存放a[1]行元素，最后存放a[2]行元素，6个数组元素的依次存储次序为：a[0][0]，a[0][1]，a[1][0]，a[1][1]，a[2][0]，a[2][1]。如图6-5所示。

a[0][0]
a[0][1]
a[1][0]
a[1][1]
a[2][0]
a[2][1]

图6-5　二维数组的存储

6.2.2 二维数组的引用

二维数组的元素引用形式为

```
数组名[下标][下标]
```

其中，下标应为整型常量或整型表达式。例如：a[3][4] 表示 a 数组中第三行第四列的元素。

下标变量和数组说明在形式上有些相似，但这两者具有完全不同的含义。数组说明的方括号中给出的是某一维的长度（即最大可取下标的值加1）；而数组元素中的下标是该元素在数组中的位置标识。前者只能是常量，后者可以是常量、变量或表达式。

6.2.3 二维数组的初始化

二维数组初始化是在类型说明时给各下标对应的元素变量赋以初值。二维数组既可按行分段赋值，也可按行连续赋值。

例如：

对数组 a[5][3]，有以下赋值方法：

（1）按行分段赋值可写为

```
int a[5][3]={{80,75,92},{61,65,71},{59,63,70},{85,87,90},{76,77,85}};
```

（2）按行连续赋值可写为

```
int a[5][3]={ 80,75,92,61,65,71,59,63,70,85,87,90,76,77,85};
```

这两种赋初值的结果是完全相同的。初始化的具体结果为：a[0][0]=80，a[0][1]=75，a[0][2]=92，a[1][0]=61，a[1][1]=65，a[1][2]=71，a[2][0]=59，a[2][1]=63，a[2][2]=70，a[3][0]=85，a[3][1]=87，a[3][2]=90，a[4][0]=76，a[4][1]=77，a[4][2]=85。

对于二维数组初始化赋值还有以下说明：

① 可以只对部分元素赋初值，未赋初值的元素自动取 0 值。

例如：

```
int a[3][3]={{1},{2},{3}};
```

是对每一行的第一列元素赋值，未赋值的元素取 0 值。赋值后各元素的值为

```
1  0  0
2  0  0
3  0  0
```

```
int a [3][3]={{0,1},{0,0,2},{3}};
```

赋值后的元素值为

```
0  1  0
0  0  2
3  0  0
```

② 如对全部元素赋初值，则第一维的长度可以不给出。

例如：

```
int a[3][3]={1,2,3,4,5,6,7,8,9};
```

可以写为

```
int a[][3]={1,2,3,4,5,6,7,8,9};
```

③ 数组是一种构造类型的数据。二维数组可以看作是由一维数组的嵌套而构成的。设一维数组的每个元素都是一个数组，就组成了二维数组。当然，前提是各元素类型必须相同。根据这样的分析，一个二维数组也可以分解为多个一维数组。C语言中也允许这种分解。如二维数组 a[3][4]，可分解为三个一维数组，其数组名分别为

```
a[0]
a[1]
a[2]
```

对这三个一维数组不需另作说明即可使用。这三个一维数组都有 4 个元素，例如：一维数组 a[0]的元素为 a[0][0]，a[0][1]，a[0][2]，a[0][3]。

必须强调的是：a[0]，a[1]，a[2]不能当作下标变量使用，它们是数组名，不是一个单纯的下标变量。

教学

【例 6-11】一个学习小组共有 6 位学生（人名皆为化名。下同），每位学生学习 3 门课：数学、语文和英语，每门课程有一个考试成绩，如表 6-1 所示。试将成绩表用二维数组存储，并输出到屏幕上。

表 6-1 学生成绩

课程	姓名					
	王笑	李鹏	吴欣	张平	赵明	张晓娜
数学	85	93	84	85	95	86
语文	79	95	95	80	100	98
英语	80	91	93	75	97	90

【解题步骤】

① 定义 3 行 6 列的二维数组 a[3][6]存放成绩表，第 1 行存放数学成绩，第 2 行存放语文成绩，第 3 行存放英语成绩，每位学生的三项成绩存储在一列，即可以通过列数表示学生序号。

② 依次输出所有学生的序号。

③ 依次输出所有学生的数学成绩。

④ 依次输出所有学生的语文成绩。

⑤ 依次输出所有学生的英语成绩。

【程序代码】

```
#include<stdio.h>
int main()
```

```
{
    int i,j;                    /*定义变量*/
    int a[3][6]={{85,93,84,85,95,86},{79,95,95,80,100,98},
    {80,91,93,75,97,90}};
    for(j=0;j<6;j++)          /*循环6次,输出6位学生的序号*/
         printf("%-6d", j+1);
    for(i=0;i<3;i++)       /*循环3次,输出三行数据*/
        {
        printf("\n");     /*输出一行数据后换行*/
        for(j=0;j<6;j++)      /*循环6次,输出一行6个成绩*/
                printf("%-6d",a[i][j]); /* %-6d,表示输出数据占6格、左对齐*/
        }
    getchar();
    return 0;
}
```

【程序运行结果】

```
1     2     3     4     5     6
85    93    84    85    95    86
79    95    95    80    100   98
80    91    93    75    97    90
```

【练一练】

① 在上面问题的解决中，使用双重循环来输出成绩表。如果不用双重循环，通过上面的代码示例可以看出，可以用三个单重循环分别输出学生序号、数学成绩、语文成绩和英语成绩。

② 在上面的问题中，成绩表的数据是在定义时初始化赋值的，但是现在又有一组比赛数据要输入，请你将数据改由键盘输入（提示：可参照采用双重循环进行输入的程序）。

【思考】在上面的问题中，成绩表的输出方式是先输出一行序号，然后换行再输出一行成绩。现在要求改为输出一个序号后紧接着输出该序号对应的成绩，再换行输出下一个序号及其对应的成绩，直到6位参赛学生的数据全部输出完毕。怎么办呢?

【例6-12】一个学习小组共有6位学生，每位学生学习3门课：数学、语文和英语，每门课程有一个考试成绩，如表6-1所示。求每门课的平均分和每个人的平均分。

【问题分析】分析表6-1，可知这是一个3行6列的表格，我们可以设置一个3行6列的二维数组a[3][6]来存放这6个人3门课的成绩，修改后的数组如表6-2所示。

表6-2　学生成绩表的数组表示

课程	姓名					
	王笑	李鹏	吴欣	张平	赵明	张晓娜
数学	a[0][0]	a[0][1]	a[0][2]	a[0][3]	a[0][4]	a[0][5]
语文	a[1][0]	a[1][1]	a[1][2]	a[1][3]	a[1][4]	a[1][5]
英语	a[2][0]	a[2][1]	a[2][2]	a[2][3]	a[2][4]	a[2][5]

观察表格，如果要求每门课程的平均分，这里每门课程都有6个分数，将这6个数加起来除以6即可得到这门课程的平均分。数学、语文和英语各有1个平均分，共三个平均分。所以，可以再设一个一维数组v[3]来存放这三门课的平均分。

如果要求每位学生的平均分，这里每位学生有数学、语文和外语三门课的分数，将这三个数加起来除以3即为该学生的平均分。因为这里共有6位学生，所以我们再设一个一维数组w[6]来存储这些平均分。

数据的存储问题解决了，下面编写程序求每门课程平均分。表中显示每门课程有6个分数，将这6个分数加起来除以6，就可得到这门课的平均分。

可以看出，每门课程的成绩行下标不变，列下标变化；所以我们把i作为外循环变量，j作为内循环变量，依次求出每门课程的平均分。

【程序代码】

```
int  s=0;
for(i=0;i<3;i++)                /*外循环*/
{
   for(j=0;j<6;j++)             /*内循环*/
        s=s+a[i][j];            /*各科的分数累加*/
   v[i]=s/6;                    /*各科平均分*/
   s=0;                         /*s重新赋初值0*/
}
```

每位学生都有数学、语文和英语三个分数，将这三个分数加起来除以3，就得到每位学生的平均分。表中显示，每位学生的成绩值列下标不变，行下标变化；所以我们把j作为外循环变量，i作为内循环变量，依次求出每位学生的平均分。

```
int  s=0;                          /*定义变量*/
for(j=0;j<6;j++)                   /*外循环*/
        {
           for(i=0;i<3;i++)        /*内循环*/
                s=s+a[i][j];       /*各人的分数累加*/
           w[j]=s/3;               /*各人平均分*/
           s=0;                    /*s重新赋初值0*/
```

```
}
```

完整程序代码如下：

```
#include<stdio.h>
int main()
{
    int i,j,s=0,v[3],w[6];                       /*定义变量*/
    int  a[3] [6] ={{85,93,84,85,95,86},{79,95,95,80,100,98},{80,91,93,75,
97,90}};                                          /*初始化*/
     for(i=0;i<3;i++)                             /*外循环*/
       {
           for(j=0;j<6;j++)                       /*内循环*/
                s=s+a[i][j];                      /*各科的分数累加*/
           v[i]=s/6;                              /*各科平均分*/
           s=0;                                   /*s重新赋初值0*/
       }
     for(j=0;j<6;j++)                             /*外循环*/
      {
           for(i=0;i<3;i++)                       /*内循环*/
                s=s+a[i][j];                      /*各人的分数累加*/
           w[j]=s/3;                              /*各人平均分*/
           s=0;                                   /*s重新赋初值0*/
       }
      printf ("数学: %d\t语文: %d\t英语: %d\n",v[0],v[1],v[2]) ; /*输出各科平均分*/
      printf ("王笑: %d\t李鹏: %d\t吴欣: %d\t张平: %d\t
     赵明: %d\t张晓娜: %d\n",w[0],w[1],w[2],w[3],w[4],w[5]) ; /*输出每个人的
平均成绩*/
      return 0;
}
```

【程序运行结果】

```
数学: 88 语文: 91 英语: 87
王笑: 81 李鹏: 93 吴欣: 90 张平: 80 赵明: 97 张晓娜: 91
```

【程序说明】本题展示了二维数组在编程中的应用。二维数组有两个下标变量，结合内外循环使用时会显得较为复杂。希望同学们通过本例掌握利用二维数组解决实际问题的思路。

【例6-13】新生入学参加军训，12位学生站成了3行4列。请编写程序：从键盘输入这12位学生的身高；找出并输出身高最高学生的身高。

【解题步骤】

① 定义一个3行4列的二维数组 iTall[3][4]用于存放身高数据。

② 定义一个变量 iTallest=0，用以存放最高同学的身高。

③ 构造双重循环将输入的每个身高数据与 iTallest 比较。如果比 iTallest 大，则更新 iTallest 的值；否则继续进行下一个比较，直到 12 个数据都被比较。

④ 输出 iTallest 的值，即为所求的结果。

【程序流程】

如图 6-6 所示。

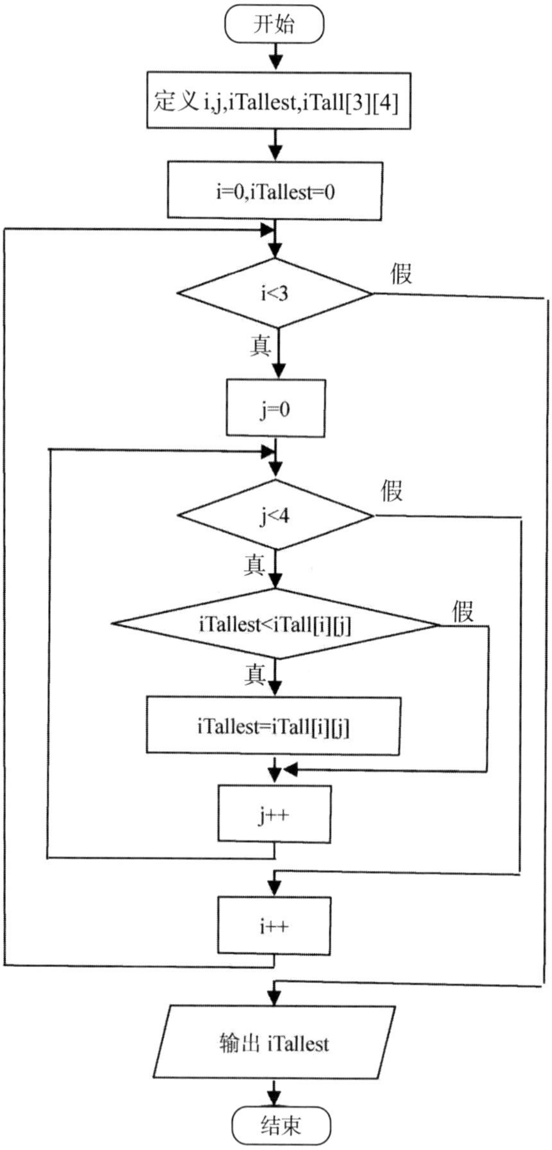

图 6-6　【例 6-13】的流程图

【程序代码】

```
#include<stdio.h>
```

```
int main()
{
      int i,j,iTallest=0;
      int iTall[3][4]={167,170,175,178,180,177,165,167,169,173,172,171};
      for(i=0;i<3;i++)
         {
            for(j=0;j<4;j++)        /*比较第i行的每一个数据*/
                   if(iTallest<iTall[i][j])
                       iTallest=iTall[i][j]; /*始终将最大数存入iTallest*/
      printf("The tallest is:%d",iTallest);
      getchar();
      return 0;
}
```

【程序运行结果】

```
The tallest is: 180
```

【程序说明】在上面的问题中，找出了12位学生中个子最高同学的身高。如何进一步求其所站的位置（第几行第几列），满足了题目要求。

【思考】在问题的解决方案中，修改其解题步骤的第3步，构造双重循环将身高数据逐个与iTallest比较，如果比iTallest大，则存入iTallest，同时将其行、列下标分别存入变量iRow和iColumn中。当整个循环结束时，iRow和iColumn就是个子最高的同学所占的行、列下标，分别加1就得出其在第几行第几列（想一想：为什么要加1?）。

考点

【例6-14】至【例6-19】是计算机二级考试C语言真题精选。

【例6-14】下面程序输出的结果是（　　）。

```
main()
{   int i;
      int a[3][3]={1,2,3,4,5,6,7,8,9};
      for (i=0;i<3;i++)
            printf("%d",a[2-i][i]);
}
```

A. 159　　B. 753　　C. 357　　D. 591

【答案】B

【解析】本题用循环的方法考查对数组概念的掌握。首先，当i=0时，访问的是a[2][0]=7；当i=1时，访问的是a[1]a[1]=5；当i=2时，访问的是a[0][2]=3。因此输出结果依次为7、5、3，选项B正确。

【例6-15】以下数组定义错误的选项是（　　）。

A. int x[][3]={0};　　B. int x[2][3]={{1,2},{3,4},{5,6}};

C. int x[][3]={{1,2,3},{4,5,6}};　　　D. int x[][3]={1,2,3,4,5,6};

【答案】B

【解析】二维数组的初始化有以下几种形式：①分行进行初始化；②不分行的初始化；③部分数组元素初始化；④省略第一维的定义，不省略第二维的定义。选项B等号右边分3行，大于等号左边数组的行数。

【例6-16】以下能正确定义数组并正确赋初值的选项是（　　）。

A. int N=5, b[N][N];　　　B. int a[1][2]={{1},{3}};

C. int c[2][]={{1,2},{3,4}};　　　D. int d[3][2]={{1,2},{3,4}};

【答案】D

【解析】选项A中，数组的下标应为整型常量表达式或常量；选项B的行下标应为2；选项C的列下标不能省略。

【例6-17】以下能对二维数组a进行正确初始化的选项是（　　）。

A. int a[2][]={{1,0,1},{5,2,3}};　　　B. int a[][3] ={{1,2,3},{4,5,6}};

C. int a[2][4]={{1,2,3},{4,5},{6}}　　　D. int a[][3]={{1,0,1},{},{1,1}};

【答案】B

【解析】本题考查对二维数组初始化的基本语法规则，读者需要清楚地了解初始化二维数组的基本格式。

【例6-18】已知int类型的变量占4个字节有下面的程序段：

```
main()
{  int a[][3]={{1,2,3},{4,5},{6},{8}};
    printf ("%d",sizeof (a) ) ;
}
```

则程序段的输出结果是（　　）。

A. 12　　　B. 24　　　C. 48　　　D. 64

【答案】C

【解析】程序通过赋初值的方式定义了4行3列的数组，则大小为12，而一个int变量占4个字节，所以程序输出为48。

【例6-19】有以下程序：

```
main()
{
     int m[][3]={1,4,7,2,5,8,3,6,9};
     int i,j,k=2;
     for (i=0;i<3;i++)
       {printf("%d",m[k][i]);}
}
```

则执行后输出的结果是（　　）。

A. 456　　B. 258　　C. 369　　D. 789

【答案】C

【解析】本题的功能是输出m[2][0]，m[2][1]和m[2][2]元素的值。

任务6.3　字符数组和字符串

知识点

6.3.1　字符数组的定义和引用

如果数组中的元素数据类型是字符型的，那么这样的数组叫作字符数组。字符数组的应用比较广泛，特别是以字符串形式使用时，特点明显。字符数组的定义与定义数值型数组的方法相同，例如：

二维数组的应用　字符数组的应用

```
char a[10]          /*定义字符数组a，有10个元素*/
char b[10][5]       /*定义二维字符数组b，有10行5列共50个元素*/
```

字符数组的引用方法与数值型数组的引用方法也一样，例如：

```
b[5][4]= 'A';
```

表示将数组元素b[5][4]的值赋为

```
'A'
```

6.3.2　字符数组的初始化

字符数组也允许在定义时作初始化赋值，字符数组的初始化方法与数值数组的初始化方法相似。

例如：

```
char c[8]={'H','e','l','l','o'};
```

赋值后各元素的值为

```
c[0]的值为'H'
c[1]的值为'e'
c[2]的值为'l'
c[3]的值为'l'
c[4]的值为'o'
c[5]的值为'\0'
c[6]的值为'\0'
c[7]的值为'\0'
```

字符数组与数值型数组在初始化时的区别是：如果字符数组在初始化时提供的数据个数少于数组元素个数，多余的数组元素初始化为空字符‘\0’，而数值型数组则初始化为0。例如上面的数组c, c[5]、c[6]和c[7]的值均为‘\0’。

如果定义数组

```
d[5]={1,2,3};
```

则d[0]的值为1

d[1]的值为2

d[2]的值为3

d[3]的值为0

d[4]的值为0

当对全体元素赋初值时也可以省去长度说明。

例如：

```
char c[]={'c','','p','r','o','g','r','a','m'};
```

这时，c数组的长度自动定为9。

6.3.3 字符串

在C语言中没有专门的字符串变量类型，通常用一个字符数组来存放一个字符串。前面介绍字符串常量时已说明，字符串总是以‘\0’作为结束标志。因此，当把一个字符串存入一个数组时，也把结束标志‘\0’存入数组，并以此判断该字符串是否结束。有了‘\0’后，就无需再用字符数组的长度来判断字符串的实际长度了。

存放字符串的字符数组有两种初始化赋值方法。

(1) 用字符常量逐个初始化数组元素，例如：

```
char c[]={'H','e','l','l','o'};
```

(2) 用字符串常量直接初始化数组，例如：

```
char c[]={"Hello"};
```

或简写为

```
char c[]="Hello";
```

使用字符串方式赋值会比逐个字符赋值多占用一个字节的空间，用于存储字符串的结束标志‘\0’。这个‘\0’是由C编译系统自动添加的。由于采用了‘\0’作为结束标志，所以在使用字符串赋初值时一般无须指定数组的具体长度，而是由系统根据字符串内容自行处理。

使用字符常量初始化数组时，若字符个数与数组长度相同且未显示添加‘\0’，则该数组不能视为有效的字符串进行处理，只能作为单个字符来处理。例如char c[5]={'H', 'e', 'l','l','o'};不能作为字符串使用。

6.3.4 字符数组的输入输出

1. 逐个字符输入输出

scanf("%c",数组元素地址),该函数从键盘上读取一个字符。

printf("%c",数组元素),该函数向显示器输出一个字符。

getchar(),该函数为字符输入函数。

putchar(字符变量),该函数为字符输出函数。

练习

【例6-20】从键盘上输入5个字符并反序输出。

方法一

【问题分析】用scanf("%c",数组元素地址)和printf("%c",数组元素)实现输入输出。

【程序代码】

```
#include<stdio.h>
int main()
  {
      int i;                        /*定义变量*/
      char str[5];                  /*定义数组*/
      for(i=0;i<5;i++)              /*循环输入5个字符*/
           scanf("%c",&str[i]);
    for(i=4;i>=0;i--)               /*循环输出5个字符*/
          printf("%c",str[i]);
    printf("\n");
    return 0;
  }
```

【程序运行结果】

```
Good
dooG
```

【程序说明】如果从键盘上输入“Hello”,则第一个for循环将“Hello”逐个字符赋给str[0]～str[4],则第二个for循环反序输出这5个字符，结果为“olleH”。

方法二

【问题分析】用getchar()、putchar（字符变量）函数，实现输入输出。

【程序代码】

```
#include<stdio.h>
int main()
{
    int i;                        /*定义变量*/
    char str[5];                  /*定义数组*/
    for (i=0;i<5;i++)             /*循环输入5个字符*/
       str[i]=getchar();
    for(i=4;i>=0;i--)             /*循环输出5个字符*/
```

```
        putchar(str[i]);
    printf("\n");
    return 0;
}
```

【程序运行结果】

```
C program
orp C
```

【程序说明】用这两种方法实现数组的输入输出，其运行结果相同。输入时不能少于5个字符，回车也算一个字符；如果多于5个字符，只将前面5个字符输入并输出。

2. 整个字符串一次输入输出

scanf("%s", 数组名)，该函数从键盘上读取一串字符。

printf("%s", 数组名)，该函数向显示器输出一串字符。

gets(字符串数组名)，该函数为字符串输入函数，以回车作为字符串结束标志。

puts(字符串数组名)，该函数为字符串(以'\0'结束的字符序列)输出函数。

【例6-21】从键盘上输入一串字符并输出。

方法一

用scanf("%s",数组名)和printf("%s",数组名)实现输入输出。

【程序代码】

```
#include<stdio.h>
int main()
{
    char str[10];                   /*定义数组*/
    scanf("%s",str);                /*输入字符串*/
    printf("%s",str);               /*输出字符串*/
    printf("\n");
    return 0;
}
```

方法二

用gets(str)和puts(srr)实现输入输出。

【程序代码】

```
#include<stdio.h>
int main()
 {
     char str[10];                  /*定义数组*/
     gets (str) ;                   /*输入字符串*/
     puts (str) ;                   /*输出字符串*/
     printf ( “\n” ) ;
```

```
    return 0;
}
```

【程序说明】用这两种方法实现数组的输入输出，其运行结果相同。如果输入时少于10个字符，输出与输入的字符串一致；如果输入时大于或等于10个字符，就会造成缓冲区溢出风险，可能导致程序异常行为或不安全后果。

6.3.5　字符串处理函数

为了完成对字符串的操作，C语言的函数库提供了丰富的函数集，这些函数包含在“string.h”文件中。因此，如果使用字符串处理函数，就需要在程序开头添加预编译命令：

```
#include<string.h> 或#include"string.h"
```

学习

1. 测字符串长度函数——strlen函数

strlen函数的一般格式为

```
strlen(字符数组名)
```

功能：测量字符串的实际长度（不含字符串结束标志‘\0’）并作为函数返回值。

【例6-22】编写程序：求字符串的长度。

【程序代码】

```
#include<stdio.h>
#include<string.h>
int main()
{
  int k;                          /*定义变量k用于存放字符串的长度*/
  char s[]="C language";          /*初始化字符串s*/
  k=strlen(s);                    /*调用 strlen 函数求字符串的长度*/
  printf("字符串长度为:%d\n",k);  /*输出长度*/
  return 0;
}
```

【程序运行结果】

```
字符串长度为: 10
```

【程序说明】字符串长度包括空格，但不包括字符串结束标志。

2. 字符串连接函数——strcat函数

strcat函数的一般格式为

```
strcat(字符数组名1,字符数组名2)
```

功能：把字符数组2中的字符串连接到字符数组1中字符串的后面，并删去字符串1

后面的原串结束标志‘\0’。其返回值是字符数组1的首地址。

【例6-23】编写程序：实现将两个字符串相连接后输出。

【程序代码】

```
#include<stdio.h>
#include<string.h>
int main()
{
  char str1[30]="I love ",str2[]="C!";      /*初始化str1和str2*/
  strcat(str1,str2);                        /*调用strcat函数*/
  puts(str1);                               /*输出str1*/
  return 0;
}
```

【程序运行结果】

```
I love C!
```

【程序说明】将字符串str2接到str1的后面，在定义str1的时候要保证str1的空间足够大，也就是str1和str2加起来的字符个数要小于定义的数据元素的个数30。

3. 字符串拷贝函数——strcpy函数

strcpy函数的一般格式为

```
strcpy(字符数组名1,字符数组名2)
```

功能：把字符数组2中的字符串拷贝到字符数组1中。串结束标志‘\0’也一同拷贝。字符数组2也可以是一个字符串常量，这时相当于把一个字符串赋予一个字符数组。

【例6-24】 编写程序：实现将字符串2中的字符拷贝到字符串1中。

【程序代码】

```
#include<stdio.h>
#include<string.h>
int main()
{
   char str1[15],str2[]="C Language";   /*定义两个字符数组,并为str2赋初值*/
   strcpy(str1,str2);                  /*调用strcpy 函数*/
   puts(str1);                         /*输出字符串1*/
   return 0;
}
```

【程序运行结果】

```
C Language
```

【程序说明】定义字符数组时注意字符数组的长度应大于或等于字符串2的长度加上终止符‘\0’所占用的空间。

4. 大小写转换函数——strlwr函数和strupr函数

① strlwr函数的一般格式为

strlwr (字符数组名)

功能：将字符串中的字符转换成小写。

② strupr函数的一般格式为

strupr (字符数组名)

功能：将字符串中的字符转换成大写。

【例6-25】编写程序：实现将一字符串中的字符转换成小写输出，再转换成大写输出。

【程序代码】

```
#include<stdio.h>
#include<string.h>
int main()
{
  char s[]="how ARE You?";          /*初始化字符串s*/
  strlwr(s);                        /*将s中的字符转换成小写*/
  puts(s);                          /*输出s*/
  strupr(s);                        /*将s中的字符转换成大写*/
  puts(s);                          /*输出s*/
  return 0;
}
```

【程序运行结果】

```
how are you?
HOW ARE YOU?
```

【程序说明】用字符串常量初始化时，字符数组的下标可以省略，其数组元素的个数由赋值的字符串长度决定（包括结束符‘\0’）。

5. 字符串比较函数——strcmp函数

strcmp函数的一般格式为

strcmp(字符数组名1,字符数组名2)

功能：将两个数组中的字符串从左至右逐个相比较，比较字符的ASCII码大小，直到遇到不同字符或字符串结束符‘\0’，并由函数值返回比较结果。

① 如果字符串1=字符串2，则返回值为0。

② 如果字符串1>字符串2，则返回值为一个正整数。

③ 如果字符串1<字符串2，则返回值为一个负整数。

【例6-26】比较两个字符串的大小，并输出结果。

【程序代码】

```
#include<stdio.h>
```

```
#include<string.h>
int main()
{
  int k;                          /*定义变量k用于存放 strcmp 函数的返回值*/
  char str1[15],str2[15];         /*定义字符数组*/
  printf("请输入第一个字符串:");
  gets(str1);                     /*输入字符串1*/
  printf("请输入第二个字符串:");
  gets(str2);                     /*输入字符串 2*/
  k=strcmp(str1,str2);            /*调用 strcmp函数*/
  if(k==0)     printf("str1=str2\n");    /*返回值为0,那么字符串1=字符串2*/
  if(k>0)     printf("str1>str2\n");    /*返回值>0,那么字符串1>字符串2*/
  if(k<0)     printf("str1<str2\n");    /*返回值<0,那么字符串1<字符串2*/
  return 0;
}
```

【程序运行结果】

```
请输入第一个字符串: abcd
请输入第二个字符串: abcd
str1=str2
```

【程序说明】输入的字符串不同，比较的结果不同，返回值也有相应变化。可以根据这些返回值的差异来判断两个字符串的大小。

【思考】运行上面的程序，输入不同的字符串时，会出现什么结果？为什么？

练习

【例6-27】编写程序：从键盘输入两个字符串，将其首尾相接后输出。例如，输入字符串1为“My name”，字符串2为“is Jone!”，将两字符串连接后变成“My name is Jone!”后输出。(提示：不用strcat函数实现。)

【问题分析】如前所述，若要将输入的两个字符串将其首尾相接，最简单的方法是使用strcat函数。题目要求不使用该函数，因此我们需要首先定位到第一个字符串的结尾处(‘\0’)，然后从该位置开始将第二个字符串的内容复制过来即可。

【程序代码】

```
# include.<stolio.h>
# include <string.h>
int main()
{
   char str1[50],str2[20];        /*定义两个字符数组*/
   int i,j;                       /*定义循环变量i和j*/
   printf("请输入字符串1:");
```

```
    gets(str1);                    /*输入字符数组1*/
    printf("请输入字符串2:");
    gets(str2);                    /*输入字符数组2*/
    i=j=0;                                /*循环变量赋初值等于0*/
    while(str1[i]!='\0')                  /*把str1 的下标移到其字符串的尾部*/
            i++;
    while((str1[i++]=str2[j++])!='\0'); /*将字符串str2复制到str1的后面*/
    printf("连接后的字符串为:%s\n",str1); /*输出连接后的字符串 str1*/
    return 0;
}
```

【程序运行结果】

```
请输入字符串1: My name
请输入字符串2: is Jone!
连接后的字符串为My name is Jone!
```

【程序说明】 该程序的关键在于找到str1的最后一个元素后，将str2复制到str1的后面时要注意包括str2的结束标志‘\0’。

【思考】能否将程序中的第13行 “while((str1[i++]=str2[j++])!='\0');” 用下列语句代替？为什么？

```
while(str2[j]!='\0')
{   str1[i]=str2[j];
     i++;
     j++;
}
```

【例6-28】编写程序：实现输入一串字符串，计算字符串中数字、小写字母、大写字母的个数。例如，输入LoVe23mdG,输出数字个数为2，小写字母个数为4，大写字母个数为3。

【问题分析】 首先定义一个字符数组和3个整型变量分别用于存放三种元素的个数；然后用循环结构依次判定每个数组元素属于哪个范围（数字、小写字母或大写字母），相应的计数变量加1，以‘\0’判断是否到达字符串的最后一个字符。

【程序代码】

```
#include<stdio.h>
int main()
{
    char str[20];       /*定义字符数组*/
    int  n=0,i=0,j=0,k=0; /*定义循环变量n,数字,小写和大写字母个数i,j,k*/
    gets(str);  /*输入字符串*/
    while(str[n]!='\0')       /*以'\0'判断是否到达字符串的最后一个字符*/
```

```
    {
      if(str[n]>='0'&&str[n]<='9')
          i++;          /*计算数字字符个数*/
      else  if(str[n]>='a'&&str[n]=<'z')
              j++;          /*计算小写字母个数*/
            else  if(str[n]>='A'&&str[n]=<'Z')
                      k++;    /*计算大写字母个数*/
                  else  printf("Error");     /*输出错误信息*/
      n++;      /*循环变量加1*/
    }
  printf("数字i=%d,小写字母j=%d,大写字母 k=%d\n",i,j,k); /*输出结果*/
  return 0;
}
```

【程序运行结果】

```
LoVe23mdG
数字i=2，小写字母j=4，大写字母 k=3
```

考点

【例6-29】至【例6-35】是计算机二级考试C语言真题精选。

【例6-29】 已知字母A的ASCII码是65，有下面的程序段：

```
#include<stdio.h>
main()
{   char c[5]={65,66,67,68,69};
    int i;
    for (i=0;i<=4;i++)
         printf("%c",c[i]);
}
```

则程序段的输出结果是（　　）。

A. 1234　　B. 0123　　C. ABCDE　　D. 65 66 67 68

【答案】C

【解析】ASCII码65、66、67、68、69分别对应的字母为A、B、C、D、E，初始化到字符数组中，所以输出结果为ABCDE。

【例6-30】以下程序的输出结果是（　　）。

```
#include<stdio.h>
main()
{    char c[9]={'T','h','a','\0','n','k','','y','o', 'u'};
```

```
    printf("%s",c);
}
```

A. Thank you　　B. Thank　　C. Tha　　D. 无输出

【答案】C

【解析】C语言规定了一个字符串结束标识，以字符‘\0’代表。字符数组中a后面即为‘\0’，字符串在此处结束，所以输出结果为Tha。

【例6-31】下面程序的输出结果是（　　）。

```
#include<stdio.h>
main()
{   int k;
    char w[][10]={ "ABCD"," EFGH","IJKL","MNOP" };
    for (k=1;k<3;k++)
         printf("%s",&w[k][k]);
}
```

A . ABCDFGHKL　　B. ABCEFGIJM　　C. EFGJKO　　D. EFGHKL

【答案】D

【解析】当k=1时，引用的是w[1] [1]，值为字符串“EFGH”；当k=2时，引用的是w[2][2]，即字符串“KL”。

【例6-32】以下程序的输出结果是（　　）。

```
#include<stdio.h>
main ()
    {   char a[]="abcdefg" b[10]="abcdefg";
         printf ("%d%d\n", sizeof(a),sizeof(b));
    }
```

A. 7 7　　B. 8 8　　C. 8 10　　D. 10 10

【答案】C

【解析】字符数组a共有8个元素，b有10个元素。同学们想一想原因。

【例6-33】以下程序的输出结果是（　　）。

```
#include<stdio.h>
#include<string.h>
main()
{ char c[20]={'T','h','a','\0','n','k','y','o','u'};
  printf ("%d",strlen(c));
}
```

A. 20　　B. 9　　C. 3　　D. 4

【答案】C

【解析】此函数计算出以字符数组起始地址开始的字符串的长度，不包括结束标识

‘\0’。所以输出为字符串“Tha”的长度为3。

【例6-34】s1和s2已正确定义并分别表示两个字符串。若要求当s1所指字符串大于s2所指字符串时，执行语句S，则以下选项中正确的是（　　）。

A. if(s1>s2) S;　　　　B. if(strcmp(s1,s2)) S;

C. if(strcmp(s2,s1)>0) S;　　　　D. if(strcmp(s1,s2)>0) S;

【答案】D

【解析】比较两个字符串时不能直接将两个字符串名进行比较，而是使用字符串处理函数strcmp(s1,s2)。当s1所指字符串大于s2所指字符串时，strcmp(s1,s2)>0。所以选D。

【例6-35】调用函数strlen（"abcd\oef\0g"）的返回值为（　　）。

A. 4　　B. 5　　C. 8　　D. 9

【答案】A

【解析】注意字符串中的字符‘\0’，它在C语言的字符串中具有特殊的意义，字符‘\0’标志字符串的结束。计算串长时，只计算字符‘\0’之前的字符数量，而不考虑‘\0’之后的内容。

任务6.4　常见错误分析

知识点

6.4.1　数组下标越界

数组应用中的常见错误分析

在定义数组时，若将定义的“元素个数”误认为是“可使用的最大下标值”就会出现下标越界问题。例如：

```
#include<stdio.h>
int main()
{
  int a[5]={1,2,3,4,5};
  int i;
  for (i=0;i<=4;i++)              /*下标应从0到4*/
      printf ("%d\t",a[i]) ;
  return 0;
}
```

【错误分析】在C语言中，数组的下标是从0开始的。因此，数组a包含的元素是a[0]～a[4]，共5个元素。尝试引用a[5]会超出数组a的范围。虽然在该程序编译时不报错且能通过编译，但运行结果不正确。

【思考】 请同学们想一想、试一试：运行该程序会出现什么样的结果？如何修改程序才是正确的？

6.4.2 二维数组的引用错误

初学者容易将数学上的用法习惯性地用于C程序中。例如：

```
#include<stdio.h>
int main()
{
    int a[2][3]={1,2,3,4,5,6};
    printf("%d",a[0,1]);          /*二维数组的引用错误*/
    return 0;
}
```

【错误分析】 在C语言中规定：二维数组的定义和引用时必须将每一维的数据分别用方括号括起来，上面[0,1]应改为a[0][1]。根据C语言的语法规则，在一个方括号中的是一维的下标表达式，系统把错误的[0,1]方括号中的“0，1”作为一个逗号表达式处理，它的值是1。所以a[0,1]相当于a[1]，而a[1]是数组的第2行的首地址。因此，执行printf函数输出的结果不是a[0][1]的值，而是数组a第2行的首地址内容。

【思考】请同学们想一想、试一试：运行上面的程序会出现什么样的结果？如何修改程序才是正确的？

6.4.3 对数组整体进行读取操作

1. 把数组名误认为数组中的全部元素

例如：

```
#include<stdio.h>
int main()
{
  int c[4]={5,2,61,36};
  printf ("%d",c) ;     /*对数组整体进行读取操作*/
  return 0;
}
```

【错误分析】上述程序编译时可能没有显示错误，实际运行时不会出现预期的结果。

【思考】请同学们想一想、试一试：运行上面的程序会出现什么样的结果？如何修改程序才是正确的？

C语言不允许直接对数组名作整体的打印操作，如果想把数组c的元素逐个输出，需要用循环来实现。代码如下。

```
for(i=0;i<4;i++)
printf("%d",c[i]);
```

2. 字符数组赋值的常见错误与修正

初学者由于看到数组初始化的情形，就以为能够把字符串赋给一个数组，这种错误出现的频率很高。例如：

```
#include<stdio.h>
int main()
{
    char str[5];
    str="abc";     /*给字符数组赋值*/
    printf("%s", str);
    return 0;
}
```

【错误分析】该程序编译出错。因为str是数组名，代表数组首地址。在编译时对str数组分配了一段内存单元，因此，在程序运行期间不能直接通过赋值语句改变整个数组的内容。

【思考】请同学们想一想、试一试：如何修改程序才是正确的？

6.4.4 省略二维数组的第二个下标

二维数组初始化时，第二个下标不能省略。例如：

```
int  b[][]={{1,1,1,1},{2,2,2,2},{3,3,3,3}};
char c[3][]={"good","morning","Wang!"};
```

这是错误的。一维数组初始化时下标可以省略，但二维数组在直接初始化时必须明确所有维度的大小，第一个下标在某些情况下可以通过编译器的推导而省略不写，但第二个下标的具体值不能省略。请同学们想一想原因。

项目小结

本项目主要介绍了C语言程序设计中最常用的构造类型——数组。通过四个任务的学习，读者应重点掌握以下内容。

① 掌握一维数组的概念及其应用；

② 掌握二维数组的概念及其应用；

③ 掌握字符数组的概念及其应用；

④ 掌握字符串的概念、应用以及常用的字符串函数。

拓展阅读

中国传统文化：“统筹兼顾，全面推进。”——强调批量处理和全面管理。

故事：大规模数据处理的智慧

我国计算机专家们在处理大规模数据时，通过数组实现批量数据的高效管理和处理。例如，在医疗数据分析中，通过数组存储和处理患者的病例数据，实现快速诊断和治疗方案的制定。

① 数据管理：通过数组实现批量数据的高效管理和处理，体现了数据管理的智慧。在编程中，我们要学会利用数组等工具进行批量处理。

② 创新应用：通过技术创新解决实际问题，体现了科技的创新价值。编程中的数组可以用来实现各种创新的应用。

③ 服务社会：通过信息技术提高医疗诊断效率，体现了科技服务社会的价值。编程不仅是技术，更是服务社会的工具。

课后习题

1. 有以下程序：

```
#include<stdio.h>
#include<string.h>
main()
   { char a[]={'a','b','c','d','e','f','g','h','\0'};
      int i,j;
      i=sizeof(a);
      j=strlen(a);
      printf("%d,%d\n",i,j);
   }
```

则程序运行后的输出结果是（　　）。

A. 9, 9　　B. 8, 9　　C. 1, 8　　D. 9, 8

2. 以下程序中，函数reverse()的功能是将a所指数组中的内容进行逆置存放。

```
#include<stdio.h>
void reverse(int a[], int n)
    { int i,t;
       for(i=0;i<n/2;i++)
              {t=a[i]; a[i]=a[n-1-i]; a[n-1-i]=t; }
    }
main()
    { int b[10]={1,2,3,4,5,6,7,8,9,10};
       int i, s=0;
       reverse(b,8);
       for(i=6;i<10;i++)    s+=b[i];
       printf("%d\n",s);
    }
```

则程序运行后的输出结果是（　　）。

A. 22　　B. 10　　C. 34　　D. 30

3. 以下程序的输出结果是（　　）。

```
#include<stdio.h>
#include<string.h>
main()
{ char str[12]={'s','t','r','i','n','g'};
  printf ("%d\n",strlen(str));
}
```

A. 6　　B. 7　　C. 11　　D. 12

4. 若有说明：int a[3][4];，则对数组a元素非法引用的是（　　）。

A. a[0][2*1]　　B. a[1][3]　　C. a[4-2][0]　　D. a[0][4]

5. 若有说明：int a[][4]={0,0};，则 以下选项中，不正确的是（　　）。

A. 数组a的每个元素都可得到初值

B. 二维数组a的第一维大小为1

C. 因为二维数组a中初值的个数不能被第二维大小的值整除，则第一维的大小等于所得商数再加1，故数组a的行数为1

D. 只有元素‘a[0][0]’和‘a[0][1]’可得到初值0，其余元素均得不到初值0

6. 以下程序中有错误的一行是（　　）。

```
(1)  main()
(2)  {
(3)     int a[3]={1};
(4)     int i;
(5)     scanf("%d",&a);
(6)     for(i=1;i<3;i++) a[0]=a[0]+a[i];
(7)     printf("%f\n",a[0]);
(8)  }
```

A. 3　　B. 6　　C. 7　　D. 5

7. 若有说明：int a[][3]={1,2,3,4,5,6,7};，则a数组第一维的大小是（　　）。

A. 2　　B. 3　　C. 4　　D. 无确定值

8. 若有数组定义：char array[]="China";，则数组array所占的空间为（　　）。

A. 4个字节　　B. 5个字节　　C. 6个字节　　D. 7个字节

9. 以下程序的输出结果是（　　）。

```
#include <stdio.h>
#include <string.h>
main ()
```

```
{   char arr[2][4];
    strcpy(arr,"you ");
    strcpy(arr[1],"me");
    arr[0][3]='&';
    printf ("%s\n",arr);
}
```

A.you&me　　B.you　　C.me　　D.err

10. 有以下程序：

```
#include<stdio.h>
main()
{   int n[5]={0,0,0},i,k;
    for(i=0;i<k;i++)   n[i]=n[i]+1;
    printf("%d\n",n[k]);
}
```

则程序运行后的输出结果是（　　）。

A. 不定值　　B. 2　　C. 1　　D. 0

11. 以下程序的输出结果是（　　）。

```
#include<stdio.h>
main()
{  int a[3][3]={{1,2},{3,4},{5,6}}, i,j,s=0;
   for(i=1;i<3;i++)
   for(j=0;j<i;j++)  s+=a[i][j];
   printf("%d\n",s);
}
```

A. 14　　B. 19　　C. 20　　D. 21

12. 当执行以下程序时，如果输入ABC，则输出结果是（　　）。

```
#include<stdio.h>
#include<string.h>
main ()
{  char ss[10]="1,2,3,4,5";
   gets(ss);
   strcat(ss,"6789");
   printf("%s\n",ss);
}
```

A. ABC6789　　B. ABC67　　C. 12345ABC6　　D. ABC456789

13. 以下程序的输出结果是（　　）。

```
#include<stdio.h>
f(int b[], int m, int n)
```

```
{   int i,s=0;
    for(i=m; i<n;i=i+2)    s=s+b[i];
    return s;
}
main()
{   int x, a[]={1,2,3,4,5,6,7,8,9};
    x=f(a,3,7);
    printf("%d\n",x);
}
```

A. 10　　B. 18　　C. 8　　D. 15

14. 以下程序中，函数sort()的功能是对数组a中的数据进行由大到小的排序。

```
#include<stdio.h>
void sort(int a[], int n)
{   int i,j,t;
    for(i=0;i<n-1;i++)
    for(j=i+1;j<n;j++)
    if (a[i]<a[j]) { t=a[i]; a[i]=a[j]; a[j]=t; }
}
main ()
{   int aa[10]={1,2,3,4,5,6,7,8,9,10},i;
    sort (&aa[3],5);
    for(i=0;i<10;i++)  printf("%d, ",aa[i]);
    printf("\n");
}
```

则程序运行后的输出结果是（　　）。

A.1,2,3,4,5,6,7,8,9,10,　　B.10,9,8,7,6,5,4,3,2,1,

C. 1,2,3,8,7,6,5,4,9,10,　　D. 1,2,10,9,8,7,6,5,4,3,

15. 对两个数组a和b进行以下初始化：

```
char a[]="ABCDEF";
char b[]={'A','B','C','D','E','F'};
```

则下列选项中叙述正确的是（　　）。

A. 数组a与数组b完全相同　　B. 数组a与数组b长度相同

C. 数组a与数组b中都存放着字符串　　D. 数组a比数组b长度长

16. 有以下程序段：

```
char a[3],b[]="China";
a=b;
```

```
printf("%s",a);
```

则下列选项中叙述正确的是（　　）。

A. 运行后将输出China　　B. 运行后将输出Ch

C. 运行后将输出Chi　　D. 编译出错

17. 判断字符串s1是否大于字符串s2，应当使用（　　）。

A. if (s1>s2)　　B. if (strcmp (s1,s2))

C. if (strcmp (s2,s1)>0)　　D. if (strcmp (s1,s2)>0)

18. 以下程序的输出结果是（　　）。

```
#include<stdio.h>
main()
{    char ch[7]={"12ab56"};
     int i,s=0;
     for (i=0; ch[i]> ='0' && ch[i]<='9'; i+=2)
          s=10*s+ch[i]-'0';
     printf("%d\n",s);
}
```

A. 1　　B. 1256　　C. 12ab56　　D. 12

19. 当运行以下程序时，从键盘输入：AhaMA[空格]Aha<回车>，则程序的输出结果是（　　）。

```
#include<stdio.h>
main()
{    char s[80], c='a';
     int i=0;
     scanf("%s",s);
     while(s[i]!='\0')
          {  if(s[i]==c) s[i]=s[i]-32;
             else if(s[i]==c-32) s[i]=s[i]+32;
             i++;
          }
     puts(s);
}
```

A. ahAMa　　B. AbAMa　　C. AhAMa[空格]ahA　　D. ahAMa[空格]ahA

项目 7
函 数 调 用

学习目标

1. 知识目标

- 掌握函数的定义。
- 掌握函数的调用。
- 理解变量的作用域与生命期。
- 了解内部函数与外部函数。

2. 技能目标

- 具备利用简单函数实现固定模块的功能。
- 具备利用带参函数实现变化模块的功能。

3. 素质目标

- 具有结构化程序设计的意识。
- 具有变量设计规划的能力。
- 具有把大问题分解成小模块的能力。

项目引导

函数是程序中的一个独立单元，它执行特定的任务，并可以接受输入参数，返回一个值。通过将代码分解成多个函数，我们可以将大型程序划分为更小、更易于管理的部分，每个部分负责完成一个明确的功能。这样不仅有助于开发者理解和调试代码，还能显著提高软件开发的效率。

本项目将引导大家了解函数的定义、函数的调用和函数返回值的应用。我们将学习不同类型的函数，包括没有返回值的函数、有返回值的函数、无参的函数、有参的函数。此外，我们还将探讨函数的作用域规则，以及如何在程序中正确地使用局部变量和全局变量。

任务7.1 了解函数的分类

知识点

7.1.1 函数的概念

① 函数是一种编程结构。它允许将一段代码封装起来，以便在程序中多次调用。

② 在编写较大的程序解决复杂的问题时，我们可以将大程序分为若干程序模块，每一模块都用来实现一个特定的功能，这个程序模块就是函数。

③ 函数提高了代码的可读性和可维护性。

内部函数与外部函数

7.1.2 C语言中的函数分类

C语言中的函数按照其来源和用途可以分为库函数和自定义函数。

1. 库函数

库函数是由C语言标准库提供的，是编写C程序时经常使用的工具。

使用库函数时应注意以下几个问题：

① 明确函数的功能；

② 了解函数参数的数目和顺序以及每个参数的意义及类型；

③ 了解函数返回值的意义及类型；

④ 了解库函数所在的头文件。

2. 自定义函数

自定义函数是由程序员根据程序需求自行编写的函数。

任务7.2 掌握函数的定义及应用

知识点

函数的使用步骤为：先声明，再定义，然后才能调用。

函数的定义　函数的调用

7.2.1 函数声明的一般格式

```
类型标识符 函数名(形式参数列表);
```

例如：int sum(int a,int b);

功能：声明了一个名为sum的函数，该函数带有两个整型参数，并返回一个整数值。

7.2.2 函数定义的一般格式

```
类型标识符 函数名(形式参数列表)
{
函数体;
}
```

例如：
```
int sum(int a,int b)
    { return a+b; }
```

功能：定义一个带参数的函数sum，该函数返回两个参数的和。

【说明】

① 类型标识符：表示函数返回值的数据类型。若函数仅执行操作而不返回值，则类型为void；当省略类型说明时，默认类型是int型。

② 函数名：用户为函数指定的名称，必须遵循标识符的命名规则。

③ 参数：在函数的声明和定义时使用的参数称为形式参数，形式参数列表包含参数的类型和名称。函数可以没有参数，此时称之为无参函数。

④ 函数体由声明部分和执行语句部分组成，其中声明部分用于对函数内变量进行说明，而执行语句部分是完成函数功能的一组指令。

7.2.3 函数的调用

① 调用不返回值的函数时，只需将函数作为一条语句处理。

```
函数名(实参列表);
```

例如：sum(10,100);

② 调用有返回值的函数时，则可以将函数调用视为常量进行处理。

a）函数调用赋值给一个变量

例如：c=sum(10,100);

b）函数调用参与表达式的运算

例如：d=sum(10,100)*2-300;

c）函数调用作为另一个函数的实参

例如：printf("%d",sum(66,10));

【说明】

① 函数的参数分为形参和实参两种。形参是在声明和定义函数时所申明的参数，实参是在调用函数时所提供的具体参数。

② 形参只在函数内部有效。一旦函数调用结束并返回到主调函数后，便不能再使用该形参变量。

③ 实参可以是常量、变量、表达式或函数等，无论实参是何种类型的量，在进行函数调用时，它们都必须具有确定的值，以便把这些值传递给形参。当有多个实参时，它们之间应用逗号隔开。

④ 在参数传递时，实参和形参在数量、类型、顺序上应严格一致，否则会发生类型不匹配的错误。

⑤ 函数定义在调用之前，则函数不需要声明；函数定义在调用之后，则函数调用之前需要声明。

⑥ 一般将自定义的所有函数都在程序前面声明，然后在程序后面集中定义。

教学

【例7-1】利用函数在屏幕上输出如下内容：

```
****************
Hello world!
****************
```

【分析】屏幕上要两次输出一行*，可以定义一个函数输出一行*，然后两次调用该函数。

【解题步骤】

① 定义一个函数fp输出一行16个*。

fp函数算法：

a）定义一个循环变量控制*的个数；

b）每次循环输出1个*。

② 在main()中两次调用fp函数。

【流程图】如图7-1所示。

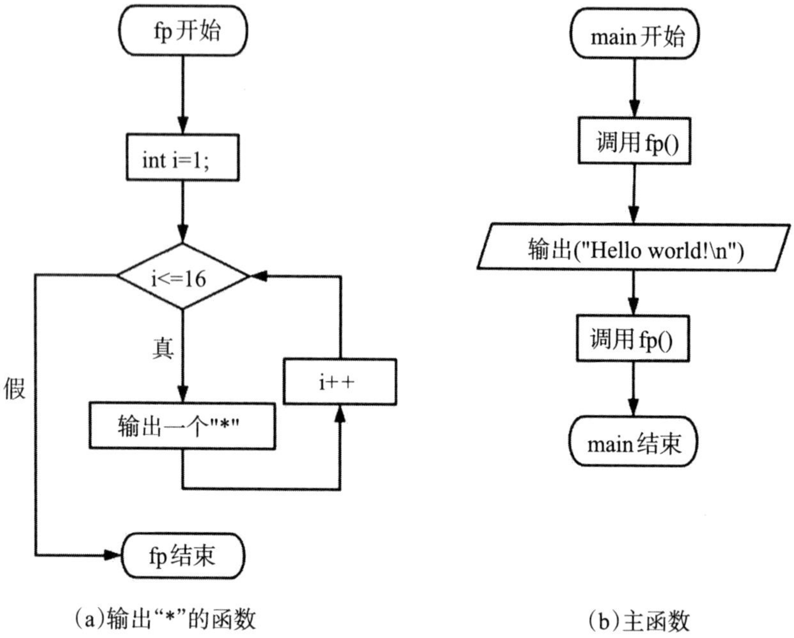

图7-1 【例7-1】的流程图

【程序代码】

```
#include<stdio.h>
void fp()
{
    int i;
      for(i=1;i<=16;i++)
        printf("*");
      printf("\n");
}
int main()
{
    fp();
    printf("Hello world!\n");
    fp();
    return 0;
}
```

【说明】

① 程序由两个函数组成：一个是主函数，另一个是用户自定义函数fp。

② void fp()：void表示这个函数没有返回值， fp是用户定义的函数名，()中没有参数表示是一个无参函数。

③ fp 函数定义的{}里面为函数体，函数体中声明部分定义了一个变量i控制循环次数，语句部分是一个循环语句，完成输出16个*。

④ 函数fp先定义，后调用，所以不需要函数声明。

【例7-2】利用函数在屏幕上输出如下内容：

****

***

*****

【问题分析】每行要输出不确定数量的*，可以定义一个带参数的函数，由参数决定*的个数。

【解题步骤】

① 声明一个带参函数fp。

② 在main()中分别使用4、3、5做实参，调用fp函数。

③ 定义带参函数fp输出*。

fp函数算法：

a）设计形参为输出*的个数。

b）构造循环，输出多个*。

【流程图】如图7-2所示。

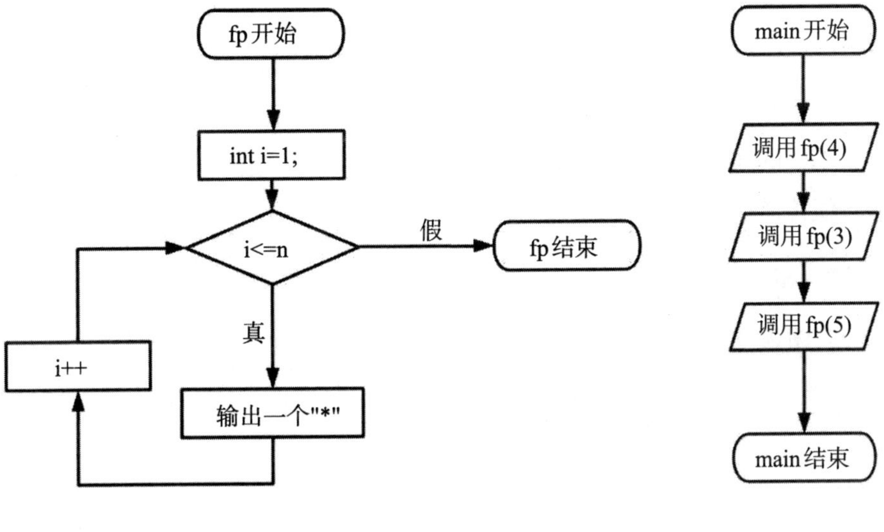

(a)输出“*”的函数　　(b)主函数

图7-2 【例7-2】的流程图

【程序代码】

```
#include<stdio.h>
void fp(int n);
int main()
{
    fp(4);
    fp(3);
    fp(5);
    return 0;
}
void fp(int n)
 {
    int i;
    for(i=1; i<=n; i++)
         printf("*");
    printf("\n");
}
```

【说明】

① 函数fp先调用，后定义，所以调用前需要函数声明。

② 程序的执行总是从main()函数开始，在主函数main()中遇到调用其他函数的语句，则转向其他函数执行，函数执行完成后返回到main函数，在main函数中结束整个程序的运行。

③ 实参在程序执行时分配存储单元，在程序结束时回收实参的存储单元，形参在函数调用时，分配存储单元，接受实参传来的值，函数调用结束后回收形参的存储单元。实参和形参是不同的变量，在函数调用时将实参的值复制一份给形参，这种值的传递方式称为值传递，值传递是单向的，只能从实参传向形参。

学习

【例7-3】阅读以下程序，分析运行结果。

```
#include <stdio.h>
int sum(int a,int b);
int main()
{
      int x,y;
      printf("请输入两个整数:");
      scanf("%d%d",&x,&y);
```

```
        printf(" %d和%d的和是 %d\n",x,y,sum(x,y));     /*调用函数*/
        return 0;
}
int sum(int a,int b)         /*函数定义*/
{    int s;
     s=a+b;
     return s;                /*返回s的值*/
}
```

【程序解读】

① 程序开始声明一个有返回值的带参函数sum。

② 主函数中输出语句调用函数sum，输出sum函数的结果。

③ sum函数用于计算两个参数的和，函数调用时将实参值传递给形参，执行sum函数中的语句，return语句用来将函数结果返回到调用该函数的位置。

④ 程序功能是求键盘输入的两个整数之和。

【程序运行结果】

```
  若程序运行时键盘输入12 100
则屏幕显示：12和100的和是112
```

【例7-4】编写一个求平均值函数，从键盘输入两个实数，输出它们的平均值。

分析：定义一个带参数的函数来计算两个实数的平均值，在主函数中可以多次调用此函数来计算不同数值的平均值。

【解题步骤】

① 声明一个有返回值的带参函数favg。

② 定义两个变量x1，x2保存输入的数据。

③ 使用x1，x2作为实参调用favg函数，求这两个数字的平均值。

④ 输出两数平均值。

⑤ 定义有返回值的带参函数favg，求这两个数字的平均值。

favg函数算法：

a）设置两个形参。

b）定义变量avg。

c）计算两个参数的平均值，并保存到avg中。

d）返回avg的值。

【流程图】如图7-3所示。

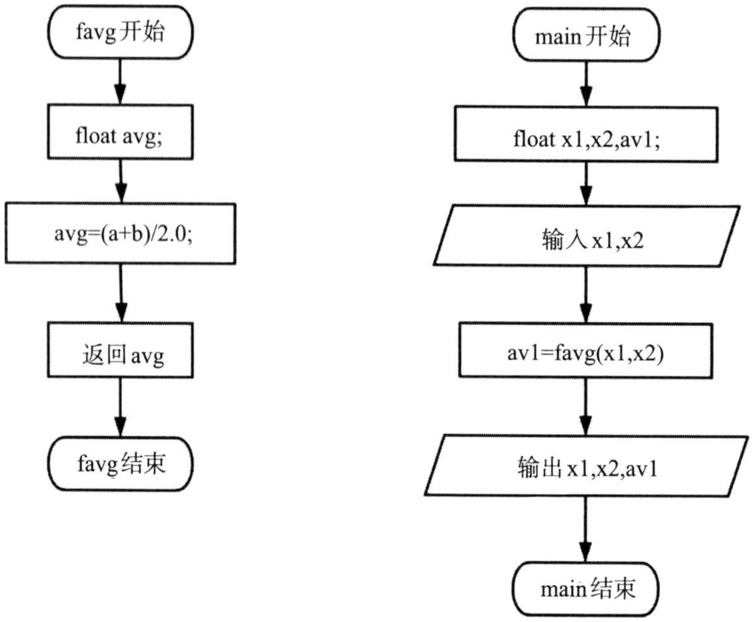

(a)求两数平均值函数　　(b)主函数

图7-3　【例7-4】的流程图

【程序代码】

```
#include<stdio.h>
float favg(float a,float b);
int main()
{  float x1,x2,av1;
    printf("请输入两个实数:\n");
    scanf("%f%f",&x1,&x2);
    av1=favg(x1,x2);
    printf("%.2f和%.2f的平均值是%.2f",x1,x2,av1);
    return 0;
}
float favg(float a,float b)
{ float avg;
   avg=(a+b)/2.0;
   return avg;
}
```

【程序运行结果】

若程序运行时键盘输入12.8　40

则屏幕显示：12.80和40.00的平均值是26.40

【程序说明】

① 函数favg先调用，后定义，所以调用前需要函数声明。

② 函数favg用于计算两数的平均值，因此该函数设有两个形参，并将计算结果通过return语句返回到主调函数中。

③ 函数调用时，实参的个数、类型及顺序必须与形参保持一致，否则会导致语法错误或得到不正确的结果。

【例7-5】阅读以下程序，分析运行结果。

```
#include <stdio.h>
int fmax(int a,int b);
int main()
{
      int x,y,z,t,max1;
      printf("请输入三个整数:");
      scanf("%d%d%d",&x,&y,&z);
      t=fmax(x,y);
      max1=fmax(t,z);
      printf("最大数是%d\n", max1);
      return 0;
}
int fmax (int a,int b)
{   int m;
    if(a>=b)
       m=a;
    else
      m=b;
return m;
}
```

【程序解读】

① 程序开始处声明一个有返回值并带参数的函数fmax。

② 在主函数中两次调用函数fmax，找出3个数中最大数。

③ 输出最大值。

④ fmax函数是找出两个参数中的较大数，函数调用时把实参值传递给形参，执行完fmax函数内部的语句后，return语句将结果返回到调用的地方。

程序的功能是输出用户输入的3个整数中的最大值。

【程序运行结果】

```
  若程序运行时键盘输入20 -19 19
则屏幕显示：最大数是20
```

练习

编写程序：利用函数分别求两个数的加、减、乘、除。

任务7.3 了解函数的参数传递

知识点

7.3.1 参数的分类

形参：定义函数时说明的参数。

实参：调用函数时使用的参数。

函数的参数

7.3.2 参数的定义

①形参在被调函数中定义，必须指定其数据类型，仅在函数调用期间有效，可以参与该函数内部的运算。

②实参在主调函数中定义，其类型应该与形参一致，可以是常量、变量或表达式，且必须有确定值。

③实参和形参分别占用不同的内存单元，即使同名也互不影响。

7.3.3 参数的传递

函数调用时，会把实参传递给形参，实参必须有确定的值，形参参与函数运算。

1. 变量作参数的值传递方式

把实参值复制一份传递给形参，这种参数传递方式称为值传递。值传递是单向的，只能从实参向形参传递，而不能由形参传回实参。

① 形参：定义了类型的变量。

② 实参：可以是常量、变量、表达式，必须有确定值。

③ 实参和形参分别占用不同的内存单元，互不影响。

2. 数组元素作参数的值传递方式

把数组元素值复制一份传递给形参，这种参数传递方式也是值传递。值传递是单向的，只能从数组元素向形参传递，而不能由形参传回数组元素。

① 形参：定义类型的变量，不能是数组元素。

② 实参：数组元素。

③ 实参和形参分别占用不同的内存单元，互不影响。

3. 数组名作参数的地址传递方式

数组名作函数实参时，不是“值传送”，而是将实参数组的起始地址传递给形参数组。此时，实参数组与形参数组共享同一段内存单元，这种传递方式称为“地址传送”。

① 形参：数组名。

② 实参：数组名。

③ 实参和形参分别占用相同的内存单元，互相影响。

教学

【例7-5】阅读以下程序，分析运行结果。

```
#include<stdio.h>
void swap(int i,int j)
{
    int t;
    t=i;
    i=j;
    j=t;
    printf("swap函数内i=%d,j=%d\n",i,j);
}
int main()
{
    int i=2,j=3;
    swap(i,j);
    printf("主函数内i=%d,j=%d\n",i,j);
    return o;
}
```

【程序解读】

① 程序开始定义一个无返回值的带参函数swap，输出函数内执行语句后两个形参变量的值。

② 主函数中调用函数swap，然后输出调用函数后主函数中实参的值。

③ swap函数的功能是将形参i和j的值互换。因此在函数内部输出i和j时，两个数值实现了交换。

④ 参数传递：把实参值复制一份并传递给形参。被调函数中形参的改变不影响主调函数中的实参变量值，因此main函数中的原始变量（实参）保持原值，没有实现交换。

【程序运行结果】

屏幕上输出：

```
swap函数内i=3, j=2
主函数内i=2,j=3
```

【例7-6】阅读以下程序，分析运行结果。

```
#include<stdio.h>
void swap(int i,int j)
{    int t;
     t=i;
     i=j;
     j=t;
     printf("swap函数中 i=%d,j=%d\n",i,j);
}
int main()
{
     int a[2]={4,9};
     printf("调用swap函数前 a[0]=%d,a[1]=%d\n",a[0],a[1]);
     swap(a[0],a[1]);
     printf("调用swap函数后 a[0]=%d,a[1]=%d\n",a[0],a[1]);
     return 0;
}
```

【程序解读】

① 程序开始定义一个无返回值的带参函数swap，输出函数内执行语句后两个形参变量值。

② 主函数中定义一个数组，调用swap函数前输出数组中元素值，调用swap函数，调用swap函数后输出数组中元素值。

③ swap函数的功能是将形参i和j的值互换。因此在函数内部输出i和j时，两数实现了交换。

④ 参数传递：把数组元素值复制一份传递给形参，被调函数中形参的改变不影响主调函数中的数组元素值。因此，调用swap函数后，主函数中数组元素值没有改变。

【程序运行结果】

屏幕上输出：

```
调用swap函数前a[0]=4, a[1]=9
swap函数中i=9, j=4
调用swap函数后a[0]=4, a[1]=9
```

【例7-7】阅读以下程序，分析运行结果。

```
#include<stdio.h>
void swap (int x[2])
{
    int t;
    t=x[0];
    x[0]=x[1];
```

```
    x[1]=t;
    printf("swap函数中 x[0]=%d,x[1]=%d\n",x[0],x[1]);
}
int main()
{ int a[2]={4,9};
  printf("调用swap函数前 a[0]=%d,a[1]=%d\n",a[0],a[1]);
  swap(a);
  printf("调用swap函数后a[0]=%d,a[1]=%d\n",a[0],a[1]);
  return 0;
}
```

【程序解读】

① 程序开始定义一个无返回值的带参函数swap，用于输出函数内执行语句后数组元素的值。

② 主函数中定义一个数组，在调用swap函数前后分别输出数组中元素的值。

③ swap函数的功能是将形参数组中的两个元素互换位置。因此，当在函数内部输出数组元素时，两数组元素实现了交换。

④ 参数传递：把实参数组的起始地址传递给形参数组，使得形参数组和实参数组共享同一段内存单元。形参数组中各元素的值如发生变化，将会使实参数组中各元素的值同时发生变化。因此，调用函数后数组的元素值发生了改变。

【程序运行结果】

屏幕上输出：

```
调用swap函数前 a[0]=4,a[1]=9
swap函数中 x[0]=9,x[1]=4
调用swap函数后 a[0]=9,a[1]=4
```

【程序说明】

① 使用数组名作为函数参数时，主调函数和被调用函数中对数组的声明或定义应一致。

② 实参数组与形参数组的数据类型应一致，否则结果将出错。

③ 数组名作函数参数时，传递的是形参数组的首地址，这样两个数组实参、形参共享同一段内存单元。

学习

【例7-8】编写函数：统计某一班级5位学生的平均身高。

【分析】定义一个带参函数favg，主函数中定义一个数组存放5位学生的身高，以数组名作为实参调用函数favg来求学生的平均身高。

【解题步骤】

① 主函数中定义一个int型数组high存放5位学生的身高，定义一个float型变量avg1

存放平均身高。

② 利用循环语句依次把输入的5个整数放到high数组中。

③ 以数组名为实参调用favg函数，计算平均身高并将函数返回值赋给avg1变量。

favg函数算法：

a）设计1个形参数组接收5位学生的身高数据，定义一个变量sum保存这5个学生的身高，并初始化为零。

b）构造一个循环，将5位学生的身高依次累加到变量sum中。

c）函数返回sum/5的值。

【流程图】如图7-4所示。

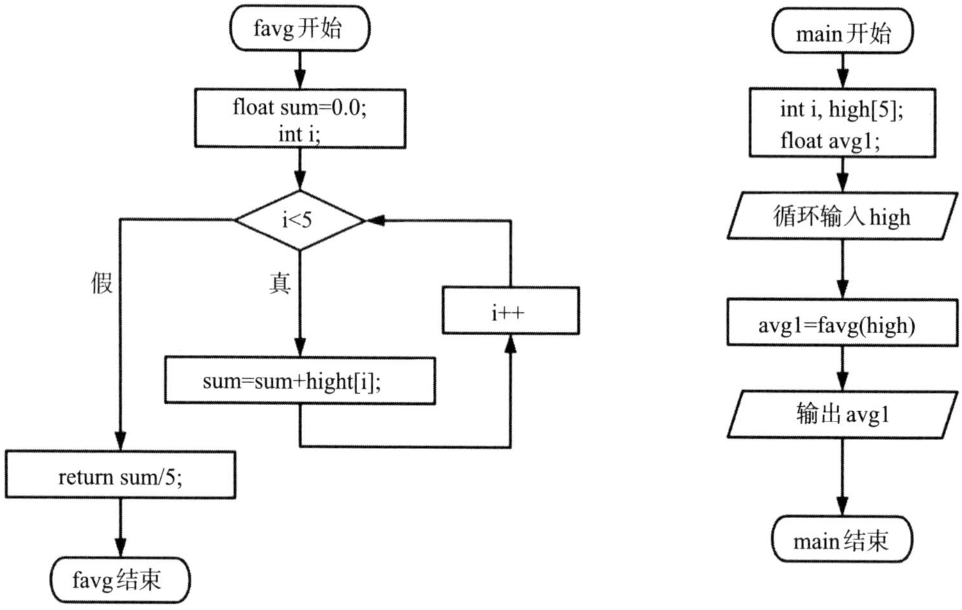

(a)求平均数函数 (b)主函数

图7-4 【例7-8】的流程图

【程序代码】

```
#include <stdio.h>
float favg(int hight[5]);
int main()
{ int i,high[5];
  float avg1;
  printf("请输入5位学生的身高\n");
   for(i=0;i<5;i++)
       scanf("%d",&high[i]);
```

```
    avg1=favg(high);
    printf("\n5位学生的平均身高是:%.1f",avg1);
    return 0;
}
float favg(int hight[5])
{ float sum=0.0;
  int i;
  for(i=0;i<5;i++)
    sum=sum+hight[i];
  return sum/5;
}
```

【程序运行结果】

若输入5位学生身高为：158 162 167 178 182
则屏幕显示：5位学生的平均身高是：169.4

练习

编写两个函数，求5位学生身高的最大值和最小值。在主函数中调用这两个函数，并输出。

任务7.4 掌握函数的嵌套调用与递归调用

知识点

1. C语言中函数的定义是相互平行的。在定义函数时，一个函数不能包含另一个函数，即C语言不允许函数嵌套定义。

2. 函数的嵌套调用：C语言允许一个函数在被调用的过程中可以调用其他函数，这就是函数的嵌套调用。

3. 函数的递归调用：是指一个函数在它的函数体内直接或间接地调用该函数本身。递归调用是嵌套调用的特例。

教学

【例7-9】计算1!+2!+3!+…+10!的值并输出，使用函数的嵌套调用实现。

【分析】计算阶乘的累加和可以分为求阶乘、求累加和两个功能模块。定义fac函数用于计算阶乘，定义sum函数用于计算累加和。主函数调用sum函数，sum函数再调用fac函数。

【解题步骤】

① 在主函数前先声明fac函数和sum函数。

② 在主函数输出语句中调用sum函数。

sum函数算法：

a）定义一个累加器s，初值为0。

b）定义整型变量i，标记当前累加项数。

c）循环累加当前项值，当前项值通过调用fac函数求得。

d）返回累加器s。

fac函数算法：

a）定义一个累乘器t，初值为1。

b）定义整型变量i，标记当前项。

c）累乘器t循环乘以当前项。

d）返回累乘器t。

【流程图】如图7-5所示。

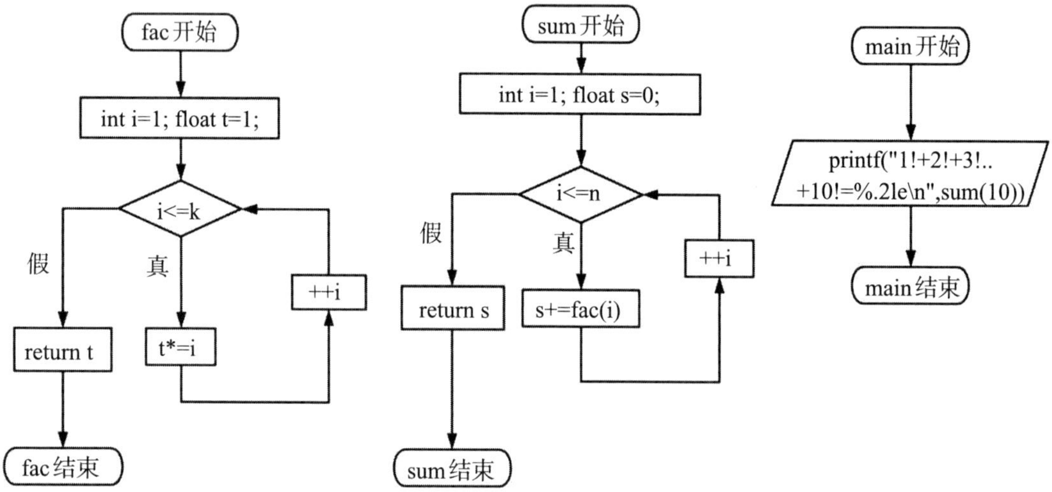

(a)求阶乘函数　　(b)求和函数　　(c)主函数

图7-5　【例7-9】的流程图

【程序代码】

```
#include <stdio.h>
float sum(int n);
float fac(int k);
int main()
```

```
{  printf("1!+2!+3!+…+10!=%.2le\n",sum(10));
     return 0;
}
float sum(int n)
{ int i;
  float s=0;
  for(i=1;i<=n;++i)
        s+=fac(i);                    /*调用fac函数*/
    return s;
}
float fac(int k)
{   int i;
    float t=1;
    for(i=1;i<=k;++i)
        t*=i;
    return t;
}
```

【程序运行结果】

屏幕上输出：

```
1!+2!+3!+…+10!=4.04e+06
```

学习

【例7-10】用递归函数实现求5!。

【分析】n!可以写成递归公式：

$$\begin{cases} factorial(n)=1, & 当n=1时 \\ factorial(n)=factorial(n-1)*n, & 当n>1时 \end{cases}$$

【解题步骤】

① 主函数前先声明有返回值的带参函数factorial，factorial函数用来求阶乘。

② 主函数调用factorial函数求5！的值并输出。

factorial函数算法：

a）定义整型变量n(非i)，保存待求阶乘的整数。

b）如果n为1，函数返回值为1。

c）如果n大于1，函数继续调用自身factorial而非f函数。

【流程图】如图7-6所示。

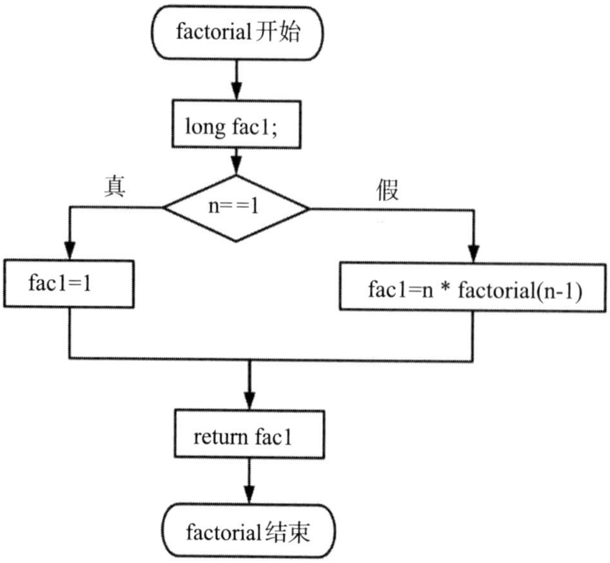

(a)factorial函数

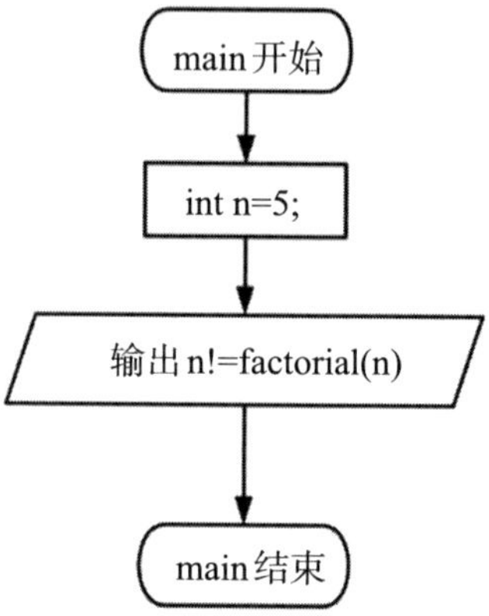

(b)主函数

图7-6 【例7-10】的流程图

【程序代码】

```
#include <stdio.h>
long factorial (int n);
int main()
{
    int n=5;
    printf("%d!=%ld",n, factorial(n)); /*调用函数*/
    return 0;
}
long factorial(int n)
{
    long fac1;
    if(n==1)
        fac1=1;
     else
        fac1=(n* factorial(n-1));  /*递归调用*/
return fac1;
}
```

【程序运行结果】

```
5! =120
```

【程序说明】

① 编写递归函数有两个要点：确定递归公式和确定结束递归的条件。

② 本程序中递归公式是factorial(n)= factorial(n-1)*n，结束递归的条件是n=1。

③ 本程序在计算5的阶乘的时候，首先执行递推，当n=1或者n=0时返回1；再回推计算并返回。

递归调用过程如图7-7所示。

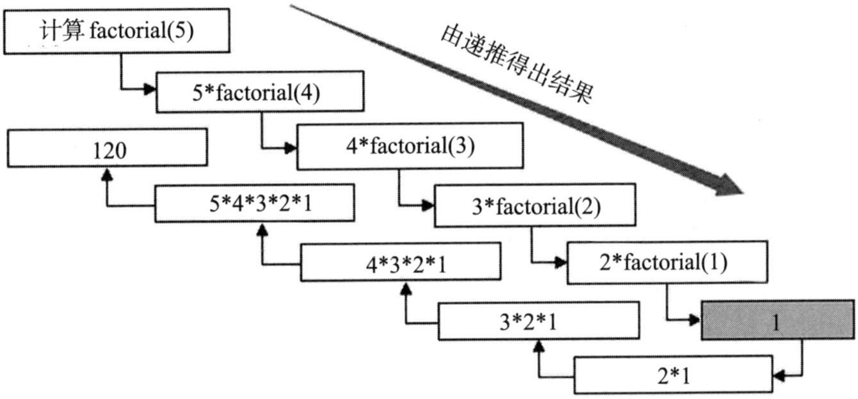

图7-7 递归调用过程

练习

编写程序：使用递归方法求解x^n，其中n为整数，x不等于0。

任务7.5 变量与函数的作用域和生存期

知识点

C语言程序中使用的所有变量都必须先定义后使用，变量的定义即说明变量的属性。

变量的作用域与生存期

7.5.1 变量的属性

变量具有存储类别和数据类型两个属性。存储类别指数据的存储方式，它确定变量的生存期；数据类型描述变量表示形式和占用存储空间大小，它决定变量能进行哪些运算。

7.5.2 定义变量的完整形式

[存储类别] 数据类型 变量名;

存储类别是指数据的存储方式，决定变量的生存期。

7.5.3 变量定义的位置

① 函数外部定义；

② 函数内部定义；

③ 复合语句内部定义。

作用是确定变量的作用域。

7.5.4 变量的分类

1. 按定义位置分

① 内部变量（也称局部变量）：在函数或复合语句内部定义的变量，其作用域限于定义它的函数或语句块内；离开其作用域再使用这种变量是非法的。

② 外部变量（也称全局变量）：在函数外部定义的变量。它不隶属于任何一个函数，而属于一整个源程序。其作用域从定义点开始到本源程序结束。

2. 按存储类别分

① 动态存储变量：指在程序运行期间根据需要临时分配和释放内存单元的变量，通常是局部变量。

定义方式：auto 数据类型 变量名；

② 静态存储变量：在整个程序运行期间始终占据固定内存单元的变量，一般是全局变量。

定义方式：static 数据类型 变量名；

③ 寄存器变量：只能定义在函数内部，一般定义为循环变量，这种变量的值放在寄存器中，存取速度很快，是局部变量。

定义方式：register 数据类型 变量名；

省略存储类型声明时，则隐含为auto存储类型，属于动态存储类型。

7.5.5 函数的作用域

1. 内部函数（静态函数）：只能被其所在源程序文件调用的函数。

内部函数的定义格式如下：

```
static [数据类型] 函数名([参数])
{ 函数体 }
```

2. 外部函数（非静态函数）：能被其他源程序文件调用的函数。

外部函数的定义格式如下：

```
extern [数据类型] 函数名([参数])
{ 函数体 }
```

【说明】

① 可以在不同文件中出现同名的内部函数，它们互不影响。

② 没有指定函数的作用范围时，系统会默认其为外部函数。

③ 内部函数仅在本源文件内部可见，适合模块私有化；而外部函数可供多个文件共享调用。

④ C语言规定，在没有指定函数作用范围的情况下，系统会默认为外部函数。当需要明确指定为外部函数时，extern关键字可以省略。

教学

【例7-11】分析以下程序，指出哪些是全局变量，哪些是局部变量。

```
#include <stdio.h>
int a=10,b=20;
void f()
{ int c;
   c=a+b;
   printf("f函数内c=%d\n",c);
}
int main()
{ int a=100,c;
    c=a+b;
    printf("主函数内c=%d\n",c);
    f();
    return 0;
}
```

【程序解读】

① 程序开头定义的两个变量a，b是全局变量。

② 函数f中定义的变量c和main函数中定义的变量a、c都是局部变量。

③ main函数内c=a+b语句中，a变量取的是全局变量的a值。

④ f函数中定义的变量c和main函数中定义的变量c是两个不同的变量。

【程序运行结果】

屏幕上输出：

```
主函数内c=120
f函数内c=30
```

【程序说明】

① 一个函数中既可以使用本函数中的局部变量，又可以使用有效的全局变量。

② 当全局变量与局部变量同名时，则在局部变量的作用范围内，全局变量被屏蔽不起作用。

【例7-12】阅读以下程序，分析运行结果。

```
#include<stdio.h>
int a,b,c;
void f()
{   c=a+b; }
int main()
{     a=3;
      b=4;
      f();
      printf("c=%d\n",c);
      return 0;
}
```

【程序解读】

① 程序开头定义了三个全局变量a、b、c。

② 在main函数中对a和b进行了赋值：a=3，b=4；

③ 调用f函数；虽然调用时没有参数传递，由于a、b为全局变量，f函数中a=3，b=4，经过计算得到c=7。

④ 虽然f函数没有使用return语句，但c也是全局变量，主函数可以直接读取并输出，输出结果为c=7。

【程序运行结果】

```
c=7
```

【程序说明】

① 全局变量提供了函数间进行数据联系的渠道。

② 全局变量使得函数的执行依赖于外部变量，降低了程序的通用性和清晰性。

③ 各函数执行时都可能改变全局变量的值，增加了程序调试的难度和复杂性。

④ 模块化程序设计要求各模块之间的关联性应尽可能小，函数应尽可能通过参数与外界交互，从而提升程序的可靠性和可维护性。

学习

【例7-13】分析以下程序，指出变量分别是什么存储类型。

```
#include <stdio.h>
int f()
{
    int a=10;
    static int b=10;
    a=a+2;
```

```
    b=b+2;
    return a+b;
}
int main()
{
    register int n;
    int s;
    for(n=1; n<=2; n++)
     {
        s=f();
        printf("%d\n",s);
    }
    return 0;
}
```

【程序解读】

① main函数内定义寄存器变量n，动态变量s；f函数定义动态变量a，静态变量b。

② 变量n和s是在程序进入main函数时分配存储单元的。它们在main函数执行期间被赋值，main函数执行结束后其存储单元被释放。

③ 变量a是在程序进入f函数时分配存储单元的。在f函数执行期间被赋值，f函数执行结束后其存储单元被释放。

④ 变量b在编译时被分配存储单元并同时被赋予初值。在执行main函数和调用f函数期间共享同一存储单元，整个程序执行结束时该存储单元才被释放。因此，b的值应该是前一次函数调用后的计算结果。

【程序运行结果】

屏幕上输出：

```
24
26
```

【程序说明】

① 静态变量是在编译时被赋值的（若未显式赋值则系统自动赋值为零），动态变量则在运行时被赋值。若未赋值，则会有一个不确定的值。

② 静态变量在编译时分配存储空间并被赋予初值；在程序运行期间，每次调用包含它的函数时，它不再重新分配存储空间或重新赋初值，而是保留上一次函数调用结束时的值。

③ 动态变量在运行时分配存储空间并被赋予初值；函数调用结束时动态变量被释放，存储空间被撤销。以后每次调用函数时，动态变量都会重新分配存储空间，重新赋初值，无法保留以前的值。

④ 寄存器变量的作用域限制在其所在函数内部，生命周期是从函数调用开始至函数返回结束。

【例 7-14】输入长方体的长、宽、高，编写一个函数来计算长方体的体积以及正面、侧面、上面三个面的面积，并在主函数中输出结果。

【分析】按照题意需要在函数中求出四个结果值，并将这些值返回到主函数中，但是一个函数通常只能有一个返回值。当需要增加函数的返回信息时，使用全局变量是一种解决方案。因此在本例中定义三个全局变量来分别保存这三个面的面积。

【解题步骤】

① 定义三个全局变量用于存放面积值。

② 主函数前声明有返回值的带参函数 fv。

③ 主函数中，定义四个局部变量，其中三个变量用来存放长方体的长、宽和高，一个变量用来放长方体的体积。

④ 从键盘上输入三个整数并放到长方体的长、宽、高中。

⑤ 主函数调用 fv 函数，然后输出长方体的体积及三个面的面积。

fv 函数算法：

a）定义整型变量 v1，保存长方体的体积。

b）通过三个全局变量保存长方体三个面的面积。

c）通过 return 语句将长方体的体积返回到调用函数处。

【流程图】如图 7-8 所示。

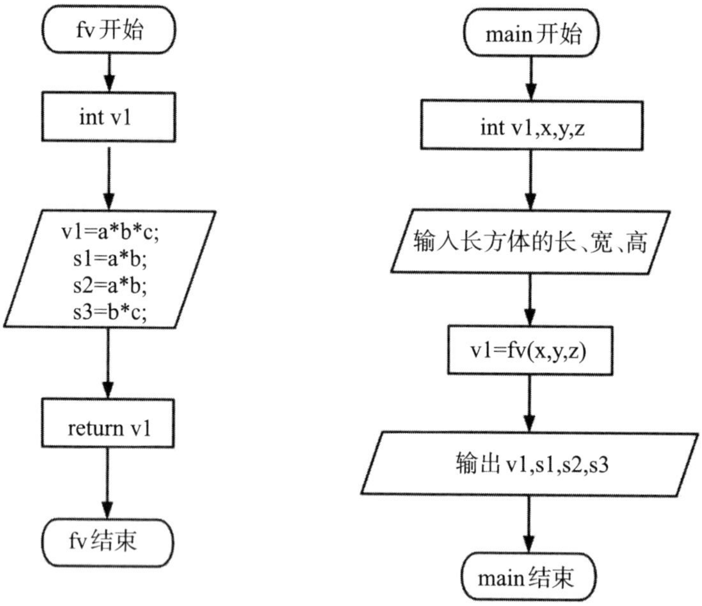

(a)fv 函数　　(b)主函数

图 7-8　【例 7-14】的流程图

【程序代码】

```
#include <stdio.h>
int s1,s2,s3;
int fv(int a,int b,int c);
int main()
{ int v1,x,y,z;
  printf("请输入长方体的长、宽、高:\n");
  scanf("%d%d%d",&x,&y,&z);
  v1=fv(x,y,z);
  printf("v=%d,s1=%d,s2=%d,s3=%d\n",v1,s1,s2,s3);
  return 0;
}
int fv(int a,int b,int c)
{  int v1;
   v1=a*b*c;
   s1=a*b;
   s2=a*c;
   s3=b*c;
   return v1;
}
```

【程序运行结果】

若输入长方体的长、宽、高:

3 4 5

屏幕上显示:

v=60,s1=12,s2=15,s3=20

练习

编写一个函数‘int year(int y)’判断某年是否闰年，在‘main()’中调用该函数。

任务7.6　常见错误分析

教学

【例7-15】指出以下程序存在的问题并改正。

```
int main()
{
      int a=4;
      printf("%f",sqrt(a));
}
```

【存在问题】使用库函数‘printf’和‘sqrt’时忘记包含头文件。

【改正】在程序的开头加上以下两行代码。

```
#include<stdio.h>
#include<math.h>
```

学习

【例7-16】指出以下程序存在的问题并改正。

```
#include<stdio.h>
int main()
{
    double a=2.5,b=3.9;
    printf("%5.2f和%5.2f 的平均值:%5.2f\n",a,b,avg(a,b));
}
double avg(double x,double y)
{
    return ((x+y)/2.0);
}
```

【存在问题】在源文件中先调用了avg函数，却未在调用之前给出函数原型或函数定义，导致编译出错。

【改正】把函数原型写在main函数之前，或在main函数内部加上声明。

```
double avg(double x,double y);
```

练习

【例7-1】指出以下程序存在的问题并改正。

```
#include<stdio.h>
int main()
{
    int fun(int x,int y,int z);
    int a=2,b=3,s;
    s=fun(a,b);
    printf("%d\n",s);
}
int fun(int x,int y,int z)
{   int sum;
```

```
    sum=x+y+z;
}
```

任务7.7 计算机二级C语言考题练习

考点

1. 以下fff函数的类型是（　　）。

```
fff (float x)
{ printf ("%d\n",x*x) ;}
```

A. 与参数x的类型相同　　B. void类型

C. int类型　　D. 无法确定

【答案】C

2. 有以下函数调用语句：

```
func((exp1,exp2),(exp3,exp4,exp5));
```

其中，含有的实参个数和是（　　）。

A. 1　　B. 2　　C. 4　　D. 5

【答案】B

3. 以下程序的输出结果是（　　）。

```
#include <stdio.h>
func (int a,int b)
{
    int temp=a;
    a=b;
    b=temp;
}
int main()
{
    int x,y;
    x=10;
    y=20;
    func(x,y);
    printf("%d,%d\n",x,y);
    return 0;
}
```

A. 10,20　　B. 10,10　　C. 20,10　　D. 20,20

【答案】A

4. 以下程序的输出结果是（　　）。

```
#include <stdio.h>
#include <stdio.h>
int f(int a,int b);
int main()
{
    int i=2,p;
    p=f(i,i+1);
    printf("%d\n",p);
    return 0;
}
int f(int a,int b)
{
    int c;
    c=a;
    if(a>b)
      c=1;
    else if(a==b)
    c=0;
     else
      c=-1;
     return(c);
}
```

A. -1　　　　B. 0　　　　C. 1　　　　D. 2

【答案】A

5. 以下程序的输出结果是（　　）。

```
#include <stdio.h>
int func(int n)
{ if(n==1)
      return 1;
  else
     return(n*func(n-1));
}
int main()
{
    int x;
    x=func(3);
    printf("%d\n",x);
```

```
    return 0;
}
```

A. 5　　B. 6　　C. 7　　D. 8

【答案】B

项目小结

1. C语言函数

C语言程序的基本单位是函数。也就是说，一个C语言程序是由函数构成的。从用户使用的角度看，C语言函数有两种：库函数和用户自定义函数。

① 库函数

库函数存放在C语言的标准函数库中。用户可以随意调用库函数，但是在调用时应当将有关的头文件用 #include命令包含进来。

② 用户自定义函数

用户自己定义的函数，用来完成一定功能，可以根据需要调用。

用户自定义函数的定义形式为

```
[类型标识符] 函数名([形参表])
{
   函数体
   }
```

函数调用表达式的形式为

```
函数名(实参表)
```

函数声明的形式为

```
[类型标识符] 函数名([形参表]);
```

C语言函数之间的数据传递是单向值传递。

C语言函数不能嵌套定义，可以嵌套调用，也支持递归调用。

2. 变量的作用域和生存期

① C语言中的变量和函数都有数据类型和存储类别两个属性。数据类型定义了值的集合；存储类型决定了它的存储方式或者说它的作用域和生存期。

② 局部变量是在函数内部或复合语句内部定义的变量，其作用域为本函数或本复合语句。函数的形参也是局部变量。局部变量有auto、static、register三种存储类别。如果不指定存储类别，则隐含为auto存储类别。

③ 全局变量是在函数外部定义的变量，其作用域是从变量定义的位置开始到文件结尾。全局变量有静态的（static）、外部的（extern）两种存储类别。如果不指定，则隐含为外部的全局变量。

④ 函数的作用域与存储类别

所有函数在本质上都是外部的，因为C语言不允许在函数内部定义另一个函数，但可以相互调用。

函数的存储类别有两种，分别为静态（static）函数和外部（extern）函数。静态函数只能被本文件的函数调用，不允许其他文件的函数调用。外部函数可以被本文件或其他文件的函数调用。

拓展阅读

中国传统文化："众志成城。"——强调团队合作的重要性。

故事：嫦娥探月工程的团队合作

我国计算机专家们在开发嫦娥探月工程的地面控制系统时，采用了模块化的设计思路，每个模块由不同的团队负责，通过函数调用实现各个模块之间的协作。例如，负责轨道计算、数据传输、图像处理等不同模块的团队，通过函数调用实现数据共享和协同工作，共同完成了这一复杂的航天工程。

① 团队合作：通过函数调用实现各个模块之间的协作，体现了团队合作的力量。在编程过程中，我们要学会团队合作，共同完成复杂任务。

② 模块化设计：通过模块化设计，将复杂问题分解为多个小问题，逐一解决。编程过程中的函数可以用来实现模块化设计。

③ 创新精神：通过技术创新解决实际问题，体现了科技的创新价值。编程过程中的函数可以用来实现各种创新的应用。

课后习题

一、选择题

1. C语言允许函数返回类型缺省定义，此时函数值隐含的类型是（　　）。

A. float　　B. int　　C. char　　D. double

2. 下列选项中，正确的函数定义形式是（　　）。

A. double fun(int x,int y)　　B. double fun(int x;int y)

C. double fun(int x,int y);　　D. double fun(int x,y)

3. 下列选项中，C语言中形参的缺省存储类型是（　　）。

A. auto　　B. register　　C. static　　D. extern

4. 下列选项中，只有在使用时才为该类型变量分配内存的存储类型说明是（　　）。

A. auto和static　　B. auto和register　　C. static和register　D. extern和register

5. 下列选项中，与实际参数为实型数组名相对应的形参不可以定义为（　　）。

A. float a[];　　B. float *a;　　C. float a;　　D. float (*a)[3];

6. 下列选项中，用户定义的函数不可以调用的函数是（　　）。

A. 非整型返回值的　　B. 本文件外的

C. main函数　　D. 本函数下面定义的

7. 若调用一个函数，且此函数中没有return语句，则下列选项中正确的说法是：该函数（　　）。

A. 没有返回值　　B. 返回若干个系统默认值

C. 能返回一个用户所希望的值　　D. 返回一个不确定的值

8. 若用数组名作为函数的实参，下列选项中传递给形参的是（　　）。

A. 数组的首地址　　B. 数组中第一个元素的值

C. 数组中全部元素的值　　D. 数组元素的个数

9. 下列选项中，C语言中不可以嵌套的是（　　）。

A. 函数调用　　B. 函数定义　　C. 循环语句　　D. 选择语句

10. 下列选项中，全局变量的定义不可能在（　　）。

A. 函数内部　　B. 函数外面　　C. 文件外面　　D. 最后一行

二、编程题

11. 编写一个函数，将输入的8进制数转换成10进制数并输出。

12. 编写一个函数，将数组中的元素按逆序输出。

13. 一个一维数组内放8个学生的身高。编写一个函数，当主函数调用此函数后，能求出这8个学生身高的平均值、最大值和最小值。

14. 编写程序：输出50以内的全部素数。

15. 编写程序：输出s值，读入n，计算s=1+(1+2)+(1+2+3)+⋯+(1+2+3+⋯+n)。

项目8

指针及应用

学习目标

1. 知识目标

- 理解地址和指针的概念。
- 掌握普通指针变量、指向数组的指针变量、指向指针的指针变量、指向函数的指针变量的定义及使用方法。
- 掌握用指针变量作为函数参数、返回指针值的函数和指针数组的使用方法。

2. 技能目标

- 具备熟练使用各种形式的指针变量解决实际问题的能力。
- 具备合理设计并实施项目实施步骤的能力。

3. 素质目标

- 具有综合运用知识分析和解决问题的能力。
- 具备独立思考的能力和创新意识。
- 具备举一反三、解决复杂问题的能力。

项目导引

指针是C语言的灵魂。正确、灵活地使用指针，可以使程序更加简洁、紧凑，并显著提升运行效率。为此，必须了解计算机硬件系统的内存地址，掌握指针的基本概念，熟悉指针与变量之间的关系。本项目通过几个任务的学习，帮助学生了解指针变量的定义、引用与初始化，掌握指针在数组中的应用、指针在函数中的应用，以及指针数组和指向指针的指针在编程中的应用。

任务8.1 指针变量的定义、引用与初始化

知识点

8.1.1 指针变量的定义

前面介绍过，每个变量在内存中都占用一定的存储单元，不同数据类型的变量占用的字节数各异。例如，整型变量通常占用4个字节，字符型变量通常占用1个字节。为了准确访问这些变量，内存中的每个字节都被赋予唯一的编号，就像门牌号一样。这个编号就是地址，又称为指针。

例如：4GB内存中每个字节的编号（以十六进制表示）可以如图8-1所示，其中每个方框代表一个字节，方框上面的数字即为该字节的十六进制编号。

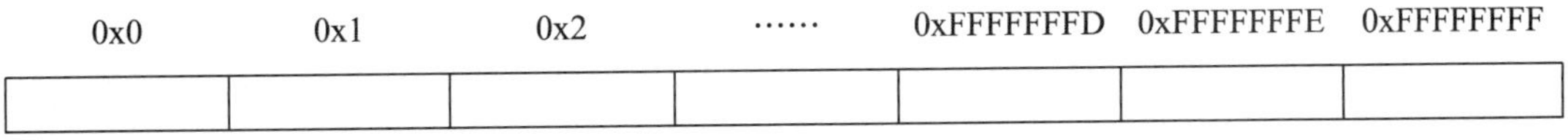

图8-1　4GB内存中各字节及其地址（编号）示意图

访问变量有两种方式。

1. 直接访问

按变量名访问的方式称为直接访问（如图8-2所示）。通过变量名a直接赋值，由于变量名与变量的地址一一对应，因此，直接将数值5放到变量a的存储单元中。

2. 间接访问

如果将变量的地址存放在另一变量中，然后通过该变量来找到变量a的地址，从而访问变量a，这就是间接访问方式（如图8-3所示）。首先，找到存放变量a地址的变量p，从其中得到变量a的地址（2010），从而找到变量a的存储单元；然后对它进行存取访问。如同先开抽屉p取出抽屉a的钥匙，再打开抽屉a。

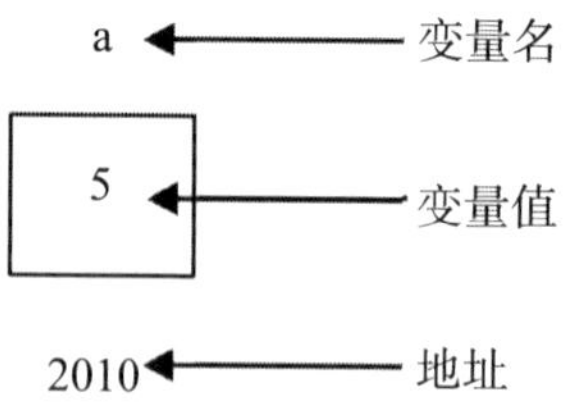

图8-2　直接访问

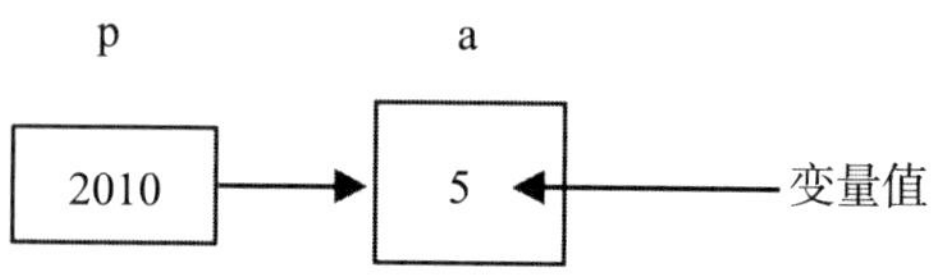

图8-3　间接访问

【说明】

一个变量的地址称为该变量的“指针”。例如，地址2010是变量a的指针。专门用来存放另一变量地址（即指针）的变量称为“指针变量”。例如，上述变量p就是一个指针变量。“指针”是一个地址，而“指针变量”是存放地址的变量，注意区分两者的概念。

指针变量与一般变量一样，必须“先定义后使用”。定义一个指针变量需要解决两个问题：一是说明指针变量的名字；二是说明指针变量指向变量的数据类型。定义指针变量一般形式为

```
类型说明符　*指针变量名1,*指针变量名2,…;
```

例如：

```
int *pl;  /*定义指向整型变量的指针变量pl*/
char *p2,*p3;  /*定义指向字符型变量的指针变量p2和p3*/
```

其他类型的变量允许和指针变量在同一个语句中定义。例如：

```
int  m,*p;. /*定义2个变量，其中m是整型变量，p是指向整型变量的指针变量*/
```

【说明】

① 在定义时，指针变量名前的“*”表示该变量的类型是指针型变量，不能省略。

② 指针变量定义中的“数据类型”是指针指向的目标数据的类型。读者可能会提问，既然指针变量是存放地址的，为什么要指定数据类型呢？

我们知道，不同类型的数据在内存中所占的字节数和存放方式是不一样的，例如，字符型数据占1个字节，整型数据占4个字节，因此，如果想通过指针引用一个变量，只知道地址（如2010）是不够的，因为无法判断是从地址为2010的一个字节中取出字符型数据，还是从2010到2013四个字节中取出整型数据。

8.1.2　指针变量的初始化

可以在定义指针变量的同时为其赋初值，即进行指针变量的初始化。由于指针变量是指针类型，因此所赋的初值应是一个地址值。其一般格式为

```
类型说明符　*指针变量名1=地址1,*指针变量名2=地址2,…;
```

例如：

```
int i;
int *p=&i; /*定义指针变量p指向整型变量i*/
```

表示地址的形式可以是“&变量名”“数组名”或“其他指针变量”等。例如：

```
char s[20];
char *str=s; /*定义指针变量str指向字符数组s的首地址*/
```

8.1.3 指针变量的引用

1. 给指针变量赋值

在程序执行过程中，可以使用赋值语句为指针变量赋值。一般格式为：

```
指针变量=地址;
```

例如：

```
int a=20,b=30,*p1,*p2;
p1=&a;      /*把变量a的地址赋给指针变量p1*/
p2=&b;      /*把变量b的地址赋给指针变量p2*/
```

定义两个整型变量a和b，其中a初值为20，b初值为30；同时定义了指针变量p1指向变量a，指针变量p2指向变量b。二者的相互关系如图8-4（a）所示。

指针变量和一般变量一样，存放在其中的值是可以改变的。也就是说，可以改变它们的指向。例如，执行表达式语句“p2=pl;”后，意味着p2与p1将指向同一对象a，此时*p2就等价于a而非b。其关系如图8-4（b）所示。

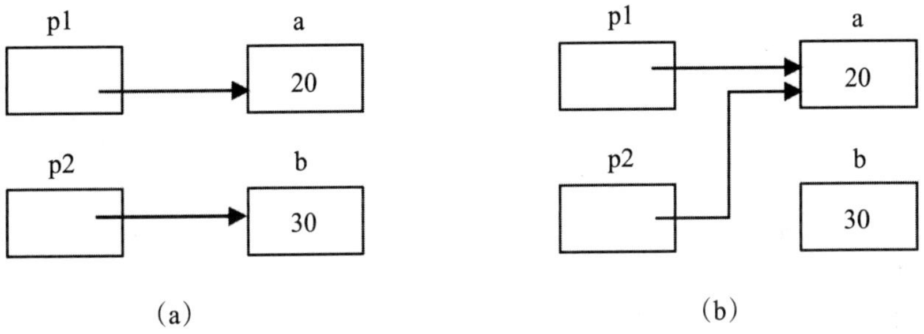

图8-4 变量之间的关系（一）

【说明】

要熟练掌握以下两个运算符：

①“&”是取地址运算符，它是单目运算符。其功能是返回其后操作数的内存地址，结合性为从右向左。例如，&a表示变量a的地址。

②“*”是解引用运算符，也称间接访问运算符，同样是单目运算符。它的功能是获取该指针所指存储单元的值。例如，*p表示指针变量p所指向对象的内容。

2. 引用指针变量指向的变量

如果在上述定义语句后面执行表达式语句“*p2=*pl;”，即：

```
int a=20,b=30,*p1,*p2;
p1=&a;          /*把变量a的地址赋给指针变量p1*/
p2=&b;          /*把变量b的地址赋给指针变量p2*/
*p2=*p1;        /*引用指针变量指向的变量*/
```

则表示把p1指向的内容赋给p2所指的区域，即等价于"b=a;"，如图8-5所示。

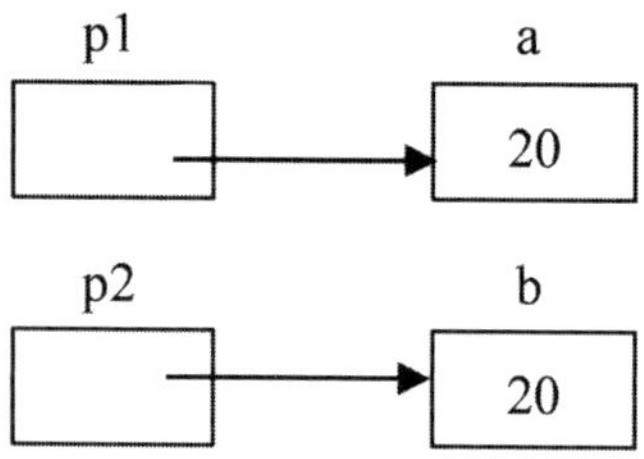

图8-5　变量之间的关系（二）

3. 引用指针变量的值

用十六进制形式输出指针变量p的值，即输出a的地址，可以用如下语句实现。

```
int a;
int *p=&a;
printf("%x",p);
```

【例8-1】有下列代码，试分析输出结果。

```
#include<stdio.h>
int main()
{
    int x=10,*p,y;
    p=&x;                  /*取变量x的地址赋给指针变量p*/
    y=*p;                  /*将*p的值赋给y*/
    printf("x=%d,*p=%d,y=%d\n",x,*p,y);   /*输出x,*p和y的值*/
    printf("&x=%x,p=%x,&y=%x\n",&x,p,&y); /*输出x和y的地址以及指针p的值*/
    return 0;
}
```

【程序解读】此例中定义了三个变量，x和y为整型变量，p为指针变量。x的初值为10，令p指向x，则*p表示取指针变量p所指存储单元的内容，即变量x的值。因此，*p和y也等于10。p为指针变量且指向x，因此p即为x的地址；y和x是不同的变量，因此它们所占的存储空间不同，即地址不同。

【程序运行结果】

```
x=10,*p=10,y=10
&x=d8522e78,p=d8522e78,&y=d8522e6c
```

【程序说明】

此例中第4行和第6行都出现了"*p"，但意义是不同的。"int x=10,*p,y;"语句中的

“*p”表示将变量p声明为指针变量，用“*”以区别于一般变量；而“y=*p;”中的“*p”表示使用指针变量p，此时“*”是运算符，表示取指针p所指向的存储单元内容，即进行间接存取运算，把变量x的值赋给变量y。

8.1.4 空指针与void指针

1. 空指针

不指向任何对象的指针称为空指针，表示该指针没有指向任何内存单元。定义空指针有两种方法。

（1）赋0值。例如：

```
int *p=0;
```

【说明】

除0之外，一般不把其他整数直接赋给指针变量。程序运行期间，变量的地址是由系统分配的，若用非0整数给指针赋初值，可能导致不可预料的后果。

（2）赋NULL值。NULL的值等于0，两者等价。例如：

```
int *p=NULL;
```

空指针常用来初始化指针，避免野指针的出现。

【注意】对指针变量赋0值和未赋值是不同的。指针变量未赋值时，可以是任意值，是不能使用的，否则将造成意外错误；而指针变量赋0值后，则可以使用，只是它不指向具体的变量。

2. void指针

C语言规定，指针变量也可以定义为void 型。例如：

```
void  *p;
```

此时p仍然是具有自身内存空间的指针变量，但是不指定其指向的数据类型。使用时需注意：

（1）任何指针都可以赋值给void 指针。例如：

```
int x=10;
int *q=&x;
p=q;        /*不需要进行强制类型转换*/
```

（2）使用void指针时必须对其进行强制类型转换，将void指针转换成它所指向单元的实际类型，然后才可使用。因此，void 指针赋值给其他类型的指针时要进行强制类型转换。例如：

```
int *t=(int*)p:  /*需要进行强制类型转换*/
printf("*p=%d",*(int*)p);    /*输出p指向的存储单元内容*/
```

指针是内存单元的地址，指针变量就是存放指针的变量。不同数据类型在内存中所占用的内存单元大小是不一样的，但是地址的表示方式是一致的，即使都用该数据在内存中的首地址来表示。因此，用void指针存放这个首地址时与具体的数据类型无关。然而，当要通过指针访问内存中的数据时，系统不仅需要知道该数据的首地址，还需要了解这个数据所占内存空间的大小。所以，在使用void指针对数进行操作时，必须对其进行强制类型转换。

考点

【例8-2】至【例8-6】是计算机二级考试C语言真题精选。

【例8-2】若有说明：

```
int n=2,*p=&n,*q=p;
```

则以下非法的赋值语句是（　　）。

A. p=q;　　B. *p=q;　　C. n=*q;　　D. p=n;

【答案】D

【解析】选项A是两个指针变量之间的赋值操作。选项B是把q的值赋给p指向的整型变量，虽然不常用，但语法正确。选项C是把q指向的变量的值赋值给n。而选项D中，整型数据和指针型数据之间不能直接进行赋值运算，所以是错误的。

【例8-3】若有以下定义和语句：

```
#include<stdio.h>
int a=4,b=3,*p,*q,*w;
p=&a; q=&b; w=q; q=NULL;
```

则下列选项中，错误的语句是（　　）。

A. *q=0;　　B. w=p;　　C. *p=a;　　D. *p=*w;

【答案】A

【解析】给一指针赋空值的正确语句是“q=NULL;”或“q= '\0';"或“q=0;”。选项B的含义为使指针w指向指针p所指向的存储单元。选项C的含义为重新确认指针p已指向变量a所在的存储单元。选项D的含义为将指针w所指的变量值赋给指针p所指的变量。

【例8-4】若有定义：

```
int x, *pb;
```

则正确的赋值表达式是（　　）。

A. pb=&x　　B. pb=x　　C. *pb=&x　　D. *pb=*x

【答案】A

【解析】本题的定义语句中，在pb的前面有一个*号说明符，表示pb是一个指针变量。按规定，在指针变量中只能存放存储单元（即变量）的地址。在定义语句中的类型名int说明了pb的基本类型为int，因此pb中只能存放int类型变量的地址，即pb只能指向int类型的变量。已定义x为int类型变量，若其中已存放了整型数，则选项B中的赋值表达式pb=x企图把一个整数放到一个指针变量中，这是不允许的（赋值不兼容）。在C程序中，

&号是求地址运算符，表达式&x的值是变量x在内存中的地址，而*号是间址运算符（与说明语句中的说明符*号的含义不同）。在选项C中，若pb已指向了一个整型变量（已放入了某整型变量的地址），则*pb就代表了此整型变量，所以赋值表达式*pb=&x企图把一个地址值放入到一个整型变量中，这是不允许的，地址值不可能转换为一个整数。间址运算符只能用于指针变量。在选项D中，赋值表达式右边出现了*x，将间址运算符*号用于一个整型变量是错误的。按定义，pb是一个指针变量，且只能存放int类型变量的地址，表达式&x取int型变量x的地址，表达式pb=&x是正确的赋值方式。应掌握：① 指针的定义方法；② 指针变量的基类型；③ 所定义的指针变量中允许存放何种类型变量的地址；④ 求地址运算符（&）的正确运用；⑤ 间址运算符（*）的正确运用。若pb的基类型为double，则应掌握 *pb出现在赋值号右边的含义是什么，出现在赋值号左边的含义又是什么。

【例8-5】设有定义：

```
int n, *k=&n;
```

以下语句将利用指针变量k读写变量n中的内容，请将语句补充完整。

```
scanf("%d",【1】);
printf("%d\n",【2】);
```

【答案】【1】k【2】*k

【解析】在语句“int n, *k=&n;"中，变量k中存放的是n的存储地址，*k表示变量n中的值，scanf函数需要变量的地址作为参数；而printf函数中的输出项是正常的基本类型数据，所以答案如上。

【例8-6】下列给定程序中函数fun()的功能是：实现两个变量值的交换，规定不允许增加语句和表达式。

例如：变量a中的值原为8，b中的值原为3，程序运行后a中的值为3，b中的值为8。

请改正程序中的错误，使其得出正确的结果。

【注意】不要改动main()函数，不得增行或删行，也不得更改程序的结构。

【程序代码】

```
#include<stdlib.h>
#include<conio.h>
#include<stdio.h>
int fun(int *x,int y)
{ int t;
   t=x; x=y;
   return(y);
}
void main()
{ int a=8,b=3;
```

```
    printf("%d,%d\n",a,b);
    b=fun (&a,b);
    printf("%d,%d\n",a,b);
}
```

【答案】

(1) `t=*x; *x=y;`

(2) `return(t);`或`return t;`

【解析】本题考查指针型变量的使用。通过return语句完成函数值的返回。

首先，定义变量t作为中间变量进行数据交换；其次，参数x是指针变量，因此在交换时应使用*x来访问其指向的值，最后确定返回值；根据代码‘b=fun(&a,b);’可知，返回值将赋给变量b，因此应返回交换前的*x的值，即变量t的值。

任务8.2 指针在数组中的应用

知识点

经过对数组的定义，系统为数组元素在内存中分配了连续的存储单元。指针变量就是用来存放内存地址的变量，如果把数组的地址赋给指针变量，就可以通过这个指针变量访问或操作数组的元素。使用这种方法能够提高目标程序的质量和使用效率。

教学

8.2.1 指针与一维数组

指针与一维数组

1. 定义指向一维数组的指针变量

从项目6中我们了解到：定义一维数组后，每个数组元素就相当于一个变量。指针变量既可以指向一般的变量，也可以指向数组中的元素。例如：

```
int a[5]={1,2,3,4,5},*p;
p=&a[0];
```

以上代码的功能是定义一维数组和指针变量p，使指针变量p指向数组a的第0号元素（即第一个元素），如图8-6所示。

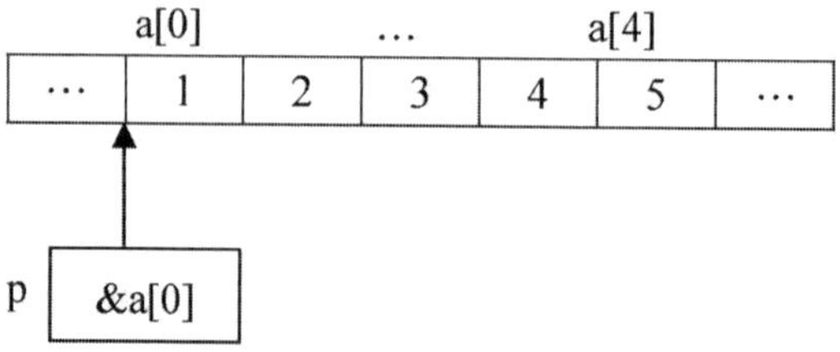

图8-6　指针变量与数组的关系

由于一维数组的数组名是一个地址常量，程序运行时它的值是一维数组第一个元素的地址。因此，我们可以通过数组名将数组的首地址赋给指针变量，即“p=a;”与“p=&a[0];”等价。

【说明】

由上述分析可知，p、a和&a[0]均指向同一单元，它们是数组a的首地址，也是数组a的第0号元素a[0]的地址。应该说明的是，p是变量，而a和&a[0]都是常量。

2. 数组中的指针运算

当指针指向数组元素时，可以对指针进行以下运算。

（1）加减一个整数

对于指向数组的指针变量，可以加上或减去一个整数n。例如，设p是指向数组的指针变量，则p+n，p-n，p++，++p，p--，--p都是合法的。

指针变量加上或减去一个整数n的意义：把指针指向的当前位置（指向某数组元素）向前或向后移动n个位置，这里加减的单位不是字节，而是以指向的数据类型所占用的字节数为单位。例如，在Visual C++环境下：int变量占4个字节，double型变量占8个字节，若p指向整型数组，p+n的实际地址为“p+4*n”。

【例8-7】分析以下程序的运行结果。

```
#include<stdio.h>
int main()
{    int a[5]={1,2,3,4,5};
     int *p=a;
     printf("a is:%X,a+1 is:%X\n",a,a+1);
     printf("p is:%X,p+1 is:%X\n",p,p+1);
     printf("*a is:%d,*(a+1) is:%d\n",*a,*(a+1));
     printf("*p is:%d,*(p+1) is:%d\n",*p,*(p+1));
     return 0;
}
```

【程序运行结果】

```
a  is:FBB3A520,a+1 is:FBB3A524
p  is:FBB3A520,p+1 is:FBB3A524
*a  is:1,*(a+1)  is:2
*p  is:1,*(p+1)  is:2
```

【程序说明】此例中p的初值为a，即&a[0]，则p+n和a+n就是数组元素a[n]的地址。或者说，它们指向数组a序号为n的元素，如图8-7所示。这里需要注意的是：a代表数组首元素的地址，a+1也是地址，它的计算方法同p+1，即它的实际地址为原地址加上整形大小的偏移（如4字节）。*(p+n)或*(a+n)是p+n或a+n所指向的数组元素，即a[n]。例如，

(p+1)或(a+1)就是a[1]。

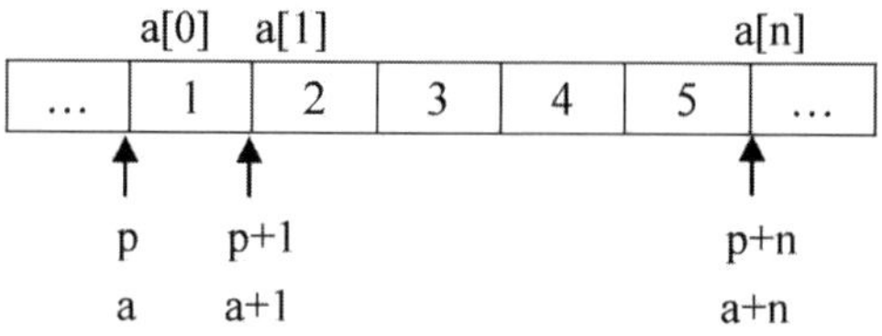

图8-7　指针运算关系

（2）两指针变量相减

如果两个指针变量指向同一数组，则它们相减所得之差即为二者所指向元素之间相差的元素个数，实际上是两个指针值（地址）之差除以该数组元素的长度（字节数）。例如，pl和p2是指向同一整型数组的两个指针变量，设p1的值为2008H，p2的值为2000H，而整型数组每个元素占4个字节，则pl-p2的结果为（2008H-2000H）/4=2，即pl和p2之间相差2个元素。

【说明】

① 只有指向同一数组的两个指针变量之间才能进行减法运算，否则减法毫无意义。

② 两个指针变量不能进行加法运算。例如，pl+p2是无实际意义的。

【例8-8】编写程序：求字符串的长度，要求使用指针变量。

【问题分析】可定义字符数组str用于存放字符串，再用指针p指向字符数组的首地址。通过循环语句找到字符串的结束标志‘\0’，让指针变量p指向‘\0’；这时可利用p-str得到字符串的长度。

【程序代码】

```
#include<stdio.h>
int main()
{
    char str[50],*p=str;         /*定义字符数组 str和指针变量p指向数组str*/
    printf("Enter string:");     /*输出提示符*/
    gets(str);                   /*输入字符串*/
    while(*p)                    /*p不为'\0'时循环*/
        p++;                     /*找到串结束标记'\0',退出循环时p指向'\0'*/
    printf("String length=%d\n",p-str); /*利用指针减法运算求出字符串长度*/
    return 0;
}
```

【程序运行结果】

```
Enter string: abcdefg
String length=7
```

3. 通过指针引用数组元素

访问数组元素有两种方法。

（1）下标法形式：a[i]

（2）指针法形式：*(a+i)或*(p+i)

其中，a是数组名，p是指向数组元素的指针变量，其初值p=a。指向数组的指针变量也可以带下标，如p[i]与*(p+i)等价。

【说明】

*(p+i)和a[i]相等的前提条件是p指向数组a的首地址，如果赋值‘p=&a[4];’，则p指向a[4]，p+1指向[5]，而p-1指向a[3]。也就是说，指针在数组中是可以移动的。

【例8-9】分析以下程序的运行结果。

【程序代码】

```
#include<stdio.h>
int main()
{
    int a[5],*p,i;
    for(i=0;i<5;i++)
            a[i]=i+1;
    p=a;
    for(i=0;i<5;i++)
         printf("*(p+%d):%d\t",i,*(p+i));
    printf("\n");
    for(i=0;i<5;i++)
         printf("*(a+%d):%d\t",i,*(a+a+i));
    printf("\n");
    for(i=0;i<5;i++)
         printf("p[%d]:%d\t",i,p[i]);
    printf("\n");
    for(i=0;i<5;i++)
        printf("a[%d]:%d\t",i,a[i]);
    printf("\n");
    return 0;
}
```

【程序运行结果】

```
*(p+0):1    *(p+1):2    *(p+2):3    *(p+3):4    *(p+4):5
*(a+0):1    *(a+1):2    *(a+2):3    *(a+3):4    *(a+4):5
p[0]:1      p[1]:2      p[2]:3      p[3]:4      p[4]:5
a[0]:1      a[1]:2     a[2]:3       a[3]:4      a[4]:5
```

【程序说明】从程序运行结果中可以得出，*(p+i)、*(a+i)、p[i]和a[i]输出的结果都是相同的。

8.2.2 指针与二维数组

指针与二维数组　二维数组的地址

1. 二维数组元素的地址

假设定义一个4行3列的二维数组，例如：

```
int a[4][3];
```

二维数组在逻辑上是由行和列组成的，可以将其理解为三层结构（如图8-8所示）。第一层：将数组a看作一个变量；第二层：将二维数组a看作一个一维数组，由a[0]，a[1]，a[2]和a[3]这4个元素组成，每个元素本身也是一个一维数组；第三层：将第2层中的每个数组元素看作一个单独的数组。

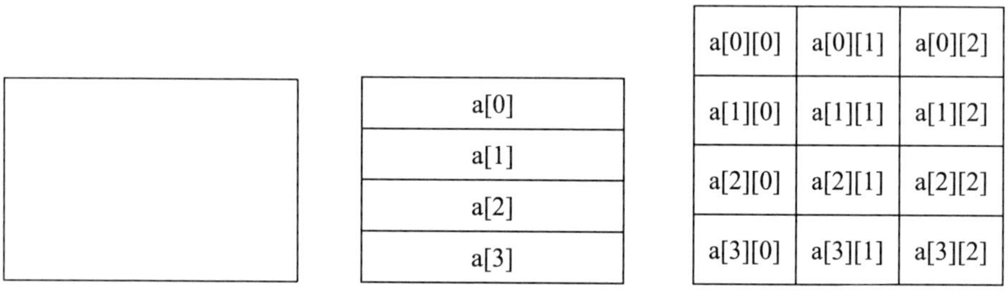

第一层　第二层　第三层

图8-8　二维数组

在第一层中将数组a作为一个整体变量，该变量的地址为&a，变量长度为sizeof（a）。

【例8-10】分析以下程序的运行结果。

【程序代码】

```
#include<stdio.h>
int main()
{
    int a[4][3];                               /*定义二维数组*/
    printf("变量a的地址:%d\n",&a);              /*输出a的地址*/
    printf("变量a的长度:%d\n",sizeof(a));       /*输出a所占的地址空间*/
    return 0;
}
```

【程序运行结果】

```
变量a的地址: -78055460
变量a的长度: 48
```

【程序说明】从程序运行结果可以看出，使用&运算符可取得数组名的地址（不同的计算机得到的地址值可能不同）。数组的长度为元素数量乘以每个元素占用的字节数，4行3列共12个元素，每个元素（假设为int类型）通常占用4个字节，所以变量a占用48个字节。

在第二层中，将数组a看作一维数组，它有4个元素a[0]，a[1]，a[2]和a[3]。数组的首地址为a或&a[0]（第一个元素的地址也是首地址）。使用sizeof(a[0])可得到数组元素（即一个子数组）的长度。

【思考】如果将语句printf("变量a的长度：%d\n",sizeof(a))；中的a替换为a[0]，a[0][0]，结果是多少？

【例8-11】分析以下程序的运行结果。

【程序代码】

```
#include<stdio.h>
int main()
{
    int a[4][3],i;
    printf("数组a的首地址:%d\n",a);  /*输出数组首地址*/
    for(i=0;i<4;i++)                 /*循环输出数组元素地址*/
       printf("数组a第%d个元素的地址:%d\n",i+1,&a[i]);
    printf("数组元素a[0]的长度:%d\n",sizeof(a[0]));/*输出数组元素的长度*/
    return 0;
}
```

【程序解读】以上程序将数组a视为一个由4个元素组成的一维数组。首先输出数组首地址；随后，循环输出这4个数组行元素的起始地址。从执行结果可以看出，数组名所代表的地址和第一个行元素的起始地址相同，而相邻行地址相差12个字节，表示每行数据的总长度为12字节。最后，程序使用sizeof(a[0])证实数组元素a[0]的长度为12。

从以上结果可看出，将二维数组a作为一维数组看待时，其"每个元素的长度"实际上就是该二维数组中一行所有元素所占用的内存空间之和。

【程序运行结果】

```
数组a的首地址: -795934852
数组a第1个元素的地址: -795934852
数组a第2个元素的地址: -795934840
数组a第3个元素的地址: -795934828
数组a第4个元素的地址: -795934816
数组元素a[0]的长度: 12
```

【程序说明】输出数组首地址时没有使用取地址运算符&，这是因为数组名本身就是一个指向其某个元素的指针常量。

在其他计算机中运行该程序，具体地址值可能不同，但相邻行地址之间的差值肯定是相同的。

在第三层中，第二层中的每个元素又由3个元素构成。例如，a[0]由a[0][0]、a[0][1]和a[0][2]这3个元素组成。当将a[0]作为一个数组名时，该数组的首地址也就保存在a[0]中（这里a[0]作为一个整体，看作数组名，不是一个数组的元素），不用取地址运算符&，直接输出a[0]的值就可得到数组的首地址。

【例8-12】分析下列程序的运行结果。

【程序代码】

```
#include<stdio.h>
int main()
{
    int i,a[4][3];
    printf("数组a的首地址:%d\n",a);    /*输出数组首地址*/
    for(i=0;i<4;i++)
       printf("数组a[%d]的首地址:%d\n",i,a[i]);    /*输出a[i]首地址*/
    for(i=0;i<3;i++)    /*输出第0行每个元素的地址*/
    printf("数组元素a[0][%d]地址:%d\n",i,&a[0][i]);
    printf("数组元素a[0][0]的长度:%d\n",sizeof(a[0][0])); /*输出a[0][0]的长度*/
    return 0;
}
```

【程序运行结果】

```
数组a的首地址: -899514040
数组a[0]的首地址: -899514040
数组a[1]的首地址: -899514028
数组a[2]的首地址: -899514016
数组a[3]的首地址: -899514004
数组元素a[0][0]地址: -899514040
数组元素a[0][1]地址: -899514036
数组元素a[0][2]地址: -899514032
数组元素a[0][0]的长度: 4
```

【程序说明】 此程序将数组第二层中的每个元素作为数组名，通过程序循环输出4个数组的首地址。将a[0]、a[1]、a[2]和a[3]分别看作4个单独的数组，输出数组a[0]中3个元素的地址。通过输出结果可以看出，每个相邻元素相差4个字节，即每个整型元素占用4个字节的空间。最后，通过输出元素a[0][0]的大小验证了这一点。

既然可以将二维数组a看作一个一维数组的数组，就可以使用指针来表示其每个子数组。例如：a+1表示数组a的第二个元素的地址；a+i表示它的第i+1元素的地址。因此，*(a+i)可访问该元素的值（等同于a[i]）。

进一步来说，在二维数组中，*(a+i)(即a[i])又指向一个一维数组，*(a+i)+j表示这个一维数组的第j个元素的地址，等同于a[i]+j；要访问该元素的值可使用*(*(a+i)+j)或*(a[i]+j)，也就是a[i][j]。

综上，二维数组a的指针如表8-1所示。

表8-1 二维数组a的指针

表示形式	含义
&a	二维数组a的地址
a	二维数组名，指向一维数组a[0]，即第0行首地址
a[0], *(a+0), *a	第0行第0列元素地址
&a[i], a+i	第i行首地址
a[i], *(a+i)	第i行第0列元素a[i][0]的地址
a[i]+j, *(a+i)+j, &a[i][j]	第i行第j列元素a[i][j]的地址
*(a[i]+j), *(*(a+i)+j), a[i][j]	第i行第j列元素a[i][j]的值

【提示】

二维数组名a是指向行的，因此，a+1中的“1”代表一行中全部元素所占的字节数。一维数组名（如a[]）是指向列元素的，因此，a[0]+1中的“1”代表一个元素所占的字节数。

在指向行的指针前加一个*，就是将其转换为指向列的指针。例如，a+1是指向行的指针，在它们前面加一个*，即*(a+1)就是指向列的指针，意思是指向a数组第1行第0列的元素。反之，在指向列的指针前加&，就是将其转换为指向行的指针。例如，a[0]是指向0行第0列元素的指针，在它前面加一个&，即&a[0]就是指向二维数组的第0行。

2. 指向数组元素的指针变量

可以用指针变量指向二维数组的元素，若有：

```
int a[4][3],*p;
p=&a[0][0];
```

则二维数组a的数据元素在内存中存储顺序、地址及指针变量p的关系如图8-8所示。

数组名称		一维下标的指针含义		二维数组下标表示	元素在内存中的存储顺序	通过指针访问元素	通过指针和下标组合访问元素
a	→	a[0]	→	a[0][0]		p	p[0]
				a[0][1]		p+1	p[1]
				a[0][2]		p+2	p[2]
		a[1]	→	a[1][0]		p+3	p[3]
				a[1][1]		p+4	p[4]
				a[1][2]		p+5	p[5]
		a[2]	→	a[2][0]		p+6	p[6]
				a[2][1]		p+7	p[7]
				a[2][2]		p+8	p[8]
		a[3]	→	a[3][0]		p+9	p[9]
				a[3][1]		p+10	p[10]
				a[3][2]		p+11	p[11]

图8-8 指针和二维数组元素的对应关系

从图8-8中，我们可以看出指针和二维数组元素的对应关系。清楚两者之间的关系后，就能用指针处理二维数组了。若有：

```
int a[M][N];
p=a[0];
```

对于数组a中的任一元素a[i][j]，指针的一般形式为：p+i*N+j；同样，a[i][j]也可以用指针下标法表示：p[i*N+j]。

【例8-13】求二维数组元素的最大值。

【问题分析】此问题可以通过顺序移动数组指针的方法来对数组元素进行遍历，找出最大值并输出。

【程序代码】

```
#include<stdio.h>
int main()
{
    int a[4][3]={{2,12,5},{55,7,98},{10,36,6},{78,42,1}};
    int *p=a[0];            /*定义指针变量p指向a[0]*/
    int max=*p;             /*定义变量max用来存储最大值,初始化为*p*/
    while(p<a[0]+12)        /*当p<a[0]+12时循环*/
    {
        if(*p>max)          /*当*p大于max时,将*p的值赋给max*/
            max=*p;
        p++;                /*p指向下一个数组元素*/
    }
   printf("MAX=%d\n",max); /*输出 max的值*/
   return 0;
}
```

【程序运行结果】

```
MAX=98
```

【程序说明】p是一个int型指针变量：p=a[0]是设置数组的首元素地址为指针初值；max=*p表示将数组的首元素值a[0][0]作为最大值的初值；p<a[0]+12表示将指针的变化范围限制在12个元素范围内；p++使得每比较一个元素后，指针后移一个元素位置。

3. 指向一维数组的指针变量

还可以定义指针变量p指向一个包含N个元素的一维数组。如果p先指向a[0]（即p=&a[0]），则p+1不是指向a[0][1]，而是指向a[1]的开始位置。p的增值以一维数组的长度为单位，如图8-9所示。

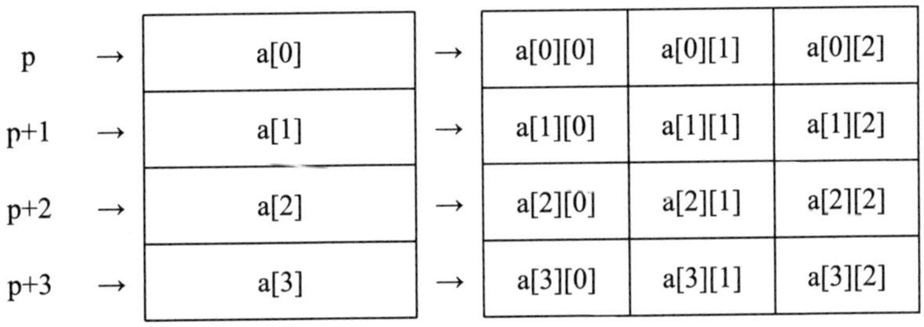

图8-9　指向一维数组的指针变量

图8-9中，指针p指向的数据类型应该是一个具有3个int元素的数组。因此，应使用以下方式定义该指针变量：

```
int (*p)[3];
```

这种方式称为数组指针，即定义的变量是一个指针，其指向类型是一个数组。

【提示】

*p必须用括号括起来，如写成："int *p[3];"，由于运算符[]的优先级高于运算符*。因此，变量p先与[3]结合组成数组，然后再与前面的"*"结合，这样就成了指针数组（每个数组元素保存一个指针，此内容将在本章后面进行介绍）。

【例8-14】求二维数组元素的最大值，并确定最大值元素所在的行和列。

【问题分析】本例较【例8-6】有更进一步的要求，需要在比较的过程中，把较大值元素的位置记录下来，使用能提供行列数据的指针表示方法。

【程序代码】

```
#include<stdio.h>
int main()
{
    int a[4][3]={{2,12,5},{55,7,98},{10,36,6},{78,42,1}};/*初始化二维数组*/
    int max,i,j,row,col;        /*定义变量*/
    int (*p)[3];                /*定义指向一维数组的指针变量*/
    p=a;                        /*p指向二维数组的0行*/
    max=a[0][0];                /*max 的初始值为a[0][0]*/
    row=col=0;                  /*行号和列号初始值为0*/
    for(i=0;i<4;i++)            /*外循环控制行*/
        for(j=0;j<3;j++)            /*内循环控制列*/
            if(*(*(p+i)+j)>max)     /*如果a[i][j]大于max*/
            {
                max=*(*(p+i)+j);        /*将其值赋给max*/
                row=i;                  /*row 为行号*/
                col=j;                  /*col 为列号*/
            }
    printf("MAX=a[%d][%d]=%d\n",row,col,max); /*输出最大值及其位置*/
```

```
    return 0;
}
```

【程序运行结果】

```
MAX=a[1][2]=98
```

【程序说明】该程序使用双重循环遍历二维数组元素。在程序中，使用*(*(p+i)+j)的方式指向二维数组的某一个元素。在这里，*(p+i)得到的是二维数组某一行的地址（相当于a[i]，注意是一个内存地址）。接着执行*(p+i)+j操作，相当于a[i]+j，也是一个地址值，表示第i行行首地址加上j个元素的位置。最后，*(*(p+i)+j)即可得到第i行第j列的元素值，相当于a[i][j])。

学习

通过前面的学习，我们知道字符串是存放在字符数组中的。要想引用一个字符串，可以有两种方法。

（1）用字符数组存放一个字符串时，可以通过数组名和下标来引用字符串中的一个字符；也可以通过数组名和格式声明“%s”来输出该字符串。例如：

```
char str[30]="C language!";    /*定义字符数组 str*/
printf("%c\n",str[3]);         /*用%c格式声明输出 str[3]*/
printf("%s\n", str);           / *用%s格式声明输出 str*/
```

（2）可以把字符数组的首地址赋给一个指针变量，那么这个指针变量则指向这个字符数组，使用该指针变量可以完成对字符数组的操作。此外，我们还可以利用字符串常量对字符指针进行初始化。例如：

```
char *str="C language!";     /*定义字符指针变量str并初始化*/
```

此时，字符指针指向的是一个字符串常量的首地址，即指向该字符串的首个字符地址。

练习

【例8-15】有字符串a和b，编写程序，使用指针将字符串b连接到字符串a的后面。

【问题分析】本题可以定义两个指针变量str1和str2，分别指向数组a和b的第一个元素（或起始位置），然后移动指针str1到数组a的结束符处，接着将str2所指的内容复制到str1当前的位置即可实现连接。

【程序代码】

```
#include<stdio.h>
int main()
  {
     char a[50],b[30];    /*定义两个字符数组a和b*/
     char *str1,*str2;    /*定义两个指针变量*/
     printf("Enter string 1:");
```

```
    gets(a);              /*输入字符数组a*/
    printf("Enter string 2:");
    gets(b);              /*输入字符数组b*/
    str1=a;               /*指针变量 str1指向数组a的第一个元素*/
    str2=b;               /*指针变量 str2指向数组b的第一个元素*/
    while (*str1!='\0')
    str1++;                        /*找到数组a的结束标记*/
    while (*str1++=*str2++);       /*将 str2连接到str1的后面*/
    printf("a+b=%s\n",a);          /*输出连接后的数组a*/
}
```

【程序运行结果】

```
Enter string 1: I love
Enter string 2: C
a+b=I love C
```

【程序说明】

这里要注意字符指针与字符数组之间的区别。例如，有以下语句：

```
char *str="C language!";
char string[30]="This is a string.";
```

str是一个指针变量，可以改变str使它指向不同的字符串常量，但不能改变str所指向的字符串常量的值。string是一个数组名，可以通过下标改变数组中保存的内容。

考点

【例8-16】至【例8-20】是计算机二级考试C语言真题精选。

【例8-16】下列选项中，对基类型相同的指针变量不能进行运算的运算符是（　　）。

A. +　　B. -　　C. --　　D. ++

【答案】B

【解析】在C语言中，当指针变量指向某一连续存储单元时，可以对该指针变量进行++、--运算或加、减某个整数的算术运算，达到移动指针的目的。此外，当两个基类型相同的指针变量都指向某一连续存储区中的存储单元时，如指向同一组中的两个元素，则这两个指针可以相减，得到的差值（取绝对值）表示两个指针之间的元素个数。

【例8-17】补充函数fun()。该函数的功能是：按“0”～“9”统计一个字符串的奇数数字字符各自出现的次数，结果保存在数组num中。

注意①：不能使用字符串库函数。

例如，输入“x=112385713.456+0.909*bc”，结果为：1=3,3=2,5=2,7=1,9=2。

注意②：部分源程序给出如下。不能改动main()函数和其他函数中的任何内容，仅在函数fun()的标号处填入所编写的若干表达式或语句。

【程序代码】

```
#include<stdlib.h>
#include<stdio.h>
#define N 1000
void fun(char *tt,int num[])
{    int i,j;
      int bb[10];
      char *p=tt;
      for(i=0;i<10;i++)
           { num[i]=0;
             bb [i]=0;
           }
     while( 【1】 )
           { if(*p>='0'&&*p<='9')
                【2】;
                 p++;
           }
    for(i=1,j=0;i<10;i=i+2,j++)
              【3】;
}
void main()
{    char str[N];
      int num[10],k;
      printf("\nPlease enter a char string:");
      gets(str);
      printf("\n**The original string** \n");
      puts(str);
      fun(str,num);
      printf("\n**The number of letters** \n");
      for(k=0;k<5;k++)
           { printf("\n");
             printf("%d=%d",2*k+1,num[k]);
           }
      printf("\n");
}
```

【答案】

【1】*p 【2】bb[*p-'0']++ 【3】num[j]=bb[i]

【解析】标号【1】：通过移动指针p来指向字符串tt中的各个字符，当指针p所指的字符为‘\0’时，即指向字符串tt的末尾（空终止符），while循环结束。

标号【2】：将字符串中数字字符‘0’～‘9’的出现次数保存在数组bb[10]中。表达式*p-‘0’实现将数字字符转换成对应的整数索引。

标号【3】：由于奇数位置上的数字字符个数存在于bb数组的奇数位置（bb[1]、bb[3]、bb[5]、bb[7]、bb[9]）中，所以for循环的目的是将这些元素分别赋给num数组的对应位置（num[0]、num[1]、num[2]、num[3]、num[4]）。

【例8-18】若有定义语句：double x[5]={1.0,2.0,3.0,4.0,5.0}，*p=x，则错误引用x数组元素的是（　　）。

A. *p　　B. x[5]　　C. *(p+1)　　D. *x

【答案】B

【解析】x[5]说明数组x有5个元素。下标范围为0～4，选项B中的x[5]超出了有效下标范围，因此引用错误。

【例8-19】由N个有序整数组成的数列已放在一维数组中，下列给定程序中函数fun()的功能是：利用折半查找法（也称二分查找法）查找整数m在数组中的位置。若找到，返回其下标值；否则，返回-1。

折半查找的基本算法：每次查找前先确定数组中待查的范围low和high（满足low<high），然后用m与中间位置mid上元素的值进行比较。如果m大于中间位置元素的值，则下一次的查找范围落在中间位置之后的元素中；反之，下一次的查找范围落在中间位置之前的元素中，直到low≥high为止，此时查找结束。

改正程序中的错误，使它能得出正确的结果。

【注意】不要改动main()函数，不得增行或删行，也不得更改程序的结构。

【程序代码】

```
#include<stdio.h>
#define N 10
void fun(int a[],int m)
{   int low=0, high=N-1, mid;
     while(low<=high)
         { mid=(low+high)/2;
            IF(m<a[mid])   high=mid-1;
            else  If(m>a[mid])  low=mid+1;
                      else return(mid);
            }
    return (-1);
}
main()
{   int i, a[N]={-3,4,7,9,13,45,67,89,100,180},k,m;
```

```
        printf("a数组中的数据如下:");
        for(i=0;i<N;i++)
        printf("%d ",a[i]);
        printf ("Enter m:");
        scanf ("%d", &m);
        k=fun(a,m);
        if(k>=0)    printf("m=%d, index=%d\n",m,k);
        else    printf("Not be found! \n");
}
```

【答案】

(1) int fun(int a[], int m)或fun(int a[], int m) (2) else if(m>a[mid])

【解析】本题考查：① 折半查找算法；② 函数定义；③ if-else语句。

(1) fun(int a[],int m)函数的返回值为int类型，所以定义函数时，函数的返回类型不能是void，而是int类型。

这里int可以省略，若省略函数类型标识符，系统将默认为int型。

(2) else if(m>a[mid])中，关键字if需要区分大小写，大写是错误的。

【例8-20】若有以下定义：char s[100]="string";
则下列函数调用中，(   ) 是错误的。

A. strlen(strcpy(s,"Hello"));　　B. strcats,strcpy(s1,"s"));

C. puts (puts("Tom"));　　D. !strcmp("",s);

【答案】C

【解析】本题说明了字符串操作类函数的返回指针特性。一些典型的字符串操作函数返回值是字符指针，如strcpy (s1,s2) 和strcat (s1,s2)，这两个函数都返回s1的值。因此，选项A、选项B正确。选项D的连续两个“”组成空字符串，调用正确。选项C的错误来自函数puts()，该函数的返回值是整数而不是字符串，因此，外层的函数调用使用了错误的实参数类型。

任务8.3 指针在函数中的应用

知识点

函数与指针之间有着密切的关系，它包含三种含义：指针作为函数的参数，函数的返回值为指针以及指向函数的指针。

指针与函数

8.3.1 指针变量作为函数的参数

函数的参数不仅可以是一般数据类型的数据（如整型、浮点型、字符型等数据)，还可以是指针类型的数。它的作用是将一个变量的地址传送到另一个函数中。

【例8-21】编写swap函数，实现两个变量值的交换。

【问题分析】在项目6中我们编写过交换函数swap，但是没能实现互换主函数中两个变量的值。C语言规定，实参对形参变量的数据传递是“值传递”，即单向传递，只由实参传给形参，而不能由形参传回给实参。如果希望将交换后的值带回主函数中，可以利用指针作为函数参数，它将一个变量的地址传递到被调函数中。由于指针指向的单元和变量对应的单元相同，因此可以在被调函数中通过指针运算符“*”实现对主调函数中变量值的修改。

【程序代码】

```
#include<stdio.h>
void swap(int *p1,int *p2)      /*swap 函数用于交换两数的值*/
{
    int t;                      /*定义整型变量*/
    t=*p1;                      /*实现两数交换*/
    *p1=*p2;
    *p2=t;
}

int main()
{
    int i=2,j=3;                /*定义整型变量i和j并初始化*/
    printf("Before Swap:i=%d,j=%d\n",i,j); /*输出调用swap函数前i和j的值*/
    swap(&i,&j);                /*调用swap函数,参数为i和j的地址*/
    printf("After Swap:i=%d,j=%d\n",i,j); /*输出调用swap函数后i和j的值*/
    return 0;
}
```

【程序运行结果】

```
Before Swap: i=2,j=3
After Swap:  i=3,j=2
```

【程序说明】该程序中，swap函数的形参为指向整型的指针，调用swap函数的实参为整型变量的地址。调用swap函数后，指针变量p1中存入变量i的地址，指针变量p2中存入变量j的地址，即指针变量p1指向变量i，指针变量p2指向变量j。

调用swap函数时，首先执行语句“t=*p1;”，将指针p1所指的内容存入临时变量t中；然后执行语句“*p1=*p2;”，将指针p2所指的内容存入指针p1所指的变量中；最后执行语句“*p2=t;”，将临时变量t暂存的数据送入指针p2所指的变量中，从而完成两个变量值的交换操作。swap函数的执行过程和各个变量值的变化可以用如图8-10所示进行描述。

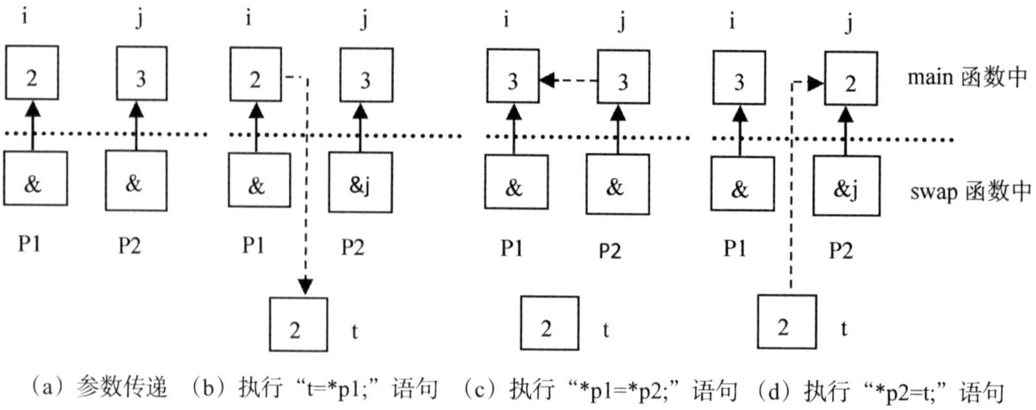

图8-10　swap函数的执行过程和各个变量值的变化

【例8-22】将【例8-21】的程序改写成以下程序，并分析输出结果。

```
#include<stdio.h>
void swap(int *p1,int *p2)
{
       int *t;
       t=p1;
       p1=p2;
       p2=t;
}

int main()
{
       int i=2,j=3;
       printf("Before Swap:i=%d,j=%d\n",i,j);
       swap(&i,&j);
       printf("After Swap:i=%d,j=%d\n",i,j);
       return 0;
}
```

【程序运行结果】

```
Before Swap: i=2,j=3
After Swap: i=2,j=3
```

【程序说明】同样是使用指针作为形参，却没有实现交换变量i和j的值，原因是：在本例中语句"p1=p2;"的含义与【例8-21】中语句"*p1=*p2;"是不同的，它的含义是"将指针变量p2的地址赋给指针变量p1"，即仅实现了指针变量的相互赋值。swap函数的执行过程和各个变量值的变化可用如图8-11所示进行描述。

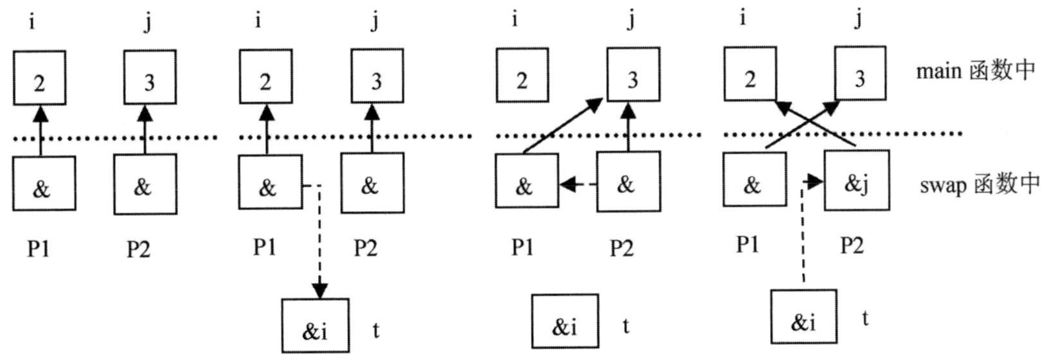

(a) 参数传递 (b) 执行"t=p1;"语句 (c) 执行"p1=p2;"语句 (d) 执行"p2=t;"语句

图8-11 例【8-21】中swap函数的执行过程和各个变量值的变化

【提示】

虽然C语言的函数参数都是值传递，但是可以通过地址间接地把被调函数的某些数值传送回主调函数。在使用指针参数时需注意：形参与实参共用同一存储单元，若要从被调函数中获得返回多个值，可采用多个指针变量作为函数参数，并通过修改这些指针所指向的变量的值来实现。

前面介绍了如何定义和使用指向数组的指针变量，这里进一步介绍了如何将指向数组的指针变量用作函数参数的方法。

【例8-23】编写程序：实现输入一个字符串，调用自定义函数length()计算字符串的长度并输出。

【问题分析】定义函数length()，用于计算字符串的长度，在主函数中调用此函数，其中函数的形参与实参可通过字符指针变量来传递。

【程序代码】

```
#include<stdio.h>
int length(char *s)      /*s为指向字符串的指针*/
{
       int len=0;          /*定义变量 len用于存储字符串的长度*/
       while(*s!='\0')     /*当"*s!= '\0'"成立时循环，计算字符串长度*/
           {    len++;
                s++;
           }
      return len;         /*返回 len的值*/
}
int main()
{
     char a[30],*string=a; /*定义字符数组a，定义指针变量string指向 a*/
     printf("Please input a string:");
```

```
    gets(string);              /*输入字符串*/
    printf("String=%s,length=%d\n",string,length(string));
                               /*输出字符串及字符串长度*/
    return 0;
}
```

【程序运行结果】

```
Please input a string: I love C!
String=I love C!, length=9
```

【程序说明】main函数中的string是字符指针变量，指向字符数组a的首地址。length函数的形参s是字符指针变量，在调用length函数时，将数组a的首地址传给s，即s指向字符串的第一个字符a[0]。在while循环中，先检查s当前所指向的字符是否为‘\0’，如果不是就让长度加1，s指向下一个元素，如此循环，直到s指向字符‘\0’为止，返回的len的值即为字符串长度。

8.3.2 指针作为函数的返回值

一个函数既可以返回一个基本类型的值，也可以返回一个指针类型的数据，即地址。当将地址作为函数返回值时，该函数被称为指针函数。其定义形式为

```
数据类型  *函数名(形参表)
{ 函数体;
}
```

其中，函数名前面的“*”表示该函数为指针型函数，即返回值类型为指针；数据类型表明指针指向的类型，因此，函数的返回值是一个指向该数据类型的指针。

【例8-24】使用指针函数求两个变量的最大值。

【问题分析】使用指针函数实现求两个变量的最大值，返回指向较大值的指针变量，输出该指针变量所指向的变量的值。

【程序代码】

```
#include<stdio.h>
int  *max(int *x, int *y)  /*函数 max的返回值为指向整型的指针*/
{
    int *p;
    p=*x>*y?x:y;            /*p为指向最大值的指针*/
    return (p);             /*返回指针 p*/
}

int main()
{
```

```
    int a,b,*pmax;              /*指针 pmax 指向最大值变量*/
    printf ("please input a and b:");
    scanf ("%d,%d",&a,&b);
    pmax=max(&a,&b);            /*调用 max 时实参为变量a和b的地址*/
    printf("max=%d\n",*pmax); /*输出较大值*/
    return 0;
}
```

【程序运行结果】

```
please input a and b: 5,8
max=8
```

8.3.3 函数的指针

如果程序中定义了一个函数，在编译时，编译系统会为该函数分配一段存储空间，这段存储空间的起始地址又称为入口地址。当调用该函数时，系统会从这个入口地址开始执行该函数。存放函数入口地址的指针就是一个指向函数的指针，简称函数的指针，其定义方式为

```
类型标识符  (*指针变量名)(函数参数表列);
```

例如：

“int (*p)(int);”，这里的类型标识符为函数返回值的类型。

【提示】

在C语言中，括号的优先级比*高，因此，“*指针变量名”外部必须用括号，否则指针变量名首先与后面的括号结合，就会形成前面介绍的“指针函数”。例如：

```
int (*pf)(); /*定义一个指向函数的指针，该函数的返回值为整型数据*/
int *f();     /*定义一个返回值为指针的函数，该指针指向一个整型数据*/
```

和变量的指针一样，函数的指针也必须赋初值，才能指向具体的函数。由于函数名代表了该函数的入口地址，因此，可以直接用函数名为函数指针赋值，即：

```
函数指针名=函数名;
```

例如：

```
double fun(int a);        /*函数说明*/
double (*p)(int);         /*函数指针说明*/
p=fun;                    /*p指向 fun函数*/
```

函数型指针经定义和初始化之后，在程序中可以引用该指针，目的是调用被指针所指的函数。用函数指针变量调用函数时，只需将“(*p)”代替函数名即可（p为指针变量名），在“(*p)”之后的括号中可根据需要写上实参。

例如：

```
b=(*p)(a);      /* 调用由p指向的函数，实参为a，得到的函数值赋给b*/
```

【说明】

定义指向函数的指针变量，并不意味着这个指针变量可以指向任何函数，它只能指向在定义时指定的类型的函数。如"int (*p)(int);"表示指针变量p只能指向返回值为整型且有一个整型参数的函数。

在一个程序中，一个指针变量可以先后指向同类型的不同函数。

另外，对指向函数的指针变量不能进行算术运算，如p+n、p++、p--等运算是无意义的。

【例8-25】用函数的指针实现从两个数中输出较大者。

【问题分析】定义一个函数max，用于求较大数，在主函数中定义指向函数的指针变量，使其指向max函数，最后用函数指针变量调用函数。

【程序代码】

```
#include<stdio.h>
int main()
{
      int max(int,int);          /*函数声明*/
      int (*pf)(int,int);        /*函数指针定义*/
      int a,b,c;
      pf=max;                    /*将函数的入口地址赋给指针*/
      printf("please input a and b:");
      scanf("%d,%d",&a,&b);
      c=(*pf)(a,b);      /*用指针调用函数，实参为a和b，得到的结果赋给c*/
      printf("a=%d,b=%d,max=%d\n", a, b, c);
      return 0;
}
int max(int x,int y)    /*求较大值函数 max*/
{
      return (x>y)?x:y; /*返回较大值*/
}
```

【程序运行结果】

```
please input a and b: 5,7
a=5,b=7,max=7
```

【程序说明】语句"c=(*pf)(a,b);"等价于"c=max(a,b);"，因此，当一个指针指向一个函数时，通过访问该指针，就可以调用它所指向的函数。

考点

【例8-26】至【例8-32】是计算机二级考试C语言真题精选。

【例8-26】有以下程序：

```
void fun(char *c, int d)
```

```
{    *c=*c+1;
       d+=1;
       printf("%c, %c," , *c,d);
}
main()
{ char a='A', b='a';
     fun(&b,a);
     printf("%c, %c\n",a,b);
}
```

则程序运行后的运行结果是（　　）。

A. B, a, B, a　　B. a, B, a, B　　C. A, b, A, b　　D. b, B, A, b

【答案】D

【解析】本题考查函数之间地址值的传递。当形参为指针变量时，实参和形参之间的数据传递是地址传递，可以在被调用函数中直接改变调用函数中变量的值。所以主函数中的b在代入fun()函数后将发生变化，而a不变。因此在调用子函数时输出"b,B"，返回到主函数中输出的仍是A和已变化的b，所以正确答案是选项D。

【例8-27】以下程序的运行结果是（　　）。

```
#include<stdio.h>
void fun(float *a, float *b)
{ float w;
  *a=*a+*a;
  w=*a;
  *a=*b;
  *b=w;
}
void main()
{   float x=2.0, y=3.0;
    float *px=&x, *py=&y;
    fun (px,py);
    printf ("%2.0f, %2.0f\n", x, y);
}
```

A. 4, 3　　B. 2, 3　　C. 3, 4　　D. 3, 2

【答案】C

【解析】主函数中定义了两个float变量x和y，以及基类型为float的指针变量px和py，并且把x和y的地址分别赋给了px和py。主函数中调用fun()函数时，把px和py作为实参，也就是把变量x和y的地址传送给形参。函数fun()为void类型，因此函数没有函数值返回。函数的形参a和b是两个基本类型为float的指针变量。因此，在a和b中接受的是主函数中x和y的地址。在fun()函数体中，*a和*b将分别引用主函数中x和y的存储单元。fun()函数中，语句*a=*a+*a;的含义是两次取a所指对象（主函数的x）中的值相加，其和为4.0，赋给a所指对象（主函数的x）中，因此主函数的x中被重新赋值，x中的值变成4.0。fun()函数中后面的三条语句是交换两个变量值的典型算法：首先把a所指存储单元（主函数的x）中的值放在临时变量w中，然后把b所指存储单元（主函数的y）中的值放在a所指存储单元（主函数的x）中，最后把w中的值放入b所指存储单元（主函数的y）中。从而通过fun()函数，对主函数的x和y中的值进行交换。交换之前x中的值是4.0，y中的值是3.0；经过交换，x中的值已变成3.0，y中的值为4.0。主函数的输出语句中使用了“%2.0f”的格式说明，表明输出数据占两个字符位置，且“.0”规定输出时不含小数点和小数位，所以输出结果应是3,4。

【总结】本题给出了通过函数对两数进行交换的算法。注意：实参和形参之间仍遵循“按值传送”的规则，交换是通过指针间接进行的。

【例8-28】以下程序的运行结果是（　　）。

```
#include<stdio.h>
void sub(int x,int y,int *z)
{ *z=y-x;
}
main()
{ int a,b,c;
sub(10,5,&a);
sub(7,a,&b);
sub(a,b,&c);
printf("%d,%d,%d\n",a,b,c);
}
```

A. 5, 2, 3　　B. -5, -12, -7　　C. -5, -12, -17　　D. 5, -2, -7

【答案】B

【解析】sub()函数为void类型，因此无函数返回值。函数的形参中，z是一个基类型为int的指针变量，因此它只能从实参接受一个int变量的地址。在sub()函数体中，语句*z=y-x；把形参y与x的差值放入形参z所指的存储单元中。在主函数中，三次调用sub()函数。第一次调用时，把10和5分别传送给形参x和y，把主函数中变量a（int类型）的地址传送给了形参z，所以形参z就指向了主函数中的变量a。在sub()函数中，语句*z=y-x；把-5放入z所指的存储单元中，如上所述，形参z已指向主函数中的变量a，因此这时主函数中 的变量a中就已被赋予-5。接着返回主函数。第二次调用时，把7传送给了形参x，把a中的值（-5）传送给了形参y，主函数中变量b（int类型）的地址传送给了对应形参中的指针变量z，所以形参z就指向了主函数中的变量b。执行sub()函数中的语句*z=y-x；把-12赋给主函数中的变量b，然后返回主函数。第三次调用时，把a中的值（-5）传送给了形参x，把b中的值（-12）传送给了形参y，而形参指针变量z指向了主函数中的变量c。sub()函数中，*z=y-x; 把-12-(-5)的值放入z所指的变量中，因此，c中就放入了-7。返回主函数后，输出a，b，c的值，因此输出的结果是-5，-12，-7。

【例8-29】以下程序的输出结果是（　　）。

```
#include<stdio.h>
sub(int *a,int n,int k)
{ if(k<=n)
    sub(a,n/2,2*k);
    *a+=k;
}
main()
{ int x=0;
    sub (&x,8,1);
    printf ("%d\n",x);
}
```

A. 1　　　　B. 8　　　　C. 7　　　　D. 4

【答案】C

【解析】在main()函数中调用函数sub(&x,8,1)时，实参&x是将x的地址传给形参指针a，使指针指向变量x，在sub()函数中对指针a的操作将影响x。形参n的值为8，k的值为1。由于k<=n，递归调用sub(a,4,2)，此时n的值为4，k的值为2；仍满足k< =n，再次递归调用sub(a,2,4)，此时n的值为2，k的值为4，不满足k<=n，执行"*a+=k;"使*a的值为4，返回第一次递归调用，再执行"*a+=k;"使*a的值为6，返回最初调用，最后执行"*a+=k;"使*a的值为7，因此变量x的值为7。

【例8-30】下列给定程序中，函数fun()的功能是：将形参n所指变量中，各位上为偶数的数去掉，剩余的数按原来从高位到低位的顺序组成一个新数，并通过形参指针n传回所指变量。

例如：若输入一个数6580347，则新数为537。

在标号处填入正确的内容，使程序得出正确的结果。

【注意】部分源程序给出如下。不得增行或删行，也不得更改程序的结构。

【程序代码】

```
#include<stdio.h>
void fun (unsigned long *n)
{ unsigned long x=0, i; int t; i=1;
    while(*n)
     { t=*n%【1】;
       if (t%2!=【2】)
```

```
        { x=x+t*i; i=i*10; }
      *n =*n/10;
      }
     *n=【3】;
}
void main()
{ unsigned long n=-1;
   while (n>99999999||n<0)
   {    printf( "Please input (0<n<100000000):");
        scanf("%lu", &n);
   }
  fun(&n);
  printf ( "\nThe result is:%lu\n", n);
}
```

【答案】【1】10【2】0【3】x

【解析】本题考查：①求余运算；②if语句条件表达式，指针变量作为函数参数。

标号【1】：通过t对10求余，取出该数值的各位。

标号【2】：通过if条件语句实现奇偶数的判定。如果条件表达式对2求余为0即是偶数，反之是奇数。

标号【3】：最后将处理后的数赋给n指向的元素。

【例8-31】下述程序在数组中同时查找最大元素下标和最小元素下标，分别存放在main()函数的变量max和min中，请填空。

【程序代码】

```
#include<stdio.h>
void find (int *a,int n,int *max,int *min)
{ int i;
   *max=*min=0;
   for (i=1;i<n;i++)
   if (a[i]>a[*max])
          【1】_________;
   else
     if (a[i]<a[*min])
          【2】_________;
}

main()
{ int a[]={5,8,7,6,2,7,3};
```

```
    int max, min;
    find(【3】__________);
    printf("\n%d,%d", max, min);
}
```

【答案】

【1】 `*max=i`

【2】 `*min=i`

【3】 `a,7,&max,&min`或`&a[0],7,&max,&min`

【解析】初始时，函数find()中的指针变量max和min所指向的单元都存放下标0，表示a[0]是临时的最大值和最小值所在的位置。需要更新时，*max=i, *min=i，因为此时只有*max和*min才代表当前找到的最大值和最小值对应的下标变量。函数调用时，传递的是数组实际地址、数组长度以及用于存放最大、最小下标值的变量的地址。

【说明】这类典型的简单算法经常出现在考试题目中。为此，应该熟悉一些离散数据处理的算法，如排序、查找等。这些程序一般不能脱离循环结构，经常在函数之间传递数组或指针的地址。

【例8-32】以下程序的运行结果是（　　）。

```
int fa(int x)
{ return x*x;
}
int fb (int x)
{ return x*x*x;
}
int f(int (*f1)(),int (*f2)(), int x)
{
    return f2(x)-f1(x);
}
main()
{ int i;
    i=f(fa,fb,2);
    printf ("%d\n",i);
}
```

A. -4　　B. 1　　C. 4　　D. 8

【答案】C

【解析】本题考查函数之间的参数传递方式。只要注意在被调用函数中形参是指针类型还是基本数据类型即可正确判断结果。

任务8.4 指针数组和指向指针的应用

知识点

8.4.1 指针数组

如果一个数组中的每个元素均为指针类型，即由多个指针变量构成的数组，称为指针数组。定义一维指针数组的一般形式为

```
类型标识符 *数组名[常量表达式];
```

例如：

```
int *p[5];
```

表示定义一个由5个整型指针变量构成的一维指针数组，即p是包含5个元素的指针数组，其中的每个元素（如下标的p[0]、p[1]、p[2]、p[3]和p[4]）都是一个可以指向整型的指针变量。

【提示】

数组指针和指针数组这两个词语很容易混淆。数组指针是一个指针，其指向的数据类型由一个数组构成（将数组作为一个数据类型看待），如“int(*p)[5];”；而指针数组的本质是一个数组，数组中的每个元素用来保存一个指针变量，如“int *p[5];”。

指针数组比较适合用来指向若干个字符串，使字符串处理起来更加方便灵活。

【例8-33】编写程序：实现键入一个整数，当该数在1～12时，输出对应月份的英文，否则显示错误信息。

【问题分析】按一般方法，月份可以用字符串表示，字符串本身就是一个字符数组。因此，要设计一个二维的字符数组才能存放多个字符串。但在定义二维数组时，需要指定列数。也就是说，二维数组中每一行中包含的元素个数（即列数）相等。其定义方法为

```
char  month[12][10]={"January","February","March","April","May","June",
"July","August","September","October","November","December"};
```

实际上各字符串（月份）长度不相等，如按最长的字符串来定义列数，会浪费很多内存单元，如图8-12所示。

J	a	n	u	a	r	y	\0		
F	e	b	r	u	a	r	y	\0	
M	a	r	c	h	\0				
A	p	r	i	l	\0				
M	a	y	\0						
J	u	n	e	\0					
J	u	l	y	\0					
A	u	g	u	s	t	\0			
S	e	p	t	e	m	b	e	r	\0
O	c	t	o	b	e	r	\0		
N	o	v	e	m	b	e	r	\0	
D	e	c	e	m	b	e	r	\0	

图8-12　二维数组month存储结构

这时可以用指针数组来表示一组字符串，指针数组的每个元素都被赋予一个字符串的首地址。指向字符串的指针数组的初始化更为简单，例如：

```
char *month[12]={"January","February","March","April","May","June","Ju-
ly", "August","September","October","November","December"};
```

这时12个字符串不需要保存在一片连续的内存中，只需将各字符串分别保存在内存中，然后将首字符地址保存到指针数组中即可，如图8-13所示。

month[0]	→	J	a	n	u	a	r	y	\0		
month[1]	→	F	e	b	r	u	a	r	y	\0	
month[2]	→	M	a	r	c	h	\0				
month[3]	→	A	p	r	i	l	\0				
month[4]	→	M	a	y	\0						
month[5]	→	J	u	n	e	\0					
month[6]	→	J	u	l	y	\0					
month[7]	→	A	u	g	u	s	t	\0			
month[8]	→	S	e	p	t	e	m	b	e	r	\0
month[9]	→	O	c	t	o	b	e	r	\0		
month[10]	→	N	o	v	e	m	b	e	r	\0	
month[11]	→	D	e	c	e	m	b	e	r	\0	

图8-13　指针数组month存储结构

【程序代码】

```
#include<stdio.h>
int main()
{
    int num; /*定义 num 变量用于输入月份*/
    char *month[12]={"January","February","March","April","May",
    "June","July","August","September","October","November","December"};
    /*定义指针数组*/
    printf("Enter month:");
    scanf("%d",&num);                    /*输入月份*/
    if(num>=1&&num<=12)                  /*判断输入的月份是否在1～12*/
        printf("%s\n",month[num-1]);     /*如果是在1～12,输出相应的月份*/
    else
        printf("Input error!\n");        /*如果不是,则输出错误信息*/
    return 0;
}
```

【程序运行结果】

```
Enter month: 5
May
Enter month: 12
December
Enter month: 15
Input error!
…
```

8.4.2 指向指针的指针

一个指针可以指向任何一种数据类型，包括指向一个指针。如果一个指针变量中存放的是“另一个指针变量的地址”，则称这个指针变量为“指向指针的指针”（二级指针），其定义形式为

```
类型标识符  **指针变量名;
```

在指针变量名前使用了两个星号(*)，右边的星号表示该变量是指针类型的变量，左边的星号表示该变量所指的对象也是指针变量。这里的“指针变量名”被称为二级指针变量，它将指向一个一级指针变量。“类型说明符”指的是一级指针变量所指向的数据的类型。

二级指针变量也用来保存一个地址，通常使用取地址运算符将一级指针变量的地址保存到该变量中。例如：

```
int x=20;      /*定义并初始化整型变量x*/
int *p=&x;     /*定义指针变量p，使其指向变量x*/
```

```
int **q=&p;    /*定义指向指针的指针变量q，使其指向指针p*/
```

使用*q进行间接访问等价于直接使用p，再次对*q进行间接访问，则有：

**q=*(*q)=*p=x。

由此看来，对于变量x，可以通过变量名直接访问它，也可以通过它的指针进行一次间接访问（即一级间接访问），还可以通过指向指针的指针对其进行多级间接访问。变量x、指针变量p和二级指针变量q的关系如图8-14所示。

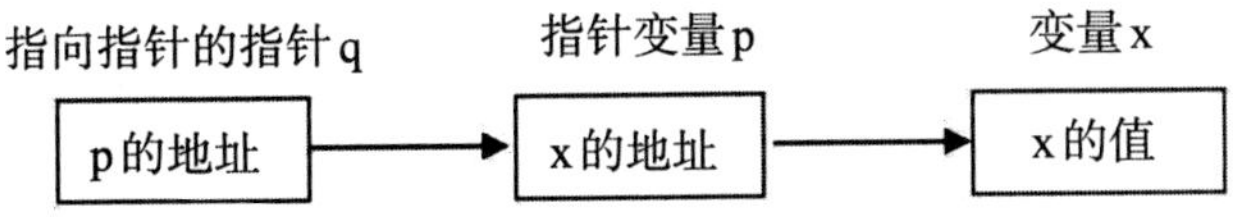

图8-14　变量q、p和x之间的关系

【例8-34】在【例8-33】中使用指向指针的指针变量。

【问题分析】【例8-33】中定义了一个指针数组month，其每个元素分别指向字符串。定义一个指向指针的指针变量p，根据输入的num的值使其指向month数组中的相应元素，输出该元素所指向的字符串。

【程序代码】

```
#include<stdio.h>
int main()
{
    int num; /*定义num 变量用于输入月份*/
    char *month[12]={"January","February","March","April","May","June","
    July","August",  "September","October","November","December"};   /*
    定义指针数组*/
    char **p;              /*定义指向指针的指针变量p*/
    printf("Enter month:");
    scanf("%d",&num);      /*输入月份*/
    if(num>=1&&num<=12)    /*判断输入的月份是否在1～12*/
      {
        p=&month[num-1];  /*使p指向month数组中的元素的地址*/
        printf("%s\n",*p);          /*输出p所指向的字符串*/
      }
     else
     printf("Input error!\n");  /*如果不是则输出错误信息*/
    return 0;
}
```

【程序运行结果】

```
Enter month: 5
May
```

```
Enter month: 12
December
Enter month: 15
Input error!
…
```

任务8.5 常见错误分析

知识点

8.5.1 对指针变量赋予非指针值

常见指针使用错误分析

由于指针变量是指针类型，因此，所赋的值应是一个地址值。不能对指针变量赋予非指针类型的值。例如：

```
#include<stdio.h>
int main()
{
    int i=10,*p;
    p=i;          *对指针变量赋予非指针值*/
    printf("%d",*p);
    return 0;
}
```

【错误分析】该程序虽然编译和连接都能够通过，但是给出了一个警告信息，提示给指针变量赋值时用了整型数值。

这是因为i是整型变量，而p是指向整型的指针变量，它们的类型并不相同，p所要求的是一个指针值，即一个变量的地址，因此应改写为 'p=&i;'。

8.5.2 使用指针前没有让指针指向确定的存储区

如果定义了字符指针变量，应及时把一个字符变量（或字符数组元素）的地址赋给它，使它指向一个字符型数据。如果未对它赋予一个地址值，它并未具体指向一个确定的对象。此时如果向该指针变量所指向的对象输入数据，可能会出现严重的后果。例如：

```
#include<stdio.h>
int main()
{
    char *str;
    scanf("%s",str);  /*企图从键盘输入一个字符串,使str指向该字符串*/
    printf("%s", str);
    return 0;
```

```
}
```

【错误分析】该程序在编译时会给出警告信息，提醒未给指针变量指定初值（即未指定其指向）。虽然有时也能勉强运行，但运行时通常会出现错误信息并导致程序异常终止。

【改正】在定义指针变量后，及时确定其指向。例如，上述的程序可改写为以下形式：

```
#include<stdio.h>
int main()
{
    char c[80],*str;
    str=c;
    scanf("%s",str);
    printf("%s",str);
    return 0;
}
```

先使str有确定的值，即让它指向一个数组的首元素，然后输入一个字符串，把它存放在以该地址开始的若干单元中。

8.5.3 混淆数组名与指针变量的区别

指针变量可以实现本身值的改变，如p++是合法的。初学者容易混淆数组名与指针变量的区别。例如：

```
#include<stdio.h>
int main()
{
     int a[5],i;
     for(i=0;i<5;i++)
          scanf("%d",a++); /*混淆数组名与指针变量的区别*/
     return 0;
}
```

【错误分析】该程序企图通过改变a的值使指针下移，但a是数组名，代表数组的首地址，该值是常量，不能改变。因此，使用a++是错误的，应当用索引或指针变量来指向各数组元素。即：

```
#include<stdio.h>
int main()
{
    int a[5],i,*p;
    p=a;
    for(i=0;i<5;i++)
      scanf("%d",p++);
```

```
    return 0;
}
```

8.5.4 不同数据类型的指针混用

指针之间赋值时需要注意其数据类型是否相同。例如：

```
#include<stdio.h>
int main()
{
    int a=5,*p;
    float b=3.5, q;
    p=&a;
    q=&b;
    q=p;     /*不同数据类型的指针混用*/
    printf("%d,%d\n",*p,*q);
    return 0;
}
```

【错误分析】原程序中试图让q指向整型变量，但q是指向 float 型变量的指针，不能指向整型变量，因此，编译时给出警告信息，提醒float型的指针赋值给int型的指针，虽然也能勉强运行，但运行结果显然不对。

项目小结

本项目主要围绕指针的相关概念及其应用展开，完成相关任务。读者应重点掌握以下内容：

① 理解变量与指针的区别，重点掌握指针变量的相关概念及用法。

② 掌握指针在一维数组、二维数组和字符串中的应用。

③ 掌握指针在函数中的应用，包括指针变量作函数参数、返回指针值的函数以及函数的指针等相关内容。

④ 了解指针数组和指向指针的指针变量的应用。

⑤ 掌握指针在程序设计中的应用。

指针是C语言中的重要部分，也是C语言中最灵活但最不易掌握的部分，因此，请务必在本项目的学习过程中多思考、多比较、多上机实践，在实践中掌握它。

拓展阅读

中国传统文化："修身齐家治国平天下。"——强调对细节的关注和管理。

故事：高性能计算系统的资源管理

我国计算机专家们在开发高性能计算系统时，必须精确管理内存资源，避免内存泄漏和程序崩溃。他们通过对指针的精确操作，确保了系统的高效运行。例如，在气象模拟系统中，科学家们通过指针管理海量数据，确保了气候预测的准确性和及时性。

① 资源管理：通过指针精确管理内存资源，避免内存泄漏和程序崩溃。在编程中，我们要学会资源管理，确保程序的稳定性和高效性。

② 责任意识：对资源的精确管理体现了对任务的责任意识。在编程中，我们要有强烈的责任意识，确保每一段代码的正确性和可靠性。

③ 创新精神：通过技术创新解决实际问题，体现了科技的创新价值。编程中的指针可以用来实现各种创新的应用。

课后习题

一、选择题

1. 若有语句"int *point,a=4;"和"point=&a;"，则下列选项中均代表地址的是（　　）。

A. a、point、*&a　　B. &*a、&a、*point

C. *&point、*point、&a　　D. &a、&*point、point

2. 已知"int a,*b,&b=&a;"，则下列选项中运算错误的是（　　）。

A. *&a　　B. &*a　　C. *&b　　D. &*b

3. 已知"int *p,n;"，则下列选项中通过语句scanf能够正确读入数据n的程序段是（　　）。

A. p=&n;scanf("%d",&p);　　B. p=&n;scanf（"%d",*p）;

C. scanf（"%d",n）;　　D. p=&n;scanf（"%d",p）;

4. 若有定义"int x,*pb;"，则下列选项中表达式正确的是（　　）。

A. pb=&x　　B. pb=x　　C. *pb=&x　　D. *pb=*x

5. 已知指针p指向图8-15所示的a[1]，则表达式*++p的值是（　　）。

A. 20　　B. 30　　C. 21　　D. 31

6. 已知指针p指向图8-15所示的a[1]，则表达式++*p的值是（　　）。

A. 20　　B. 30　　C. 21　　D. 31

a[0]	a[1]	a[2]	a[3]	a[4]
10	20	30	40	50

图8-15　习题6

7. 已知指针p指向图8-15所示的a[1]，则执行语句“*p++;”后，*p的值是（　　）。

A. 20　　B. 30　　C. 21　　D. 31

8. 以下程序的输出结果是（　　）。

```
#include <stdio.h>
void  main()
{printf("%d\n",NULL);}
```

A. 因变量无定义输出不定值　　B. 0　　C. -1　　D. 1

9. 现有如下定义语句：

```
int*p,s[20],i;
p=s;
```

则下列选项中表示数组元素s[i]的表达式不正确的是（　　）。

A. *（s+i）　　B. *（p+i）　　C. *（s=s+i）　　D. *（p=p+i）

10. 已知“char *p,*q;”，则下面语句正确的是（　　）。

A. p*=3; B. p/=q; C. p+=3;　　D. p+=q;

11. 已知“char s[20]="programming",*ps=s;”，则下列选项中不能引用字母o的表达式是（　　）。

A. ps+2　　B. s[2]　　C. ps[2]　　D. ps+=2,*ps

12. 已知“char s[10],*p=s;”，则下列选项中错误的是（　　）。

A. p=s+5;　　B. s=p+s;　　C. s[2]=p[4];　　D. *p=s[0];

13. 若有下面的程序段：

```
char s[]="China"; char *p; p=s;
```

则下列选项中叙述正确的是（　　）。

A. s和p完全相同

B. 数组s中的内容和指针变量p中的内容相等

C. 数组s的长度和指针变量p所指向的字符串长度相等

D. *p与s[0]相等

14. 通过下面的程序段，输出*的个数是（　　）。

```
char *s="\ta\018bc";
for(;*s!='\0';s++)printf("*");
```

A. 9　　B. 5　　C. 6　　D. 7

15. 已定义以下函数：

```
fun(char *p2, char *p1)
```

```
{
    while((*p2=*p1)!='\0'){p1++;p2++;}
}
```

则下列选项中此函数的功能是（　　）。

A. 将p1所指字符串复制到p2所指内存空间

B. 将p1所指字符串的地址赋给指针p2

C. 对p1和p2两个指针所指字符串进行比较

D. 检查p1和p2两个指针所指字符串中是否有'\0'

16. 以下程序的输出结果为（　　）。

```
#include"stdio.h"
int main()
{
    int c[][4]={1,2,3,4,5,6,7,34,213,56,62,3,23,12,34,56};
    printf("%x,%x\n",c[2][2],*(*(c+1)+1));
}
```

A. 3e，6　　B. 62，5　　C. 56，5　　D. 3E，6

二、填空题

17. &在指针部分代表__________算符，*代表__________ 运算符。

18. 已知“int a[]={1,2,3,4},y,*p=&a[1];”，则执行语句“y=(*--p)++;”后，变量y的值为____________ 。

19. 已知“char s1[10], *s2="ab\0cdef";”，则执行语句“strcpy(s1,s2);”后，变量s1的内容为_____________。

20. 设有以下定义和语句，则*(*(p+2)+1)的值为____________ 。

int a[3][2]={10, 20, 30, 40, 50, 60}, (*p)[2];

p=a;

三、程序阅读题

21. 以下程序的输出结果是______________________。

```
#include <stdio.h>
int main()
{
    int k=2,m=4,n=6;
    int *pk=&k,*pm=&m,*p;
    *(p=&n)=*pk*(*pm);
    printf("%d\n",n);
    return 0;
}
```

22. 以下程序的输出结果是________________。

```
#include <stdio.h>
void sub(int x,int y,int *z)
{*z=y-x;}
int main()
{
    int a,b,c;
    sub(10,5,&a);
    sub(7,a,&b);
    sub(a,b,&c);
    printf("%d,%d,%d\n",a,b,c);
    return 0;
}
```

23. 以下程序的输出结果是________________。

```
#include <stdio.h>
void prtv(int *x)
{  printf("%d\n",++*x);}
int main()
{
    int a=25;prtv(&a);
    return 0;
}
```

24. 以下程序的输出结果是________________。

```
#include <stdio.h>
ss(char  *s)
{   char *p=s;
    while(*p)  p++;
    return(p-s);
}
int main()
 {
    char  *a="abded";
    int   i;
    i=ss(a);
    printf("%d\n",i);
    return 0;
 }
```

25. 以下程序的输出结果是________________。

```
int main()
```

```
{
    char   b[]="ABCD";
    char   *chp;
    for(chp=b;*chp; chp+=2)
            printf("%s",chp);
    printf("\n");
    return 0;
}
```

26. 以下程序的输出结果是______________________。

```
void ss(char *s,char t)
{
    while(*s){
        if(*s==t)*s=t-'a'+'A';
        s++;
    }
}
int main()
{
    char str1[100]="abcddfefdbd",c='d';
    ss(str1,c);
    printf("%s\n",str1);
    return 0;
}
```

四、编程题（均要求用指针方法完成）

27. 输入3个整数，将其按从小到大的顺序输出。

28. 输入3个字符串，将其按从小到大的顺序输出。

29. 定义一个函数，求一个字符串的长度。在main函数中输入字符串，并输出其长度。

30. 有一个字符串，定义一个函数，将从该字符串中第m个字符开始的n个字符复制为另外一个字符串。

31. 有一个字符串，包含n个字符。定义一个函数，将从此字符串中第m（m<n）个字符开始的全部字符复制为另一个字符串。

32. 定义一个函数，实现两个字符串的比较，即自定义一个strcmp(s1,s2)函数。如果s1与s2相等，返回值为0；否则，返回二者第一个不同字符的ASCII值的差（如“March”与“May”，第三个字母不同，‘r’与‘y’之差为114-121=-7）。如果s1>s2，则输出正值；如果s1<s2，则输出负值。

项目9
位运算及应用

学习目标

1. 知识目标

- 掌握位运算的定义。
- 掌握位运算逻辑运算符。
- 掌握C语言位运算符的运算与使用。
- 熟练运用位运算的运算规则。

2. 技能目标

- 具备使用位运算解决问题的能力。
- 具备简单程序的编写、运行与测试能力。

3. 素质目标

- 具有独立完成从需求分析到功能验证的能力。
- 具有独立思考的能力和创新意识。
- 具备举一反三、解决复杂问题的能力。
- 培养踏实严谨、一丝不苟、精益求精的工匠精神。

项目导引

在C语言的广阔天地中，位运算以其独特的方式对二进制数据进行直接而高效的处理。本项目将引导读者深入理解位运算的基本原理，掌握按位与（&）、按位或（|）、按位异或（^）、按位取反（～）、左移（<<）和右移（>>）等运算符的精确应用。这些运算符在处理低级数据时的高效性，使得它们在加密算法、数据压缩、网络通信等高级应用中扮演着不可或缺的角色。

位运算的高效性源于其直接作用于数据的二进制形式，无需进行额外的数据类型转换或内存分配，这使得位运算在速度和资源利用上具有无可比拟的优势。本项目将首先介绍位运算的基本概念和原理，然后通过实际编程示例，展示位运算在解决实际问题中的应用，如快速数值判断、状态标志的位级操作等。

在探讨位运算的过程中，我们将特别强调正确使用位运算符的重要性，并提供常见错误和陷阱的分析，以帮助读者避免在编程实践中遇到的问题。此外，本项目还将讨论位运算与其他编程概念的结合，如数组、结构体等数据结构的位级处理，为读者提供一个全面的视角。

任务9.1　位运算的定义与运算符

知识点

从现代计算机中所有的数据以二进制的形式存储在设备中。即0、1两种状态，计算机对二进制数据进行的基本算术运算（+、-、*、/）并不都属于位运算；位运算特指将符号位共同参与的运算直接操作每一位（bit）的一系列运算。在C语言中，位运算符可以对整数类型的操作数的每一位执行特定的逻辑运算。

位运算的定义与逻辑运算符操作

C语言提供了6种位运算符，如表9-1所示。

表9-1　6种位运算符

符号	描述	运算规则
&	与	两个位都为1时,结果才为1
|	或	两个位都为0时,结果才为0
^	异或	两个位相同为0,相异为1
~	取反	0变1,1变0
<<	左移	各二进位全部左移若干位,高位丢弃,低位补0
>>	右移	各二进位全部右移若干位,对无符号数,高位补0,有符号数,各编译器处理方法不一样,有的补符号位(算术右移),有的补0(逻辑右移)

① AND（&）：如果两个相应的位都为1，则结果位为1；否则为0。

② OR（|）：如果两个相应的位至少有一个为1，则结果位为1；否则为0。

③ XOR（^）：如果两个相应的位仅有一个为1，则结果位为1；否则为0。

④ NOT（～）：反转操作数的每一位，0变1，1变0。

⑤ 左移（<<）：将操作数的位向左移动指定的位数，左边的位被丢弃，右边补零。

⑥ 右移（>>）：将操作数的位向右移动指定的位数，右边的位被丢弃，左边补零或补符号位（算术右移）。

学习

9.1.1 按位与运算符&

按位与运算：按位与运算符“&”是双目运算符。其功能是对参与运算的两数各对应的二进位进行“与”操作。只有对应的两个二进位均为1时，结果位才为1，否则为0。

参与运算的数以补码方式出现。

【例9-1】9&5可写算式如下：

```
00001001 （9 的二进制补码）
&00000101 （5 的二进制补码）
00000001 （1 的二进制补码） 可见 9&5=1。
```

按位与运算通常用来对某些位清零或保留某些位。例如把a的高八位清零，保留低八位，可作a&255运算（255的二进制数为00000000 11111111）。

【程序代码】

```
#include <stdio.h>
int main() {
    int a=9,b=5,c;
    c=a&b;
    printf("a=%d\nb=%d\nc=%d\n",a,b,c);
    return 0;
}
```

【程序说明】参与运算的两位同时为1时，结果才为1；否则结果为0。

【思考】按位与运算在实际编程中有哪些用途呢?

① 清零：如果想将一个单元清零，即使其全部二进制位变为0，只要与一个各位都为零的数值相与，结果即为零。

② 取一个数的指定位：比如取数X=1010 1110的低4位，只需要另找一个数Y，令Y的低4位为1，其余位为0，即Y=0000 1111，然后将X与Y进行按位与运算（X&Y=0000 1110）即可得到X的指定位。

③ 判断奇偶：只需根据最末位是0还是1来决定，为0即是偶数，为1即是奇数。因

此可以用if ((a & 1) == 0)代替if (a % 2 == 0)来判断a是否为偶数。

【例9-2】是计算机二级考试C语言真题精选。

【例9-2】设有定义char a，b；若想通过a&b运算保留a的第3位和第6位的值，则b的二进制形式应是（　　）。

A. 00100100　　B. 11011011　　C. 00010010　　D. 01100101

【答案】A

【解析】由“按位与”运算的功能可知：两个对应的二进制数只要有一个为0，“按位与”的结果就为0，只有它们均为1时结果才为1。因此，若想保留a位上的数，就用1去“按位与”，其他用0屏蔽掉。

9.1.2 按位或运算符

按位或运算符“|”是双目运算符。其功能是参与运算的两数各对应的二进位相或。只要对应的两个二进位有一个为1时，结果位就为1。参与运算的两个数均以补码形式出现。

【例9-3】9|5可写算式如下：

00001001 |00000101=00001101（十进制为13）可见9|5=13

【程序代码】

```
#include <stdio.h>
int main()
{
    int a=9,b=5,c;
     c=a|b;
    printf("a=%d\nb=%d\nc=%d\n",a,b,c);
    return 0;
}
```

【程序说明】参加运算的两个对象只要有一个位为1，其结果在该位上即为1。

或运算的用途：常用来对一个数据的某些位设置为1。

比如：将数X=1010 1110的低4位设置为1，只需要另找一个数Y，令Y的低4位为1，其余位为0，即Y=0000 1111，然后将X与Y进行按位或运算（X|Y=1010 1111）即可得到。

9.1.3 按位异或运算

按位异或运算符“^”是双目运算符。其功能是参与运算的两数各对应的二进位相异或，当两对应的二进位不同时，结果为1。参与运算的数仍以补码形式出现。

【例9-4】9^5可写成如下算式：

00001001 ^00000101=00001100（十进制为12）

【程序代码】

```
#include <stdio.h>
int main() {
    int a=9,b=5,c;
    c=a^b;
    printf("a=%d\nb=%d\nc=%d\n",a,b,c);
    return 0;
}
```

（1）异或运算符的具体性质

① 交换律

② 结合律 (a^b)^c == a^(b^c)

③ 对于任何数x，都有 x^x=0，x^0=x

④ 自反性：a^b^b=a^0=a;

（2）异或运算的用途

① 翻转至指定位

比如将数 X=1010 1110 的低4位进行翻转，只需要另找一个数Y，令Y的低4位为1，其余位为0，即Y=0000 1111，然后将X与Y进行异或运算（X^Y=1010 0001）即可得到。

② 与0相异或值不变

例如：1010 1110 ^ 0000 0000 = 1010 1110

【例 9-5】是计算机二级考试C语言真题精选。

【例 9-5】变量a中的数据用二进制表示的形式是01011101，变量b中的数据用二进制表示的形式是11110000，若要a的高4位取反，低4位不变，所要执行的运算是（　　）。

A.a ^ b　　　　B.a | b　　　　C.a & b　　　　D.a <<4

【答案】A

【解析】本题考查位运算。对于任何二进制数，和1进行异或运算会让其取反，而和0进行异或运算不会发生任何变化，故本题答案选A。

9.1.4　求反运算

求反运算符～为单目运算符，具有右结合性。其功能是对参与运算的数的各二进位按位求反。例如，～9 的运算：～（0000000000001001）；结果：1111111111110110。

9.1.5　左移运算

左移运算符“<<”是双目运算符。其功能是把“<< ”左边的运算数的各二进位全部左移若干位，由“<<”右边的数指定移动的位数，高位丢弃，低位补 0。

例如，a<<4 指把 a 的各二进位向左移动 4 位。如 a=00000011（十进制 3），左移 4 位后为 00110000（十进 制 48）。

9.1.6 右移运算

右移运算符“>>”是双目运算符。其功能是把“>> ”左边的运算数的各二进位全部右移若干位，“>>”右边的运算数指定移动的位数。例如：设 a=15， a>>2 表示把000001111 右移为 00000011（十进制 3）。应该说明的是，对于有符号数，在右移时，符号位将随同移动。当为正数时，最高位补 0；而为负数时，符号位为 1，最高位是补 0 或是补 1 取决于编译系统的规定。Turbo C 和很多系统规定为补 1。

【例 9-6】

【程序代码】

```
#include <stdio.h>
int main() {
   unsigned a,b;
   printf("input a number:");
   scanf("%u",&a);
   b=a>>5;
   b=b&15;
   printf("a=%d\tb=%d\n",a,b);
   return 0;
}
```

【例 9-7】

【程序代码】

```
#include <stdio.h>
int main()
{
   char a='a',b='b';
   int p,c,d;
   p=a;
   p=(p<<8)|b;
   d=p&0xff;
   c=(p&0xff00)>>8;
   printf("a=%d\nb=%d\nc=%d\nd=%d\n",a,b,c,d);
   return 0;
}
```

任务9.2 位运算与逻辑运算符

知识点

位运算符与逻辑运算符在功能上有一定的相似性，但它们在C语言中的使用和含义有所不同。

移位运算符操作与位运算的应用

① 逻辑运算符（&&, ||, !）操作的是布尔逻辑，通常用于控制结构中，如条件语句和循环，它们操作的是布尔值（true或false）。

② 位运算符操作的是整数类型的二进制位，并且它们的结果也是整数类型。位运算通常用于底层的硬件操作，如位掩码、标志位的设置和清除等。

【例9-8】

【程序代码】

```
#include <stdio.h>
int main() {
    int a = 60; // 二进制 111100
    int b = 13; // 二进制 001101
    int c = 0;
    // 逻辑运算
    c = (a > 10) && (b < 100); // true && true = true
    printf("Logical AND:%s\n", c ? "true" :"false");
    // 位运算
    c = a & b; // 111100 & 001101 = 001000 (8)
    printf("Bitwise AND:%d\n", c);
    return 0;
}
```

任务9.3 位运算的应用

知识点

（1）标志位

使用位运算设置、清除或检查标志的状态，常用于状态寄存器或标志变量。

（2）位掩码

通过AND和OR运算符实现对特定位的修改，而不影响其他位。

（3）数据压缩

利用位运算可以实现简单的数据压缩算法，通过减少表示数据所需的位数来节省空间。

（4）内存操作

位运算可以用于对内存进行位级别的操作，这在底层系统编程中非常重要。

（5）性能优化

位运算通常比乘除运算更快，因此在对性能要求高的场合，使用位运算可以提高程序的执行速度。

【例 9-9】位掩码和标志位。

【程序代码】

```
#include <stdio.h>
#define FLAG_READ  0x01
#define FLAG_WRITE 0x02
#define FLAG_EXEC  0x04
int main()
{
    unsigned int permissions = 0;
    // 设置权限
    permissions |= FLAG_READ | FLAG_WRITE;
    // 检查权限
    if (permissions & FLAG_EXEC) {
        printf("Execution permission is set.\n");
    } else {
        printf("Execution permission is not set.\n");
    }
    // 清除写权限
    permissions &= ~FLAG_WRITE;
    printf("Permissions: READ %s, WRITE %s, EXEC %s\n",
           permissions & FLAG_READ ? "ON" : "OFF",
           permissions & FLAG_WRITE ? "ON" : "OFF",
           permissions & FLAG_EXEC ? "ON" : "OFF");
    return 0;
}
```

【程序说明】

在实际编程中，位运算经常用于底层硬件操作和性能优化。然而，滥用位运算会使代码难以理解和维护，因此应当在适当的场合谨慎使用。

项目小结

本项目介绍了C语言中的位运算，包括位运算的定义、位运算符与逻辑运算符的区别以及位运算的应用场景。位运算是直接对整数的二进制位进行操作，包括AND(&)、OR(|)、XOR(^)、NOT(~)、左移(<<)和右移(>>)等操作。位运算与逻辑运算符在功能上相似，但位运算符操作的是整数类型的二进制位，而逻辑运算符操作的是布尔逻辑值。位运算在编程中有许多实际应用，如设置和检查标志位、位掩码、数据压缩、内存操作和性能优化等。

拓展阅读

中国传统文化："慎终如始，则无败事。"——强调始终如一的严谨态度。

故事：航天工程中的运算符

20世纪90年代，中国航天工程进入快速发展阶段。在航天飞行器的设计和控制中，运算符的应用至关重要。例如，在计算飞行器的轨道时，需要使用大量的数学运算符来进行复杂的计算。中国航天工程师们在设计神舟号飞船时，面临了巨大的挑战。他们需要精确计算飞船的轨道参数，以确保飞船能够安全返回地球。在这些计算中，运算符的使用必须非常精确，任何小的误差都可能导致严重的后果。例如，在计算飞船的再入角度时，需要使用三角函数运算符来进行精确计算。通过这些运算符的应用，工程师们成功地确保了飞船的安全返回。

① 严谨态度：航天工程中的运算符使用必须非常严谨，任何小的误差都可能导致严重的后果。这种严谨态度，正是我们在学习C语言运算符时需要培养的。

② 创新精神：航天工程师们在面对复杂的计算时，勇于创新，敢于尝试新的方法。这种创新精神，正是我们在学习C语言运算符时需要发扬的。

③ 责任意识：航天工程中的每一个运算符都关系到任务的成功与否。这种责任意识，正是我们在学习C语言运算符时需要培养的。

课后习题

一、选择题

1. 下列选项中，不是C语言的位运算符的是（　　）。

A. AND（&）　　B. OR（|）　　C. XOR（^）　　D. MOD（%）

2. 在C语言中，执行位运算 a & b 时，结果为1的条件是（　　）。

A. 两个相应的位都为1　　B. 两个相应的位至少有一个为1

C. 两个相应的位仅有一个为1　　D. 两个相应的位都为0

3. 位运算符 ～ 的作用是（　　）。

A. 将操作数的位向左移动指定的位数　　B. 将操作数的位向右移动指定的位数

C. 反转操作数的每一位，0变1，1变0　　D. 检查操作数的每一位是否都为0

4. 在C语言中，执行位运算 a << 2 的结果是（　　）。

A. 将操作数a的位向右移动2位　　B. 将操作数a的位向左移动2位

C. 将操作数a的位向右移动2位，左边补零　　D. 将操作数a的位向左移动2位，右边补零

5. 下列选项中，位运算在编程中通常应用的场景是（　　）。

A. 字符串处理　　B. 数据压缩　　C. 图形界面设计　　D. 网络编程

二、填空题

6. 位运算符AND的符号是 ________ 。

7. 如果变量 a 的二进制表示为 1101，变量 b 的二进制表示为 1011，那么 a | b 的结果是 ________ 。

8. 执行位运算 a >> 1 时，如果 a 的二进制表示为 1111，那么结果的二进制表示为 ________ 。

9. 位运算符NOT的符号是 ________ ，它的作用是反转操作数的每一位。

10. 位运算在性能优化中的优势在于它通常比 ________ 运算更快。

项目10
文件读写

学习目标

1. 知识目标

- 学习C语言文件概述。
- 掌握C语言文件读写函数。
- 掌握C语言文件读写和字符串格式化函数。
- 掌握C语言文件定位函数。

2. 技能目标

- 具备应用循环结构解决问题的能力。
- 具备简单程序的编写、运行与测试能力。

3. 素质目标

- 具有独立完成从需求分析到功能验证的能力。
- 具有独立思考的能力和创新意识。
- 具备举一反三、解决复杂问题的能力。
- 培养踏实严谨、一丝不苟、精益求精的工匠精神。

项目导引

在本项目中，我们将学习如何在C语言中打开、读取、写入和关闭文件，介绍文件指针的概念以及如何使用标准库中的文件操作函数，例如 fopen、fclose、fread、fwrite、fprintf 和 fscanf 等。这些函数为文件的读写提供了强大而灵活的操作方式。

文件操作不仅是数据存储的手段，更是程序与用户、程序与系统、程序与程序之间通信的桥梁。通过文件读写，不仅可以将程序的输出结果保存到磁盘，供日后分析和使用；也可以读取外部数据，为程序提供必要的输入。

任务10.1 C语言文件概述

知识点

文件操作概述

所谓文件，是指一组相关数据的有序集合。这个数据集有一个名称，即文件名。实际上，在前面我们已经多次使用了文件，例如源程序文件、目标文件、可执行文件以及库文件（头文件）等。文件通常是驻留在外部介质（如磁盘等）上的，在使用时才调入内存中来。从不同的角度可以对文件进行不同的分类。从用户的角度看，文件可分为普通文件和设备文件两种。

普通文件是指驻留在磁盘或其他外部介质上的一个有序数据集，可以是源文件、目标文件、可执行程序，也可以是一组待输入处理的原始数据，或者是一组输出的结果。对于源文件、目标文件、可执行程序文件可以称作程序文件，对输入输出数据可称作数据文件。

设备文件是指与主机相连的各种外部设备，如显示器、打印机、键盘等。在操作系统中，把外部设备也看作是一个文件来进行管理，把它们的输入、输出等同于对磁盘文件的读和写。通常把显示器定义为标准输出文件，一般情况下在屏幕上显示有关信息就是向标准输出文件输出内容。如前面经常使用的 printf，putchar 函数就是用于这类输出。键盘通常被指定为标准的输入文件，从键盘上输入文件就意味着从标准输入文件中输入数据。scanf、getchar 函数就属于这类输入。从文件编码的方式来看，文件可分为 ASCII 码文件和二进制码文件两种。ASCII 文件也称为文本文件，这种文件在磁盘中存放时每个字符对应一个字节，用于存放对应的 ASCII 码。

ASCII 码文件可在屏幕上按字符显示。例如，源程序文件就是 ASCII 文件，用 DOS 命令 TYPE 可显示文件的内容。由于是按字符显示，因此能读懂文件内容。二进制文件是按二进制的编码方式来存放文件的。例如，数字5678 的存储形式为00010110 00101110，只占2个字节。二进制文件虽然也可在屏幕上显示，但其内容无法读懂。C系统在处理这些文件时，并不区分类型，都看成是字符流，按字节进行处理。输入输出字符流的开始和结束只由程序控制而不受物理符号（如回车符）的控制。因此也把这种文件称作“流式文件”。

文件在C语言中被视为一个字节序列，它可以是文本文件或二进制文件。C语言提供了一系列的标准库函数来执行文件操作。

① 文件类型：FILE 是用于文件操作的数据类型。

② 缓冲区：C语言使用缓冲区来提高文件读写的效率。

③ 打开和关闭文件：使用 fopen() 打开文件，fclose() 关闭文件。

④ 文件指针：通过 fopen() 返回的 FILE* 类型指针引用文件。

任务10.2 C语言文件读写

知识点

对文件的读和写是最常用的文件操作。在C语言中提供了多种文件读写的函数：

① 字符读写函数：fgetc 和 fputc 。

② 字符串读写函数：fgets 和 fputs 。

③ 数据块读写函数：fread 和 fwrite 。

④ 格式化读写函数：fscanf 和 fprintf 。

使用以上函数都要求包含头文件 stdio.h。

文件打开，关闭与文件字符读写函数

10.2.1 字符读写函数fgetc和fputs

字符读写函数是以字符（字节）为单位的读写函数。每次可从文件读出或向文件写入一个字符。

读字符函数 fgetc 的功能是从指定的文件中读一个字符。

函数调用的形式为

```
字符变量=fgetc(文件指针);
```

例如：`ch=fgetc(fp);`

其意义是从打开的文件 fp 中读取一个字符并送入 ch 中。

对于 fgetc 函数的使用有以下几点说明。

① 在 fgetc 函数调用中，读取的文件必须是以读或读写方式打开的。

② 读取字符的结果也可以不向字符变量赋值。例如：fgetc(fp); 但是读出的字符不能保存。

③ 在文件内部有一个位置指针，用来指向文件的当前读写字节。在文件打开时，该指针总是指向文件的第一个字节。使用 fgetc 函数后，该位置指针将向后移动一个字节。因此可连续多次使用 fgetc 函数，读取多个字符。应注意文件指针和文件内部 的位置指针不是一回事。文件指针是指向整个文件的，必须在程序中定义说明，只要 不重新赋值，文件指针的值是不变的。文件内部的位置指针用以指示文件内部的当前读写位置，每读写一次，该指针均向后移动，它不需在程序中定义说明，而是由系统自动设置的。

【例 10-1】基础文件读写。

【程序代码】

```
#include <stdio.h>
int main() {
    FILE *file = fopen("example.txt", "w"); // 打开文件用于写入
    if (file == NULL) {
        perror("Error opening file");
        return -1;
    }

    fputs("Hello, World!\n", file); // 写入字符串

    fclose(file); // 关闭文件
    return 0;
}
```

本例程序的功能是从文件中逐个读取字符，在屏幕上显示。程序定义了文件指针 fp，以读文本文件方式打开文件“d：\\jrzh\\example\\example.txt”，并使 fp 指向该文件。如打开文 件出错，给出提示并退出程序。程序第 12 行先读出一个字符，然后进入循环，只要读出的字符不是文件结束标志 EOF（每个文件末有一个结束标志 EOF），就把该字符显示在屏幕上，再读入下一个字符。每读一次，文件内部的位置指针向后移动一个字符，文件结束时，该指针指向 EOF。 执行本程序将显示整个文件。

10.2.2 写字符函数 fputc

fputc 函数的功能是把一个字符写入指定的文件中。函数调用的形式为

```
fputc(字符量,文件指针);
```

其中，待写入的字符量可以是字符常量或变量，例如：fputc('a',fp); 其意义是把字符 a 写入 fp 所指向的文件中。 对于 fputc 函数的使用也要说明几点：

① 被写入的文件可以用写、读写、追加方式打开，用写或读写方式打开一个已存在的文件时将清除原有的文件内容，写入字符从文件首开始。如需保留原有文件内容， 希望写入的字符从文件末开始存放，必须以追加方式打开文件。被写入的文件若不 存在，则

创建该文件。

② 每写入一个字符，文件内部位置指针向后移动一个字节。

③ fputc 函数有一个返回值。如写入成功则返回写入的字符；否则返回一个 EOF 值。可用 此来判断写入是否成功。

【例 10-2】从键盘输入一行字符，写入一个文件，再把该文件内容读出显示在屏幕上。

【程序代码】

```
#include <stdio.h>
int main()
{
    FILE *fp;
    char ch;
    if((fp=fopen("d:\\jrzh\\example\\string.txt","wt+"))==NULL)
   {
   printf("Cannot open file, strike any key to exit!");
   getchar();
   exit(1);
   }
   printf("Input a string:\n");
   ch=getchar();
   while (ch!='\n')
   {
    fputc(ch,fp);
   ch=getchar();
   }
    rewind(fp);
    ch=fgetc(fp);
   while(ch!=EOF)
   {
   putchar(ch);
   ch=fgetc(fp);
   }
   printf("\n");
   fclose(fp);
    return 0;
}
```

程序中第 6 行以读写文本文件的方式打开名为“string”的文件。程序第 13 行从键盘读入一个字符后进入循环，当读入的字符不为回车符时，将该字符写入文件中，然后继续从键盘读取下一个字符。每输入一个字符，文件内部位置指针向后移动一个字节。写入完毕后，该指针已指向文件末尾。如要把文件从头开始读出，需将指针移向文件头部，程序第 19 行的 rewind 函数用于把 fp 指向的文件内部位置指针移到文件头部。第 20 至 25 行用于读出文件中的一行内容。

任务 10.3　字符串读写与格式化函数

知识点

① fputs()：写入字符串，直到遇到空字符（但不包括该空字符）。

② fgets()：从文件中读取一行，直到遇到换行符或达到指定的最大长度为止。

③ fprintf()：将格式化的数据输出到文件。

④ fscanf()：从文件中进行格式化的数据输入。

文件字符串读写与格式化函数

【例 10-3】格式化文件读写。

【程序代码】

```
#include <stdio.h>
int main()
{
    FILE *file = fopen("data.txt", "w");
    if (file == NULL) {
        perror("Error opening file");
        return -1;
    }
    // 格式化写入
    fprintf(file, "Name: %s\nAge: %d\n", "John Doe", 30);

    fclose(file);

    // 打开同一个文件进行读取
    file = fopen("data.txt", "r");
    if (file == NULL) {
        perror("Error opening file");
        return -1;
    }
    char name[20];
    int age;
    // 格式化读取
```

```
    if (fscanf(file, "Name: %s\nAge: %d\n", name, &age) == 2) {
        printf("Name: %s, Age: %d\n", name, age);
    }
    fclose(file);
    return 0;
}
```

任务 10.4 文件定位函数

知识点

文件定位函数允许你在文件中移动读写位置：

① ftell()：获取当前文件位置指针的位置。

② fseek()：移动文件位置指针到指定位置。

③ rewind()：将文件位置指针重置到文件开始处。

文件定位函数及小结

【例 10-4】文件定位。

【程序代码】

```
#include <stdio.h>
int main()
{
    FILE *file = fopen("example.txt", "r+"); // 打开文件用于读写
    char buffer[100];
    size_t bytesRead;
    if (file == NULL) {
        perror("Error opening file");
        return -1;
    }
    // 移动文件位置指针到文件末尾
    fseek(file, 0, SEEK_END);
    long endPos = ftell(file); // 获取文件末尾的位置
    // 移动文件位置指针到文件开始处
    rewind(file);
    // 读取文件内容
    bytesRead = fread(buffer, 1, sizeof(buffer), file);
    printf("%.*s", bytesRead, buffer);
    // 回到文件末尾继续写入
    fseek(file, endPos, SEEK_SET);
    fputs("\nAdditional text.", file);
```

```
    fclose(file); // 关闭文件
    return 0;
}
```

【程序说明】

① 始终检查 fopen() 返回的文件指针是否为 NULL，以确保文件成功打开。

② 使用完文件后，必须调用 fclose() 来关闭文件。

③ 在执行文件读写操作时，要检查返回值以确认操作是否成功。

④ 使用 ferror() 可以检查文件操作是否出错。

⑤ 确保在程序中适当地处理文件打开失败、读写错误等情况。

项目小结

在本项目中，我们学习了C语言中文件操作的基本概念和操作。了解了文件在C语言中被视为一个字节序列，并且可以是文本文件或二进制文件。C语言提供了一系列的标准库函数来执行文件操作，包括文件的打开、关闭、读写以及定位等操作。学习了FILE数据类型、缓冲区的使用、文件指针的概念，以及如何使用fopen()、fclose()、fread()、fwrite()、fgetc()、fgets()、fputc()、fputs()、fprintf()和fscanf()等函数进行文件的读写操作。探讨了文件定位函数，如ftell()、fseek()和rewind()，它们允许我们在文件中移动读写位置。强调了在进行文件操作时的一些注意事项，如检查文件指针、关闭文件、检查返回值以及处理错误等。文件操作是C语言中处理数据持久化的重要部分，理解文件的读写机制对于进行系统编程和文件处理任务至关重要。

拓展阅读

中国传统文化：“分类有序，各得其所。”——强调数据的有序组织。

故事：海量数据管理的智慧

我国计算机专家们在处理海量数据时，通过结构体将不同类型的数据组织在一起，形成有机的整体，提高数据管理的效率。例如，在城市交通管理中，通过结构体管理交通流量、车辆信息等数据，实现智能交通调度。

① 数据管理的智慧：结构体可以将不同类型的数据整合在一起，形成一个有机整体，提高数据管理的效率。这既体现了数据管理的智慧，也强调了在编程中合理组织数据的重要性。

② 创新精神：通过结构体实现复杂数据的高效管理，体现了创新精神。在面对复杂问题时，我们需要不断探索新的方法和工具，以提高解决问题的效率。

③ 社会责任感：通过信息技术提高城市管理效率，体现了科技服务社会的价值。编

程不仅是技术，更是服务社会的工具，我们需要有强烈的社会责任感，通过技术为社会做出贡献。

课后习题

一、选择题

1. 下列选项中，C语言中用于文件操作的数据类型是（　　）。

A. int　　B. double　　C. FILE　　D. char

2. 使用fopen()函数打开文件时，返回的指针类型是（　　）。

A. int*　　B. double*　　C. FILE*　　D. char*

3. 下列选项中，用于关闭文件的函数是（　　）。

A. fopen()　　B. fclose()　　C. fread()　　D. fwrite()

4. 如果fopen()函数打开文件失败，则返回的指针是（　　）。

A. -1　　B. NULL　　C. 0　　D. "error"

5. 下列选项中，可以用于格式化输出到文件的函数是（　　）。

A. fprintf()　　B. fscanf()　　C. fputs()　　D. fgets()

二、填空题

6. 在C语言中，用于从文件中读取单个字符的函数是________。

7. 用于从文件中读取一行文本直到遇到换行符或达到最大长度的函数是________。

8. 用于将单个字符或字符串写入文件的函数是________。

9. 用于获取当前文件位置指针的位置的函数是________。

10. 将文件位置指针重置到文件开始处的函数是________。

项目11
认识结构体

学习目标

1. 知识目标

- 理解结构体和结构体变量的定义。
- 掌握结构体的初始化方法。
- 掌握结构体成员的访问方式。
- 掌握结构体数组和结构体指针的使用。

2. 技能目标

- 能够设计简单的结构体类型。
- 能够正确声明和初始化结构体变量。
- 能够熟练访问结构体成员。
- 能够灵活使用结构体数组和结构体指针。

3. 素质目标

- 具有严谨的逻辑思维和编程习惯。
- 具有综合运用知识分析和解决问题的能力。
- 具备举一反三、独立思考的能力和创新意识。

项目导引

在实际开发过程中，常常会遇到需要处理不同类型的数据的情况。例如，学生的信息包括姓名（字符串）、年龄（整数）、性别（字符）等不同类型的数据。如果使用前面学习的数组来处理数据，就需要定义多个数组，每个数组都存储一种类型的数据，这样不仅增加了代码的复杂性，而且在管理数据时也会变得非常麻烦。我们希望将不同类型的数据组织在一起，作为整体进行处理，而且不需要在定义时就确定数据的数量。

为了满足这种需求，C语言引入结构体这一重要的数据结构。结构体是一种用户自定义的数据类型，可以将不同类型的数据组合在一起，形成一个有机整体。本项目将学习如何定义和使用结构体，包括结构体的定义、变量声明、初始化、成员访问，以及结构体在函数中的应用、结构体数组和结构体指针的使用等内容。通过学习结构体，可以更加灵活地处理复杂的数据结构，提高代码的可读性和可维护性。

任务11.1 结构体的定义

知识点

结构体是一种用户自定义的数据类型，可以将不同类型的数据整合在一起，形成一个有机的整体。与只包含相同数据类型元素的数组相反，结构体可以包含不同数据类型的变量。结构体和指针联合使用，可以实现许多复杂的数据结构，如链表、队列、栈和树等。

结构体的定义

11.1.1 结构体类型的定义

结构体属于派生数据类型，它是用其他数据类型的对象来创建的。与先定义后使用变量一样，要在C语言中使用结构体，必须先定义结构体。结构体的定义方式为

```
struct  <结构体名>
{
    类型说明符1   成员1;
    类型说明符2   成员2;
    …
    类型说明符n   成员n;
};
```

其中：

① 定义结构体类型使用关键字“struct”；

② 结构体名在定义结构体时指定的名称，用于标识该结构体类型。结构体名是自定义的类型名称，通过它可以创建该结构体类型的变量。

③ 类型说明符可以是任意数据类型，包括整型、浮点型、字符型，也可以是数组、指针，甚至是结构体。

例如：

```
struct  student
{
    char  name[20];
    int age;
    char *tel;
    float avg;
};
```

struct是定义结构体的关键字，student是定义的结构体的名字。在这个例子中，结构体类型为struct student。在结构体定义的花括号内声明的变量，是结构体的成员。例子中，name、tel、age、avg就是四个成员变量。

定义结构体时应注意以下几点：

① 同一个结构体类型中的成员必须具有不同的名字。

② 每一个结构体定义都必须以分号结束。

③ 结构体和数组不一样，数组中每一个元素的数据类型必须是相同的，但是结构体的成员可以拥有不同的数据类型。

④ 一个结构体中不能够包含它自身类型的实例。如下例，在struct teacher的定义中，不能将一个成员的类型声明为struct teacher。但是，指向struct teacher的指针可以出现在struct teacher的定义中。

```
struct  teacher1
{
    char  name[];
    int age;
    char gender;
    float salary;
    struct teacher1 t1; /* 错误的*/
    struct teacher1 *t2; /* 正确*/
};
```

这个结构体struct teacher1包含了一个自身的实例t1，这是错误的。对于成员t2，由于它是一个指针，因而是允许出现在结构体定义中。这种在结构体定义中出现指向自身结构体类型的指针成员的结构体，称为自用结构体。自引用结构体可以构建链式数据结构。

⑤ 结构体类型的成员又是另外一个结构体类型。

```
struct birth
{
```

```
int  year;
int  month;
int  day;
};
struct  student
{
    char  name[20];
    int age;
struct birth date;
    char *tel;
    float avg;
};
```

这个例子中，student结构体包含了birth结构体。

11.1.2 结构体类型变量的定义和初始化

结构体定义并不占用内存中的任何空间，它只是创建了一种新的可用来定义变量的数据类型。定义结构体变量与定义其他类型的变量完全一样，由结构体类型来定义，常见的方法有以下三种。

① 先定义结构体类型，再定义结构体变量。

```
struct  student
{
    char  name[20];
    int age;
    char *tel;
    float avg;
};
struct student jw_student,xa_student;
```

这个例子中，定义了jw_student和xa_student两个struct student类型的变量。还可以在定义结构体变量的同时给其他成员进行赋值。例如：

```
struct  student
{
    char  name[20];
    int age;
    char *tel;
    float avg;
};
struct student stu_zs={"zhangsan",18,"1369****354",86.4};
```

这个例子中，stu_zs的成员变量avg=86.4。

② 定义结构体类型的同时定义结构体变量。

```
struct  student
{
    char  name[20];
    int age;
    char *tel;
    float avg;
} jw_student,xa_student;
```

③ 不定义结构体名，直接定义结构体变量。

```
struct
{
    char  name[20];
    int age;
    char *tel;
    float avg;
} jw_student,xa_student;
```

如果结构体定义中没有结构体名，那么该结构体类型变量的定义只能与结构体定义同时进行，不能单独进行定义。因此，每次创建一个结构体类型时，尽量都要给出结构体名。结构体名便于编程人员在随后的程序中定义新的结构体变量。

在定义结构体变量时，应注意以下几点。

① 结构体成员名可以和程序中其他变量名相同。

② 结构体定义是不占用内容空间的，但是结构体变量定义会占用一片连续的内存空间，内存空间大小是所有成员变量所占的字节数总和。

③ 在编程时，使用 sizeof 运算符获取结构体的大小，例如 sizeof(student)

11.1.3　结构体变量的初始化

在结构体变量定义语句中的变量名后边，加上一个等号和用一对花括号括起来的初始值列表，来初始化结构体变量。例如：

```
struct  student
{
    char  name[20];
    int age;
    char *tel;
    float avg;
};
struct student stu_zs={"zhangsan",18,"136****354",86.4};
```

创建了一个类型为struct student的结构体变量stu_zs，并将其成员name初始化为“zhangsan”，成员age初始化为18，成员tel初始化为“136****354”，成员avg初始化为86.4。

在初始化结构体变量时，应注意以下几点。

① 如果结构体中初始值的个数少于结构体中成员的个数，则剩余的没有初始值与之对应的成员，将被自动地初始化为0（当成员是指针时，被初始化为NULL）。

struct student s1 = {"张三"}; /*age,tel,avg 未初始化，值未定义*/

② 结构体变量的初始化还可以通过赋值语句来完成。例如，可以将一个结构体变量赋值给另外一个与其类型相同的结构体变量，从而实现对后者的初始化。

```
struct student s1 = {"张三", 20};
struct student s2;
s2 = s1; // 结构体赋值
```

③ 可以对结构体变量中的每一个成员分别进行赋值来实现它的初始化。

④ 访问结构体成员的方法

访问结构体成员的运算符有两种：结构体成员运算符“.”和结构体指针运算符“->”。

结构体成员运算符是“.”，它反映的是成员与结构变量之间的对应关系。虽然写法同小数点，但是完全没有小数点的含义。在C运算符中，它的优先级最高。例如：

```
struct birth
{
   int  year;
   int  month;
   int  day;
};
struct  student
{
        char  name[20];
        int age;
    struct birth date;
        char *tel;
        float avg;
};

student2.name='zhangsan';
```

student结构体中嵌套了另外一个结构体birth，访问成员时，应采取从外到内，逐级访问的方法，直到要访问的成员为止。例如，访问student2的year成员，应采用如下的方法：

```
scanf("%d",&student2.birth.year)
```

结构体变量是一种变量，那么它应该遵守变量的规则，比如同类型的结构体变量之间可以赋值。另一方面，结构体变量也有其特殊性，那就是一个结构体变量还包含若干成员变量，所以不能直接对结构体变量进行算术、关系、逻辑、输入、输出等操作，而只能对结构体变量的成员进行操作，结构体变量的成员与前面讲的变量用法是相同的。例如：

```
student2=student3; /*将student3各个成员对应的值赋给student2各个成员*/
If(student2.birth.year > student3.birth.year)
{...} /*成员之间进行关系运算*/
```

教学

【例11-1】编写程序：实现一个学生信息的存储。学生信息包含学号、姓名、年龄、平均分，通过键盘进行输入，并在屏幕上显示出来。

【问题分析】这里我们需要定义一个结构体类型，定义一个结构体变量，通过对结构体成员的访问，实现数据的输入和输出。

【程序代码】

```
#include <stdio.h>
#include <string.h>
// 定义学生结构体
struct Student {
    int id;                  // 学号
    char name[50];           // 姓名
    int age;                 // 年龄
    float average_score;     // 平均分
};
int main()
{
    struct Student s1; // 定义1位学生结构体变量
// 输入学生信息
    printf("请输入学号: ");
    scanf("%d", &s1.id);
    printf("请输入姓名: ");
    scanf("%s", s1.name);
    printf("请输入年龄: ");
    scanf("%d", &s1.age);
    printf("请输入平均分: ");
    scanf("%f", &s1.average_score);
// 输出学生信息
```

```
    printf("\n学生信息:\n");
    printf("学号: %d\n", s1.id);
    printf("姓名: %s\n", s1.name);
    printf("年龄: %d\n", s1.age);
    printf("平均分: %.2f\n", s1.average_score);
    return 0;
}
```

【程序运行结果】

```
请输入学号: 1001
请输入姓名: zhangsan
请输入年龄: 19
请输入平均分: 78.7
学生信息:
学号: 1001
姓名: zhangsan
年龄: 19
平均分: 78.70
```

【程序说明】本例中定义了一个student结构体，包含学号、姓名、年龄和平均分。定义一个s1结构体变量，通过scanf从键盘输入获取学生信息，通过printf输出其信息。

【思考】在【例11-1】中，实现了1位学生信息的存储。现在学生的信息增加了班级、学校的数据，如何修改程序才能实现键盘输入，并在屏幕上显示出来？

任务11.2 结构体数组和指针

知识点

结构体数组是一组相同类型的结构体变量的集合，在内存中连续存储。

结构体指针变量存放的是结构体变量在内存中的地址，则该指针变量称为结构体指针。

通过指针访问结构体成员用“->”运算符，它由一个减号和一个大于符号组成。可以通过指针变量访问它所指向的结构体变量的成员值。

结构体数组和指针

结构体数组和指针结合使用，可以实现对数组中每个元素的访问和操作。通过指针，可以遍历结构体数组，对每个元素进行输入和输出操作。

教学

【例11-2】编写程序：实现3位学生信息的存储。学生信息包含学号、姓名、年龄、平均分，通过键盘进行输入，并在屏幕上显示出来。

【问题分析】为了实现存储3位学生信息的功能，可以定义一个结构体数组，并使用指针传递数组元素以实现输入和输出。

【程序代码】

```
#include <stdio.h>
#include <string.h>
// 定义学生结构体
struct Student {
    int id;                    // 学号
    char name[50];             // 姓名
    int age;                   // 年龄
    float average_score;       // 平均分
};
// 输入学生信息
void inputStudent(struct Student *student) {
    printf("请输入学号: ");
    scanf("%d", &student->id);
    printf("请输入姓名: ");
    scanf("%s", student->name);
    printf("请输入年龄: ");
    scanf("%d", &student->age);
    printf("请输入平均分: ");
    scanf("%f", &student->average_score);
}
// 输出学生信息
void printStudent(struct Student *student) {
    printf("\n学生信息:\n");
    printf("学号: %d\n", student->id);
    printf("姓名: %s\n", student->name);
    printf("年龄: %d\n", student->age);
    printf("平均分: %.2f\n", student->average_score);
}
int main()
{
    struct Student students[3]; // 定义一个存储3位学生的数组
    // 输入3位学生的信息
    for (int i = 0; i < 3; i++) {
        printf("\n输入第 %d 位学生的信息:\n", i + 1);
        inputStudent(&students[i]);
```

```
    }
    // 输出3位学生的信息
    for (int i = 0; i < 3; i++) {
        printf("\n第 %d 个学生的信息:\n", i + 1);
        printStudent(&students[i]);
    }
    return 0;
}
```

【程序说明】

① 定义 inputStudent 函数用于从键盘输入学生信息，并将这些信息存储到传入的 student结构体指针所指向的内存中。

② 定义 printStudent 函数用于从传入的 Student 结构体指针所指向的内存中读取学生信息，并在屏幕上显示这些信息。

③ 定义了一个 struct student 类型的数组 students，大小为3，用于存储3位学生的信息。使用 for 循环调用 inputStudent 函数，逐个输入每个学生的信息。使用 for 循环调用 printstudent 函数，逐个输出每位学生的信息。

【程序运行结果】

```
输入第 1 位学生的信息:
请输入学号: 1001
请输入姓名: 张三
请输入年龄: 13
请输入平均分: 87
输入第 2 位学生的信息:
请输入学号: 1002
请输入姓名: 李四
请输入年龄: 14
请输入平均分: 78
输入第 3 位学生的信息:
请输入学号: 1003
请输入姓名: 王五
请输入年龄: 15
请输入平均分: 98
第 1 位学生的信息:
学生信息:
学号: 1001
姓名: 张三
年龄: 13
```

```
平均分: 87.00
第 2 位学生的信息:
学生信息:
学号: 1002
姓名: 李四
年龄: 14
平均分: 78.00
第 3 位学生的信息:
学生信息:
学号: 1003
姓名: 王五
年龄: 15
平均分: 98.00
```

练习

【例11-3】编写程序：实现多种水果信息的存储。水果信息包含水果名称、颜色、形状、产地，通过键盘进行输入，并在屏幕上显示出来。

【问题分析】为了实现存储多种水果信息的功能，通过定义水果结构体，利用动态内存分配和指针操作，实现对多种水果信息的高效存储与管理。通过从键盘输入水果信息并存储于结构体数组中，再将其输出展示，灵活地处理和展示不同水果的详细信息，且有较高的内存使用效率。

```
#include <stdio.h>
#include <string.h>
#include <stdlib.h>
// 定义水果结构体
struct Fruit {
    char name[50];          // 名称
    char color[50];         // 颜色
    char shape[50];         // 形状
    char origin[50];        // 产地
};
// 输入水果信息
void inputFruit(struct Fruit *fruit) {
    printf("请输入水果名称: ");
    scanf("%s", fruit->name);
    printf("请输入水果颜色: ");
    scanf("%s", fruit->color);
    printf("请输入水果形状: ");
```

```
        scanf("%s", fruit->shape);
        printf("请输入水果产地: ");
        scanf("%s", fruit->origin);
    }
    // 输出水果信息
    void printFruit(struct Fruit *fruit) {
        printf("\n水果信息:\n");
        printf("名称: %s\n", fruit->name);
        printf("颜色: %s\n", fruit->color);
        printf("形状: %s\n", fruit->shape);
        printf("产地: %s\n", fruit->origin);
    }
    int main()
    {
        int num_fruits;
        printf("请输入水果种类数: ");
        scanf("%d", &num_fruits);
        // 动态分配内存用于存储水果信息
        struct Fruit *fruits = (struct Fruit *)malloc(num_fruits * sizeof
(struct Fruit));
        if (fruits == NULL) {
            printf("内存分配失败!\n");
            return -1;
        }
        // 输入水果信息
        for (int i = 0; i < num_fruits; i++) {
            printf("\n输入第 %d 个水果的信息:\n", i + 1);
            inputFruit(&fruits[i]);
        }
        // 输出水果信息
        printf("\n所有水果信息:\n");
        for (int i = 0; i < num_fruits; i++) {
            printf("\n水果 %d:\n", i + 1);
            printFruit(&fruits[i]);
        }
        // 释放动态分配的内存
        free(fruits);
        return 0;
    }
```

【程序运行结果】

```
请输入水果种类数: 2
输入第 1 个水果的信息:
请输入水果名称: 苹果
请输入水果颜色: 红色
请输入水果形状: 圆形
请输入水果产地: 山东
输入第 2 个水果的信息:
请输入水果名称: 香蕉
请输入水果颜色: 黄色
请输入水果形状: 长条形
请输入水果产地: 广西
输出:
所有水果信息:
水果 1:
名称: 苹果
颜色: 红色
形状: 圆形
产地: 山东
水果 2:
名称: 香蕉
颜色: 黄色
形状: 长条形
产地: 广西
```

【程序说明】

① 定义一个 struct Fruit，包含水果名称、颜色、形状和产地四个成员。

② 定义输入函数 inputFruit 函数用于从键盘输入水果信息，并将这些信息存储到传入的 Fruit 结构体指针所指向的内存中。

③ 定义输出函数，printFruit 函数用于从传入的 Fruit 结构体指针所指向的内存中读取水果信息，并在屏幕上显示这些信息。

④ 定义一个整数变量 num_fruits，用于存储用户输入的水果种类数，使用 malloc 动态分配内存，用于存储多个水果的信息，使用 for 循环调用 inputFruit 函数，逐个输入每个水果的信息，使用 for 循环调用 printFruit 函数，逐个输出每个水果的信息，使用 free 释放动态分配的内存，避免内存泄漏。

【思考】

① 【例 11-2】中编写的程序实现了多个学生信息的存储。如果现在学生信息包含学号、姓名、年龄、平均分，通过键盘进行输入，并在屏幕上显示出来。如何实现?

② 输入5位学生的一组信息，包括学号、姓名、数学成绩、计算机成绩，求得每位同学的平均分和总分，然后按照总分从高到低排序。

项目小结

本项目深入学习了 C 语言中的重要构造类型——结构体，并通过多个任务的实践，掌握结构体的相关概念及其应用。读者应重点掌握以下内容：

① 掌握结构体的概念及其应用，学会定义结构体类型和结构体变量。

② 掌握结构体变量的初始化。

③ 掌握结构体成员的定义和访问方式，包括直接成员访问（‘.’）和指针成员访问（‘->’），能够灵活地对结构体成员进行操作。

④ 掌握结构体数组，了解结构体数组的初始化方法，以及如何通过循环等控制结构对数组中的元素进行批量操作。

⑤ 掌握结构体指针，理解结构体指针的作用，通过指针可以动态地分配和释放结构体变量或数组的内存，提高了程序的灵活性和内存利用率。

⑥ 能够使用指针传递结构体变量或数组，实现函数间的数据共享和交互，能够编写更加模块化和高效的代码。

拓展阅读

在 C 语言中，typedef 是一个关键字，用于为已有的数据类型定义一个新的名称（别名）。在结构体中，typedef 通常用于为结构体类型定义一个更简洁的名称，以便在后续的代码中使用。

语法结构：

```
typedef struct {
    // 结构体成员
} 新类型名;
```

例如：

```
// 定义一个结构体并使用 typedef 为其定义一个别名
typedef struct {
    int id;
    char name[50];
    int age;
    float average_score;
```

```
} Student;
// 使用 typedef 定义的别名创建结构体变量
    Student student1;
```

课后习题

1. 下列选项中，正确的结构体变量声明是（　　）。

A. struct student student1;　　B. student student1;

C. struct student1;　　D. student1;

2. 下列选项中，正确的结构体成员访问方式是（　　）。

A. student1.id　　B. student1->id

C. student1[id]　　D. student1.>id

3. 下列选项中，正确的结构体数组声明是（　　）。

A. students[10];　　B. student students[10];

C. struct students[10];　　D. struct student students[10];

4. 下列选项中，正确的结构体指针声明是（　　）。

A. struct *student_ptr;　　B. student *student_ptr;

C. struct student *student_ptr;　　D. *student_ptr;

5. 下列选项中，正确的结构体指针使用的是（　　）。

A. student_ptr->id = 1001;　　B. student_ptr.id = 1001;

C. *student_ptr.id = 1001;　　D. &student_ptr->id = 1001;

6. 若有以下结构体定义：

```
struct  example
{  int  x;
   int  y; } v1;
```

则（　　）是正确的定义。

A example x=10;　　B example v2; v2.x=10;

C struct v2;v2.x=10;　　D struct example v2={10};

7. 根据以下定义能输出字母M的语句是（　　）。

```
struct person { char name [ 9 ];int age ;};
struct person class [ 10]={ “Johu” ,17, “paul” ,19, “Mary” ,18, “Adam” ,16};
```

A printf(“%c\n” ,class[3].name);　　B printf(“%c\n” class[3].name[1]);

C printf(“%c\n” ,class[2].name.[1]);　　D printf (“%c\n” ,class[2].name[0]);

8. 下列程序的运行结果是（　　）。

```
#include <stdio.h>
void main() {
    struct cmplx {
        int x;
        int y;
    } cnum[2] = {1, 3, 2, 7};
    printf("%d\n", cnum[0].y / cnum[0].x * cnum[1].x);
}
```

A. 0　　B. 1　　C. 3　　D. 6

9. 关于下面的程序，叙述不正确的是（　　）。

```
struct ex {
    int x;
    float y;
    char z;
} example;
```

A struct 是结构体类型的关键字　　B example 是结构体变量

C x，y，z 都是结构体类型名　　D struct ex 是结构体类型名

10. 以下对结构体变量 stu1 中成员 age 的非法引用是（　　）。

```
struct student {
    int age;
    int num;
} stu1, *p;
p = &stu1;
```

A. stu1.age　　B. student.age　　C. p->age　　D. (*p).age

附　录

附录1　ANSI C的关键字

关键字	用　途	说　明
char	数据类型声明	单字节整数或字符型
double	数据类型声明	双精度浮点型
enum	数据类型声明	枚举类型
float	数据类型声明	单精度浮点型
int	数据类型声明	基本整型
long	数据类型声明	长整型
short	数据类型声明	短整型
signed	数据类型声明	有符号数类型
struct	数据类型声明	结构体类型
typedef	数据类型声明	重新进行数据类型声明
union	数据类型声明	共用体类型
unsigned	数据类型声明	无符号数类型
void	数据类型声明	空类型
volatile	数据类型声明	声明该变量在程序执行中可被隐含地改变
sizeof	运算符	计算对象或类型的存储字节数
break	程序语句	退出最内层循环体或 switch 结构
case	程序语句	switch 语句中的选项
continue	程序语句	结束本次循环，转向下一次循环
default	程序语句	switch语句中的默认选项
do	程序语句	构成do-while 循环结构
else	程序语句	构成if-else 选择结构
for	程序语句	构成for循环结构
goto	程序语句	构成goto转移结构
if	程序语句	构成if-else选择结构
return	程序语句	函数返回值
switch	程序语句	构成 switch 选择结构
while	程序语句	构成 while或 do-while 循环结构
auto	存储类型声明	声明局部变量，默认值自动管理
const	存储类型声明	在程序执行过程中不可修改的变量
register	存储类型声明	建议将变量储蓄在CPU 寄存器中
static	存储类型声明	声明静态变量或内部链接的函数
extern	存储类型声明	声明外部全局变量或外部函数

附录2　C运算符的优先级和结合性

优先级	运算符	运算符功能	运算类型	结合方向
15(最高)	() [] -> .	圆括号、 数组下标、 结构体成员的指针访问、 结构体成员直接访问		从左到右
14	! ~ ++ -- (类型名) * & sizeof	逻辑非、 按位取反、 自增1 自减1、 强制类型转换、 指针运算符、 取地址运算符、 求所占字节数	单目运算	从右到左
13	* / %	乘、除、取余	双目算术运算	从左到右
12	+ -	加、减	双目算术运算	从左到右
11	<< >>	左移、右移	移位运算	从左到右
10	< <= > >=	小于、小于等于、大于、 大于等于	关系运算	从左到右
9	== !=	等于、不等于	关系运算	从左到右
8	&	按位与	位运算	从左到右
7	^	按位异或	位运算	从左到右
6	|	按位或	位运算	从左到右
5	&&	逻辑与	逻辑运算	从左到右
4	||	逻辑或	逻辑运算	从左到右
3	?:	条件运算	三目运算	从右到左
2	= += -= *= /= %= &= ^= |= <<= >>=	赋值运算	双目运算	从右到左
1(最低)	,	逗号(顺序求值)	顺序运算	从左到右

附录3 常用的C库函数

1. 数学函数

调用数学函数时，要求在源文件中使用命令：#include<match.h>。如附表3-1所示。

附表3-1 数学函数

函数名	函数原型	功能	返回值	说明
abs	int abs(int x);	求整数x的绝对值	|x|(int类型)	
fabs	double fabs(double x);	求x的绝对值	|x|(double类型)	
acos	double acos(double x);	计算arccos(x)的值[即cos^{-1}(x)]	计算结果	x∈[-1, 1]
asin	double asin(double x);	计算arcsin(x)的值[即sin^{-1}(x)]	计算结果	x∈[-1, 1]
atan	double atan(double x);	计算arctan(x)的值[即tan^{-1}(x)]	计算结果	
atan2	double atan2(double y, double x);	计算arctan(y/x)的值[即tan^{-1}(y/x)]	计算结果	
cos	double cos(double x);	计算cos(x)的值	cosh(x)	x以弧度为单位
cosh	double cosh(double x);	计算双曲余弦cosh(x)的值	cosh(x)	
exp	double exp(double x);	求e的x次方值	e^x	
fabs	double fabs(double x);	求双精度实数x的绝对值	|x|(double类型)	
floor	double floor(double x);	求不大于双精度实数x的最大整数	以double类型返回该整数值	
fmod	double fmod(double x, double y);	求x/y整除后的双精度余数	余数的双精度	
frexp	double frexp(double val, int *exp);	将双精度val分解尾数m和以2为底的指数n，使得val=m*2^{n}，其中0.5≤|m|<1，n存放在exp所指的变量中	尾数m	
log	double log(double x);	求lnx	ln(x)	x>0
log10	double log10(double x);	求log10(x)	log10(x)	x>0
sin	double sin(double x);	计算sin(x)的值	sin(x)	x以弧度为单位
sinh	double sinh(double x);	计算x的双曲正弦函数sinh(x)的值	sinh(x)	sinh(x)
sqrt	double sqrt(double x);	计算x的二次方根	$\sqrt{x}$	x≥0
tan	double tan(double x);	计算tan(x)的值	tan(x)	x以弧度为单位
tanh	double tanh(double x);	计算x的双曲正切函数tanh(x)的值	tanh(x)	

2. 字符函数

调用字符函数时，要求在源文件中使用命令：#include<ctype.h>。如附表3-2所示。

附表3-2　字符函数

函数名	函数原型	功能	返回值
isalnum	int isalnum(int ch);	检查ch是否为字母或数字	成立,返回1;否则,返回0
isalpha	int isalpha(int ch);	检查ch是否为字母(A-Z或a-z)	成立,返回1;否则,返回0
iscntrl	int iscntrl(int ch);	检查ch是否为控制字符(ASCII码在0x00-0x1F之间或0x7F)	成立,返回1;否则,返回0
isdigit	int isdigit(int ch);	检查ch是否为数字(0-9)	成立,返回1;否则,返回0
isgraph	int isgraph(int ch);	检查ch是否为除空格外的可打印字符(0x21-0x7E)的可打印字符	成立,返回1;否则,返回0
islower	int islower(int ch);	检查ch是否为小写字母(a-z)	成立,返回1;否则,返回0
isprint	int isprint(int ch);	检查ch是否为可打印字符(含空格0x20-0x7E)	成立,返回1;否则,返回0
ispunct	int ispunct(int ch);	检查ch是否为除了空格、字母、数字之外的可打印字符	成立,返回1;否则,返回0
isspace	int isspace(int ch);	检查ch是否为空白字符(空格、制表符或换行符)	成立,返回1;否则,返回0
isupper	int isupper(int ch);	检查ch是否为大写字母(A-Z)	成立,返回1;否则,返回0
isxdigit	int isxdigit(int ch);	检查ch是否为十六进制数(0-9、A-F、a-f)	成立,返回1;否则,返回0
tolower	int tolower(int ch);	把ch中的大写字母转换成小写字母	若转换成功,返回对应的小写字母;否则,原样返回
toupper	int toupper(int ch);	把ch中的小写字母转换成大写字母	若转换成功,返回对应的大写字母;否则,原样返回

3. 字符串函数

调用字符串函数时，要求在源文件中使用命令：#include<string.h>。如附表3-3所示。

附表3-3　字符串函数

函数名	函数原型	功能	返回值
strcat	char *strcat(char *s1, const har *s2);	把字符串s2接到s1后面	返回s1的地址
strchr	char *strchr(const char *s, int ch);	在s所指字符串中,找出第一次出现字符ch的位置	返回指向该字符的指针;未找到返回NULL
strcpy	char *strcpy(char *s1, const char *s2);	把字符串s2复制到s1(s1必须有足够的空间)	返回s1的地址
strlen	size_t strlen(const char *s);	求字符串s的长度(不含终止空字符'\0')	返回字符个数
strstr	char *strstr(const char *s1, const char *s2);	在字符串s1中查找子串s2第一次出现的位置	返回指向该子串首字符的指针;未找到返回NULL

4. 输入和输出函数

调用输入/输出函数时，要求在源文件中使用命令：#include<stdio.h>。如附表3-4所示。

附表3-4 输入/输出函数

函数名	函数原型	功能	返回值
cgets	char *cgets(char *str);	从控制台(键盘)读入一行字符串,并将该字符串的长度存入由str所指的地址中	成功,返回str;失败或EOF返回NULL
clearerr	void clearerr(FILE *fp);	清除fp所指向文件中的错误标志和文件结束标志置为0	无
close	int close(int fd);	关闭文件	成功,返回0;否则,返回-1
creat	int creat(consthar *filename, int mode);	以mode所指定的方式建立文件	成功,返回新的文件描述符;否则,返回-1
eof	int eof(int fd);	检查文件是否结束	文件未结束返回0;否则,返回非0值
fclose	int fclose(FILE *fp);	关闭fp所指的文件,释放文件缓冲区	成功,返回0;否则,返回EOF
fcloseall	int fcloseall(void);	关闭除stdin、stdout、stderr外所有打开的流(文件)	成功,返回关闭流的数目;否则,返回EOF
feof	int feof(FILE *fp);	检查文件是否结束(文件位置指示器是否到达文件的结尾)	若遇文件结束符,返回非0值;否则,返回0
ferror	int ferror(FILE *stream);	检测指定流(文件)的错误	未出现错误,返回0;否则,返回非0值
flush	int fflush(FILE *stream);	清除一个流	成功,返回0;否则,返回非0值
flushall	int fflushall(void);	清除所有缓冲区	成功,返回0;否则,返回非0值
file-length	long filelength(int handle);	获取文件的字节长度	成功,返回文件的长度字节数;否则,返回-1L
fgetc	int fgetc(FILE *fp);	从fp读取一个无符号字符并转换int	成功,返回字符;失败或EOF返回NULL
fgetchar	int fgetchar(void);	从流中读取字符,相当于fgetc(stdin)	成功,返回字符值;失败或EOF返回NULL
fgets	char *fgets(char *buff, int n, FILE *fp);	从fp所指向的文件中读取一个长度为n-1的字符串,存入起始地址为buff的空间	成功,返回地址buff;失败或EOF返回NULL
fopen	FILE *fopen(const char *filename, const char *mode);	以mode方式打开文件	成功,返回指向新打开文件的指针;否则返回NULL
freopen	FILE *freopen(const char *filename, const char *mode, FILE *stream);	重新将stream关联到filename	成功,返回stream;否则,返回NULL

续表

函数名	函数原型	功能	返回值
fprintf	int fprintf(FILE *fp, const char *format, ...);	按 format 指定的格式化数据写入 fp 指向的文件中	成功，返回写入的字符数；否则，返回负值
fputc	int fputc(int ch, FILE *fp);	将字符 ch 写入(输出)到 fp 所指向的文件中	成功，返回字符 ch；否则，返回 EOF
fputchar	int fputchar(int ch);	将字符 ch 写到标准输出流中，相当于 fputc(ch,stdout)	成功，返回字符 ch；否则，返回 EOF
fputs	int fputs(const char *str, FILE *fp);	将 str 指向的字符串写入(输出)到 fp 所指向的文件中	成功，返回非负值；失败返回 0
fread	size_t fread(void *ptr, size_t size, size_t nmemb, FILE *stream);	从 stream 中读取 nmemb 个大小为 size 字节的数据项，并存入 ptr 指向的内存区	返回从文件中实际读取到的数据项的个数
fscanf	int fscanf(FILE *fp, const char *format, ...);	从 fp 所指定的文件中按 format 指定的格式读取数据并传送到 args 指定的内存单元	成功，返回已读取(输入)的数据项个数；否则，返回 EOF
fseek	int fseek(FILE *fp, long offset, int base);	将 fp 指向的文件的位置指示器移到以 base 指定的位置为基准、以 offset 为位移量的位置	成功，返回 0；否则，返回非 0 值
fsetpos	int fsetpos(FILE *stream, const fpos_t *pos);	将文件位置指示器定位在 pos 指定的位置上	成功，返回 0；否则，返回非 0 值

5. 动态存储分配函数

调用动态存储分配函数时，要求在源文件中使用命令：#include<stdlib.h>。如附表 3-5 所示。

附表 3-5　动态存储分配函数

函数名	函数原型	功能	返回值
calloc	void *calloc(size_t n, size_t size);	分配 n 个数据项的内存空间，每个数据项的大小为 size 个字节	成功，返回起始地址；否则，返回 NULL
free	void free(void *p);	释放 p 所指的内存区	无
malloc	void *malloc(size_t size);	分配 size 个字节的未初始化内存	成功，返回起始地址；否则，返回 NULL
realloc	void *realloc(void *p, size_t size);	把 p 所指内存区的大小改为 size 个字节	成功，返回新地址；否则，返回 NULL
rand	int rand(void);	产生 0～32 767 的随机整数	返回一个随机整数值
exit	void exit(int status);	程序终止执行，返回调用环境。status 为 0 表示正常终止，非 0 表示非常正常终止	无

附录4　C语言常见英文报错

案例1

```
1  #include<sdtio.h>
2  #include<math.h>
3  int main()
4  {
5    double a,b,c,d,e,f;
6    a=56;
7    b=32.3;
8    c=78.2;
9    d=22.1;
10   e=98.5;
11   f=(a+b+c+d+e)/5;
12   printf("平均值是:%f\n",f);
13   return 0;
14 }
```

【第一行报错】

```
--------------------Configuration: test - Win32 Debug--------------------
Compiling...
test.c
e:\c语言\test.c(1) :fatal error C1083:Cannot open include file:'sdtio.h':No such file or directory
执行 cl.exe 时出错.
test.exe - 1 error(s), 0 warning(s)
```

/*中文对照:无法打开包含文件:"sdtio.h":没有这样的文件或目录*/

/*注释:头文件stdio输入错误*/

【解析】

报错信息表明编译器在尝试编译位于D：\C#\CYYBC.C的源文件时，在处理第1行代码时遇到了一个致命错误（FATAL ERROR）。这个错误是因为编译器无法打开包含文件SDTIO.H。这通常意味着该文件不存在于指定的位置，或者文件名有误。如果SDTIO.H是标准库中的头文件，请检查是否拼写错误。

案例2

```
#includestdio.h
#includemath.h
int main()
```

```
4  {
5    double a,b,c,d,e,f;
6    a=56;
7    b=32.3;
8    c=78.2;
9    d=22.1;
10   e=98.5;
11   f=(a+b+c+d+e)/5;
12   printf("平均值是:%f\n",f);
13   return 0;
14 }
```

【第一行报错】

```
--------------------Configuration: test - Win32 Debug--------------------
Compiling...
test.c
e:\c语言\test.c(1) :fatal error C1021:invalid preprocessor command 'includestdio'
执行 cl.exe 时出错.    /*中文对照:无效的预处理器命令"includestdio"*/
test.exe - 1 error(s), 0 warning(s) /*注释:stdio.h必须用<>或者""括起来，不然系统无法识别*/
```

【解析】

这个错误表明在C语言源文件TEST.C中，在第一行发生了预处理指令错误。具体是预处理器遇到了无法识别的命令INCLUDE，系统无法识别INCLUDESTDIO。

案例3

```
include<stdio.h>
include<math.h>
int main()
{
  double a,b,c,d,e,f;
  a=56;
  b=32.3;
  c=78.2;
  d=22.1;
  e=98.5;
  f=(a+b+c+d+e)/5;
  printf("平均值是:%f\n",f);
  return 0;
```

```
14  }
```

【第一行报错】

```
--------------------Configuration:test - Win32 Debug--------------------
Compiling...
test.c
E:\C语言\test.c(1) :error C2143:syntax error :missing '{' before '<'
E:\C语言\test.c(1) :error C2059:syntax error :'<'
E:\C语言\test.c(12) :error C2015:too many characters in constant
执行 cl.exe 时出错. /*中文对照:错误 C2143:(语法错误:在"<"之前缺"{")
test.exe - 1 error(s), 0 warning(s) 错误 C2059:(语法错误:"<")*/
                              /*注释:C语言中,include前要加 # */
```

【解析】

这个错误表明在C语言源文件TEST.C中，在第一行发生了预处理指令错误。具体是预处理器遇到了一个无法识别的命令INCLUDE，可能是因为这个命令被打错了。检查TEST.C文件的第一行，确认INCLUDE命令是否正确拼写。正确的预处理器指令应该是#INCLUDE，注意前面的#符号是不可缺少的。

案例4

```
1  #!include<stdio.h>
2  #include<math.h>
3  int main()
4  {
5    double a,b,c,d,e,f;
6    a=56;
7    b=32.3;
8    c=78.2;
9    d=22.1;
10   e=98.5;
11   f=(a+b+c+d+e)/5;
12   printf("平均值是:%f\n",f);
13   return 0;
14  }
```

【第一行报错】

```
--------------------Configuration: test - Win32 Debug--------------------
Compiling...
test.c
e:\c语言\test.c(1) :error C2019:expected preprocessor directive, found '?
E:\C 语 言\test.c(12) :warning C4013:'printf' undefined; assuming extern
returning int
```

```
E:\C语言\test.c(12) :error C2015:too many characters in constant
执行 cl.exe 时出错.        /*中文对照:(预期的预处理器指令,找到 '?)
test.exe - 1 error(s), 0 warning(s)  警告 C4013:("printf"未定义;假设 extern 返回 int) 错误 C2015:(常量字符过多)*/
                              /*注释:预处理命令的#号后误输入其他无效字符*/
```

【解析】

这个错误信息通常出现在使用Microsoft Visual C++编译器时，意味着编译器在预处理阶段期望一个预处理指令，但是遇到了一个它没有预期的符号。“? WARNING C4013: 'PRINTF' UNDEFINED;”实际上是两个错误信息。第一类错误是预处理器期望一个预处理指令，但是找到了一个不属于任何预处理指令的符号。这个符号是‘PRINTF’函数的调用，由于某种原因，编译器没有找到这个函数的定义。

案例5

```
1  #include<stdio.h>
2  #include<math.h>
3  int main
4  {
5    double a,b,c,d,e,f;
6    a=56;
7    b=32.3;
8    c=78.2;
9    d=22.1;
10   e=98.5;
11   f= (a+b+c+d+e) /5;
12   printf ("平均值是: %f\n",f) ;
13   return 0;
14 }
```

【第三行报错】

```
--------------------Configuration: test - Win32 Debug--------------------
Compiling...
test.c
E:\C语言\test.c(4) :error C2054:expected '(' to follow 'main'
执行 cl.exe 时出错.  /*中文对照:错误 C2054:(预期"("跟在"main"后面)*/   test.exe - 1 error(s), 0 warning(s)  /*注释:main后缺少()*/
```

【解析】

这个错误信息表明在C#代码文件TEST.C中，第三行出现了一个语法错误。错误发生在MAIN关键字后，编译器期望在MAIN后面出现一个左括号，但没有找到。在C语言中，MAIN函数是程序的入口点，它必须声明为INT MAIN()或VOID MAIN()，后者是非标准的。

案例 6

```
1  #include<stdio.h>
2  #include<math.h>
3  int Main()
4  {
5    double a,b,c,d,e,f;
6    a=56;
7    b=32.3;
8    c=78.2;
9    d=22.1;
10   e=98.5;
11   f= (a+b+c+d+e) /5;
12   printf ("平均值是: %f\n",f) ;
13   return 0;
14 }
```

【第三行报错】

```
--------------------Configuration: test - Win32 Debug--------------------
Compiling...
test.c
Linking...
LIBCD.lib(crt0.obj) :error LNK2001:unresolved external symbol _main
Debug/test.exe :fatal error LNK1120:1 unresolved externals
执行 link.exe 时出错.  /*中文对照:错误LNK2001:(未解析的外部符号_main)
test.exe - 1 error(s), 0 warning(s) 致命错误LNK1120:(1 个未解析的外部)
                                      /*注释: main函数首字母不需要大写*/
```

【解析】

这个错误表明链接器无法解析_MAIN函数，这是程序的入口点。在C++中，如果定义了MAIN函数，编译器会默认生成_MAIN入口点。如果在C语言模式下编译C++代码，或者在特定的条件下，编译器可能会期待_MAIN函数而不是MAIN函数。

案例 7

```
#include<stdio.h>
#include<math.h>
int mian()
{
  double a,b,c,d,e,f;
  a=56;
```

```
7    b=32.3;
8    c=78.2;
9    d=22.1;
10   e=98.5;
11   f= (a+b+c+d+e) /5;
12   printf ("平均值是: %f\n",f) ;
13   return 0;
14  }
```

【第三行报错】

```
--------------------Configuration: test - Win32 Debug--------------------
Linking...
LIBCD.lib(crt0.obj) :error LNK2001:unresolved external symbol _main
Debug/test.exe :fatal error LNK1120:1 unresolved externals
执行 link.exe 时出错.  /*中文对照:错误LNK2001:(未解析的外部符号_main)
test.exe - 1 error(s), 0 warning(s) 调试/test.exe:(致命错误LNK1120:1 个未解析的外部)*/        /*注释:main拼写错误*/
```

【解析】

这个错误表明链接器无法解析_MAIN函数，这是程序的入口点。在C++中，如果定义了MAIN函数，编译器会默认生成_MAIN入口点。如果在C语言模式下编译C++代码，或者在特定的条件下，编译器可能会期待_MAIN函数而不是MAIN函数。

案例8

```
1  #include<stdio.h>
2  #include<math.h>
3  int main()
4  {
5    double a,b,c,d,e,f
6    a=56;
7    b=32.3;
8    c=78.2;
9    d=22.1;
10   e=98.5;
11   f=(a+b+c+d+e)/5;
12   printf("平均值是:%f\n",f);
13   return 0;
14  }
```

【第五行报错】

```
--------------------Configuration: test - Win32 Debug--------------------
Compiling...
test.c
E:\C语言\test.c(6) :error C2146:syntax error :missing ';' before identi-
fier 'a'
执行 cl.exe 时出错.  /*中文对照:错误 C2146:(语法错误:标识符"a"前缺test.exe -
1 error(s), 0 warning(s)少";")*/
                    /*注释:a前缺少' ; ' */
```

【解析】

这个错误表明在C语言源文件TEST.C的第五行存在语法错误。具体来说，编译器在预期应该出现分号（;）的地方发现了其他东西，导致无法正确解析该行代码。

前一行代码缺少分号（;）。

案例9

```
1  #include<stdio.h>
2  #include<math.h>
3  int main()
4  {
5    double a,b,d,e,f;
6    a=56;
7    b=32.3;
8    c=78.2;
9    d=22.1;
10   e=98.5;
11   f= (a+b+c+d+e) /5;
12   printf ("平均值是: %f\n",f) ;
13   return 0;
14  }
```

【第五行报错】

```
--------------------Configuration: test - Win32 Debug--------------------
Compiling...
test.c
E:\C语言\test.c(8) :error C2065:'c' :undeclared identifier
E:\C语言\test.c(8) :warning C4244:'=' :conversion from 'const double '
to 'int ', possible loss of
Data
执行 cl.exe 时出错.      /*中文对照:错误 C2065:"c":未声明的标识符
```

test.exe - 1 error(s), 0 warning(s) 警告 C4244:"=":从"const double"转换为"int",可能丢失数据

/*注释:没有定义变量c*/

【解析】

错误C2065表示标识符‘C’未声明。这意味着在你的代码中，你尝试使用了一个名为‘C’的变量或者其他类型的标识符，但是在此之前你没有定义它。确认是否在使用‘C’之前已经声明了它。如果是变量，确保有对应的数据类型声明，例如INT c;。

案例10

```
1  #include<stdio.h>
2  #include<math.h>
3  int main()
4  {
5    double a,b,c,d,e,f;
6    a=56;
7    b=32.3;
8    c=78.2;
9    d=22.1;
10   e=98.5;
11   f= (a+b+c+d+e) ÷5;
12   printf ("平均值是: %f\n",f) ;
13   return 0;
14  }
```

【第十一行报错】

```
--------------------Configuration: test - Win32 Debug--------------------
Compiling...
test.c
E:\C语言\test.c(11) :error C2018:unknown character '0xa1'
E:\C语言\test.c(11) :error C2018:unknown character '0xc2'
E:\C语言\test.c(11) :error C2143:syntax error :missing ';' before 'constant'
执行 cl.exe 时出错.        /*中文对照:错误 C2018:未知字符"0xa1"
test.exe - 1 error(s), 0 warning(s) 错误 C2018:未知字符"0xc2"
                          错误 C2143:语法错误:在"常量"之前缺少";"
                         /*注释:使用了非法字符 '÷'*/
```

【解析】

这两个错误都是编译器报告的字符识别错误。C2018是一个编译错误，表示编译器遇到了一个无法识别的字符。在这种情况下，出现了两个不可打印的字符0xA1（非打印字符NEL）和0xC2。

案例11

```
1  #include<stdio.h>
2  #include<math.h>
3  int main()
4  {
5    double a,b,c,d,e,f;
6    a=56;
7    b=32.3;
8    c=78.2;
9    d=22.1;
10   e=98.5;
11   f=(a+b+c+d+e)/5;
12   printf("平均值是:%f\n",f);
13   return 0;
14 }
```

【第十二行报错】

```
--------------------Configuration: test - Win32 Debug--------------------
Compiling...
test.c
E:\C语言\test.c(12) :error C2018:unknown character '0xa1'
E:\C语言\test.c(12) :error C2017:illegal escape sequence
执行 cl.exe 时出错.          /*中文对照:错误 C2018:未知字符"0xa1"
test.exe - 1 error(s), 0 warning(s)    错误 C2017:非法转义序列*/
                              /*注释:C语言中双引号应该是英文状态*/
```

【解析】

该程序第十二行内的双引号为中文状态。代码中有一个语法错误，导致编译器解析到不符合语法规则的地方，以至于第十二行内所有代码都不合理。

案例12

```
#include<stdio.h>
#include<math.h>
int main()
{
  double a,b,c,d,e,f;
  a=56;
  b=32.3;
  c=78.2;
  d=22.1;
```

```
10   e=98.5;
11   f=(a+b+c+d+e)/5;
12   printf("平均值是:%f\n",f);
13   return;
14  }
```

【第十三行报错】

```
--------------------CONFIGURATION: TEST - WIN32 DEBUG--------------------
COMPILING...
TEST.C
E:\C语言\TEST.C(13) :WARNING C4033:'MAIN' MUST RETURN A VALUE
LINKING...              /*中文对照: 警告 C4033:"MAIN"必须返回一个值*/
TEST.EXE - 0 ERROR(S), 0 WARNING(S) /*注释: RETURN后没有返回值*/
```

【解析】

在C语言中，‘MAIN’函数是程序的入口点。根据标准，它应该返回一个整数值给操作系统，用来表示程序的退出状态。通常，返回值0表示程序成功执行，而非0值可以表示不同的错误情况。

案例13

```
1   #include<stdio.h>
2   #include<math.h>
3   int main()
4   {
5     double a,b,c,d,e,f;
6     a=56;
7     b=32.3;
8     c=78.2;
9     d=22.1;
10    e=98.5;
11    f= (a+b+c+d+e) /5;
12    printf ( “平均值是: %f\n” ,f) ;
13    return ;
14
```

【第十四行报错】

```
--------------------Configuration: test - Win32 Debug--------------------
Compiling...
test.c
E:\C语言\test.c(14) :fatal error C1004:unexpected end of file found
执行 cl.exe 时出错.   /*中文对照: 致命错误 C1004: 发现意外的文件结尾*/
```

```
test.exe - 1 error(s), 0 warning(s) /*注释：丢失了{}造成的结构不完整*/
```

【解析】

错误 C1004 是一个编译错误，表示编译器在处理源代码时意外地到达了文件的末尾，而没有找到预期的结束标记（例如，一个函数定义的结束花括号或者文件结束标记）。这通常意味着有一个括号、引号或者代码块没有正确闭合。

附录5 C语言英文报错及其中文注释

1. ambiguous operators need parentheses（不明确的运算符需用括号括起）
2. ambiguous symbol ××× （不明确的符号）
3. argument list syntax error （参数表语法错误）
4. array bounds missing （丢失数组界限符）
5. array size too large （数组尺寸太大）
6. bad character in parameters （参数中有不适当的字符）
7. bad file name format in include directive（包含命令中文件名格式不正确）
8. bad ifdef directive syntax （编译预处理 ifdef 有语法错误）
9. bad undef directive syntax （编译预处理 undef 有语法错误）
10. bit field too large （位字段太长）
11. call of non - function （调用未定义的函数）
12. call to function with no prototype （调用函数时没有函数的说明）
13. cannot modify a const object （不允许修改常量对象）
14. case outside of switch （case 语句出现在 switch 外部）
15. case syntax error（case 语法错误）
16. code has no effect（代码不可能执行到）
17. compound statement missing{ （分程序漏掉 "{" ）
18. conflicting type modifiers（不明确的类型说明符）
19. constant expression required （要求常量表达式）
20. constant out of range in comparison （在比较中常量超出范围
21. conversion may lose significant digits（转换时会丢失有效数字）
22. conversion of near pointer not allowed （不允许转换近指针）
23. could not find file ×××（找不到 ××× 文件）
24. declaration missing ; （说明缺少 ";" ）
25. declaration syntax error （说明中出现语法错误）
26. default outside of switch （default 出现在 switch 语句之外）
27. define directive needs an identifier （定义编译预处理需要标识符）
28. division by zero （用零作除数）
29. do statement must have while （do - while 语句中缺少 while 部分）

30．enum syntax error（枚举类型语法错误）

31．enumeration constant syntax error（枚举常数语法错误）

32．error directive: ×××（错误的编译预处理命令）

33．expected expression before（在 ××× 之前应输入表达式）

34．error writing output file（写输出文件错误）

35．expression syntax error（表达式语法错误）

36．extra parameter in call（调用时出现多余参数）

37．function call missing)（函数调用缺少右括号）

38．function definition out of place（函数定义位置错误）

39．function should return a value（函数必须返回一个值）

40．goto statement missing label（goto 语句没有标号）

41．hexadecimal or octal constant too large（十六进制或八进制常数太大）

42．illegal character ×（非法字符 ×）

43．illegal initialization（非法的初始化）

44．illegal octal digit（非法的八进制数字）

45．illegal pointer subtraction（非法的指针相减）

46．illegal structure operation（非法的结构体操作）

47．illegal use of floating point（非法的浮点运算）

48．illegal use of pointer（非法使用指针）

49．improper use of a typedef symbol（类型定义符号使用不恰当）

50．in-line assembly not allowed（不允许使用行间汇编）

51．incompatible storage class（存储类别不相容）

52．incompatible type conversion（不相容的类型转换）

53．incorrect number format（错误的数据格式）

54．incorrect use of default（default 使用不当）

55．invalid indirection（无效的间接运算）

56．invalid pointer addition（指针相加无效）

57．irreducible expression tree（无法执行的表达式运算）

58．lvalue required（需要逻辑值 0 或非 0 值）

59．macro argument syntax error（宏参数语法错误）

60．macro expansion too long（宏的扩展以后太长）

61．mismatched number of parameters in definition（定义中参数个数不匹配）

62．misplaced break（此处不应出现 break 语句）

63．misplaced continue（此处不应出现 continue 语句）

64．misplaced decimal point（此处不应出现小数点）

65．misplaced elif directive（不应编译预处理 elif）

66．misplaced else（此处不应出现 else）

67．misplaced else directive（此处不应出现编译预处理 else）

68．misplaced endif directive（此处不应出现编译预处理 endif）

69．must be addressable（必须是可以编址的）

70．must take address of memory location（必须存储定位的地址）

71．no declaration for function ×××（没有函数 ××× 的说明）

72．no stack（缺少堆栈）

73．no type information（没有类型信息）

74．non - portable pointer assignment（不可移动的指针（地址常数）赋值）

75．non - portable pointer comparison（不可移动的指针（地址常数）比较）

76．non - portable pointer conversion（不可移动的指针（地址常数）转换）

77．not a valid expression format type（不合法的表达式格式）

78．not an allowed type（不允许使用的类型）

79．numeric constant too large（数值太大）

80．out of memory（内存不够用）

81．parameter ××× is never used（参数 ××× 没有用到）

82．pointer required on left side of ->（符号 -> 的左边必须是指针）

83．possible use of ××× before definition［在定义之前就使用了 ×××（警告）］

84．possibly incorrect assignment（赋值可能不正确）

85．redeclaration of ×××（重复定义了 ×××）

86．redefinition of ××× is not identical（××× 的两次定义不一致）

87．register allocation failure（寄存器定址失败）

88．repeat count needs an lvalue（重复计数需要逻辑值）

89．size of structure or array not known（结构体或数组大小不确定）

90．statement missing ;（语句后缺少“;”）

91．structure or union syntax error（结构体或联合体语法错误）

92．structure size too large（结构体尺寸太大）

93．subscript missing]（下标缺少右方括号）

94．superfluous & with function or array（函数或数组中有多余的“&”）

95．suspicious pointer conversion（可疑的指针转换）

96．symbol limit exceeded（符号超限）

97．too few parameters in call（函数调用时的实参少于函数的参数）

98．too many default cases（default 太多）

99．too many error or warning messages（错误或警告信息太多）

100．too many type in declaration（说明中类型太多）

101．too much auto memory in function（函数用到的局部存储太多）

102．too much global data defined in file（文件中全局数据太多）

103．two consecutive dots（两个连续的句点）

104．type mismatch in parameter ×××（参数 ××× 类型不匹配）

105．type mismatch in redeclaration of ×××（××× 重定义的类型不匹配）

106．unable to create output file ×××（无法建立输出文件 ×××）

107．unable to open include file ×××（无法打开被包含的文件 ×××）

108．unable to open input file ×××（无法打开输入文件 ×××）

109．undefined label ×××（没有定义的标号 ×××）

110．undefined structure ×××（没有定义的结构 ×××）

111．undefined symbol ×××（没有定义的符号 ×××）

112．unexpected end of file in comment started on line ×××（从 ××× 行开始的注解尚未结束文件不能结束）

113．unexpected end of file in conditional started on line ×××（从 ××× 开始的条件语句尚未结束文件不能结束）

114．unknown assembly instruction（未知的汇编指令）

115．unknown option（未知的操作）

116．unknown preprocessor directive: ×××（不认识的预处理命令 ×××）

117．unreachable code（无路可达的代码）

118．unterminated string or character constant（字符串缺少引号）

119．user break（用户强行中断了程序）

120．void functions may not return a value（void 类型的函数不应有返回值）

121．wrong number of arguments（调用函数的参数数目错误）

122．××× not an argument（××× 不是参数）

123．××× not part of structure（××× 不是结构体的一部分）

124. ××× statement missing（ （××× 语句缺少左括号）

125. ××× statement missing）（××× 语句缺少右括号）

126. ××× statement missing ;（××× 语句缺少分号）

127. ××× declared but never used（声明了 ××× 但未使用）

128. ××× is assigned a value which is never used（给 ××× 赋了值但未使用）

附录6　精品课程二维码

项目1　C语言概述

C语言程序设计课程介绍

C语言概述

C语言开发步骤与运行环境

C语言调试程序常见错误分析

项目2　数据类型与运算

数据的认识

数据分类

数据编程与应用

数据类型转换

C语言运算符（一）

C语言运算符（二）

算法及其表示

流程图和结构化的程序设计

项目3　顺序结构程序设计

格式输入输出（一）

格式输入输出（二）

字符的格式输入输出

流程图的画法

项目4　选择结构程序设计

分支结构中的关系运算

分支结构中的逻辑运算

分支结构中的条件运算

用if语句实现分支结构

C语言中的switch语句

项目5　循环结构程序设计

while循环语句

do-while循环语句

for循环语句

循环嵌套

break和continue语句

项目6　认 识 数 组

一维数组的概念及定义

一维数组的引用和初始化

一维数组的应用

二维数组的应用

字符数组的应用

数组应用中的常见错误分析

项目7　函 数 调 用

函数的定义

函数的调用

函数的参数

变量的作用域与生命期

内部函数与外部函数

项目8　指针及应用

指针与一维数组

指针与二维数组

二维数组的地址

指针与函数

常见指针使用错误分析

项目9　位运算及应用

位运算的定义与逻辑运算符操作

移位运算符操作与位运算的应用

项目10　文 件 读 写

文件操作概述

文件打开，关闭与文件字符读写函数

文件字符串读写与格式化函数

文件定位函数及小结

项目11　认识结构体

结构体的定义

结构体数组和指针

参 考 文 献

[1] 教育部教育考试院. 全国计算机等级考试官方网站[EB/OL]. https://ncre.neea.edu.cn/，2025.

[2] 全国计算机等级考试命题研究中心. 全国计算机等级考试一本通：二级C语言[M]. 北京：人民邮电出版社，2017.

[3] 谭浩强. C程序设计（第四版）学习辅导[M]. 北京：清华大学出版社，2010.

[4] 吴军良，肖盛文. C语言程序设计[M]. 上海：上海交通大学出版社，2018.

[5] 吕鑫，白宝兴，田丽华. 计算机科技基础——C程序设计 [M]. 北京：北京航空航天大学出版社，2022.

[6] 乌云高娃，沈翠新，杨淑萍. C语言程序设计[M]. 4版. 北京：高等教育出版社，2019.

[7] 常中华，王春蕾，毛旭亭. C语言程序设计实例教程[M]. 3版. 北京：人民邮电出版社，2023.

[8] 刘欣亮，王爱珍. C语言上机实验指导[M]. 北京：电子工业出版社，2013.

C语言程序设计

活页式工作手册

院　　系 ____________________________

专　　业 ____________________________

班　　级 ____________________________

姓　　名 ____________________________

指导教师 ____________________________

任务时间 ____________________________

目 录

项目1

C语言概述

学习任务表

<table>
<tr><td>学 号</td><td></td><td>姓 名</td><td></td><td>小组成员</td><td colspan="2"></td></tr>
<tr><td>完成时间</td><td></td><td>完成地点</td><td></td><td>任务总分</td><td colspan="2"></td></tr>
<tr><td rowspan="2">素质
目标
（30分）</td><td colspan="4" rowspan="2">1. 基本职业素养：遵守工作纪律，使用电脑等设备时注意用电安全，设备使用完毕后要断电并放于指定位置，程序设计要注意工程规范，养成良好的工作习惯
2. 团结协作素养：小组成员之间互相协作，检查程序代码书写的规范性、准确性和完整性
3. 自主学习素养：学生能根据任务要求，查找相关资料，解决实际问题，能自主完成每次任务并填写报表，要求做到一丝不苟
4. 人文素养：具有一定的辩证思维能力、创新意识、创新能力和爱国主义精神</td><td>学生自评
（20分）</td><td></td></tr>
<tr><td>小组按完成时间排序
（10分）</td><td></td></tr>
<tr><td>知识
目标
（40分）</td><td colspan="4">1. 了解C语言的发展历史
2. 搭建C语言的开发环境
3. 学会调试C语言程序
4. 学会分析C语言程序错误</td><td>学生自评
（40分）</td><td></td></tr>
<tr><td rowspan="2">能力
目标
（30分）</td><td colspan="4" rowspan="2">1. 能使用Visual C++ 6.0 开发工具搭建开发环境，并运行、测试C语言简单程序
2. 能分析、总结C语言中的常见语法错误</td><td>学生自评
（20分）</td><td></td></tr>
<tr><td>小组互评
（10分）</td><td></td></tr>
<tr><td rowspan="3">拓展
目标</td><td colspan="4" rowspan="3">1. 通过学习循环结构，实现累加求奇数和 $\sum_{i=1}^{n}\begin{pmatrix} n\leqslant 100 \\ i=1 \end{pmatrix}$ （i=1,3,5,7,9,…）
2. 通过学习循环结构，完成计算5的阶乘*
3. 通过学习循环结构，完成计算兔子数列中第20个月的兔子总数 *</td><td>学生自评
（10分）</td><td></td></tr>
<tr><td>教师考评
（30分）</td><td></td></tr>
<tr><td>能力总评
（60分）</td><td></td></tr>
<tr><td>任务小结</td><td colspan="6" rowspan="2"></td></tr>
<tr><td>教师点评</td></tr>
</table>

说明：在学习任务表、基础任务和进阶任务中，带有“★”的表示基础知识考核题，带有“*”的表示进阶知识考核题，其他为拓展能力选作题。完成学习任务表中的拓展目标则额外加5分。

基础任务

1. 通过学习C语言的发展历史，描述理论知识与操作实践相结合的重要性。(★)

2. 编写、运行、分析下面的案例程序，在案例程序的基础上打印文字版的“欢迎”界面。(★)

【示例程序】

```
#include <stdio.h>                      /*预处理器指令*/
int main() // 主函数
{
                                        /* 我的第一个 C 程序 */
   printf("Hello, World! \n");          /*打印输出函数*/
   return 0;                            /*函数的返回值*/
}
// 程序输出结果为: Hello, World!
```

(1) 使用C语言打印文字版的“欢迎”界面。

```
   ********************************************
   欢迎来到C语言编程世界!
   ********************************************
```

3. 通过学习C语言基础，谈谈你对工业4.0和工业5.0的认识。（★）

工业4.0

工业4.0是基于工业发展的不同阶段做出的划分。按照共识，工业1.0是蒸汽机时代，工业2.0是电气化时代，工业3.0是信息化时代，而工业4.0则是利用信息技术促进产业变革的时代，即智能化时代。工业4.0于2013年正式推出，基于数字化技术的融合，包括物联网（IoT）、大数据分析、人工智能（AI）、机器学习、高级自动化和机器人等技术。

工业5.0

工业5.0是一个新兴的概念，首次由欧盟委员会提出，代表着制造业的进一步发展，被称为“第五次工业革命”。与工业4.0主要关注自动化和效率不同，工业5.0更加强调人机协作、可持续性和个性化定制的生产方式。工业5.0不仅仅代表着技术的升级，它代表了一种全新的工业理念，强调在提高效率的同时，实现人类工作的更高价值和生产活动的环境可持续性。不论是过去的智能化工业4.0时代，还是未来的工业5.0时代，C语言都为工业的嵌入式开发做出了卓越的贡献。

4. 任务小结。（学生完成）

5. 任务点评。（教师完成）

项目2

数据类型与运算

学习任务表

<table>
<tr><td>学 号</td><td></td><td>姓 名</td><td></td><td>小组成员</td><td colspan="2"></td></tr>
<tr><td>完成时间</td><td></td><td>完成地点</td><td></td><td>任务总分</td><td colspan="2"></td></tr>
<tr><td rowspan="2">素质
目标
（30分）</td><td colspan="4" rowspan="2">1. 基本职业素养：遵守工作纪律，使用电脑等设备时注意用电安全，设备使用完毕后要断电并放于指定位置，程序设计要注意工程规范，养成良好的工作习惯
2. 团结协作素养：小组成员之间互相协作，检查程序代码书写的规范性、准确性和完整性
3. 自主学习素养：学生能根据任务要求，查找相关资料，解决实际问题，能自主完成每次任务并填写报表，要求做到一丝不苟
4. 人文素养：具有一定的辩证思维能力、创新意识、创新能力和爱国主义精神</td><td>学生自评
（20分）</td><td></td></tr>
<tr><td>小组按完成时间排序
（10分）</td><td></td></tr>
<tr><td>知识
目标
（40分）</td><td colspan="4">1. 了解程序设计的基本结构
2. 搭建程序算法的表示方法
3. 掌握流程图的绘制方法</td><td>学生自评
（40分）</td><td></td></tr>
<tr><td rowspan="2">能力
目标
（30分）</td><td colspan="4" rowspan="2">1. 能使用C语言的顺序结构编写简单的程序
2. 能使用流程图绘制基本的算法</td><td>学生自评
（20分）</td><td></td></tr>
<tr><td>小组互评
（10分）</td><td></td></tr>
<tr><td rowspan="3">拓展
目标</td><td colspan="4" rowspan="3">1. 通过学习算法，实现1～100累加求和 $\sum_{i=1}^{n}\left(\begin{matrix} n\leqslant 100 \\ i=1 \end{matrix}\right)$（$i$=1,2,3,4,5,⋯,100）
2. 通过学习算法，判定一个大于3的数是否为素数*
3. 通过学习算法，用N-S流程图解决农夫过河的问题</td><td>学生自评
（10分）</td><td></td></tr>
<tr><td>教师考评
（30分）</td><td></td></tr>
<tr><td>能力总评
（60分）</td><td></td></tr>
<tr><td>任务小结</td><td colspan="6"></td></tr>
<tr><td>教师点评</td><td colspan="6"></td></tr>
</table>

说明：在学习任务表、基础任务和进阶任务中，带有“★”的表示基础知识考核题，带有“*”的表示进阶知识考核题，其他为拓展能力选作题。完成学习任务表中的拓展目标则额外加 5 分。

基础任务

1. 通过学习C语言的发展历史，说说你在过去的学习中遇到过哪些算法。（★）

2. 通过前面的学习，使用N-S流程图或编写代码实现1～100 的累加求和。（★）

（1）使用N-S流程图表示1～100的累加求和算法；

（2）使用C语言实现累加求和。

3. 农夫过河：为以下题目设计一个算法，并画出流程图。

一位农夫带着一只狼、一只兔子和一篮蔬菜去赶集。在去的路上遇到一条河，但河上只有一条小船。农夫每次乘船过河时因为船上位置有限，只能带一样东西过河。当农夫在场时，三者相安无事；一旦农夫不在，狼会吃兔子，兔子会吃青菜。设计一个算法，使农夫能够安全地带着这三样东西过河。（★）

4. 任务小结。（学生完成）

5. 任务点评。（教师完成）

项目3

顺序结构程序设计

学习任务表

<table>
<tr><td>学 号</td><td></td><td>姓 名</td><td></td><td>小组成员</td><td colspan="2"></td></tr>
<tr><td>完成时间</td><td></td><td>完成地点</td><td></td><td>任务总分</td><td colspan="2"></td></tr>
<tr><td rowspan="2">素质
目标
(30分)</td><td colspan="4" rowspan="2">1. 基本职业素养：遵守工作纪律，使用电脑等设备时注意用电安全，设备使用完毕后要断电并放于指定位置，程序设计要注意工程规范，养成良好的学习习惯
2. 团结协作素养：小组成员之间互相协作，检查程序代码书写的规范性、准确性和完整性
3. 自主学习素养：学生能根据任务要求，查找相关资料，解决实际问题，能自主完成每次任务并填写报表，要求做到一丝不苟
4. 人文素养：具有一定的辩证思维能力、创新意识、创新能力和爱国主义精神</td><td>学生自评
(20分)</td><td></td></tr>
<tr><td>小组按完成时间排序
(10分)</td><td></td></tr>
<tr><td>知识
目标
(40分)</td><td colspan="4">1. 熟悉C语言的基本数据类型
2. 掌握C语言的运算符和表达式
3. 学会常用的数据输入、输出函数的用法
4. 掌握顺序结构程序设计方法</td><td>学生自评
(40分)</td><td></td></tr>
<tr><td rowspan="2">能力
目标
(30分)</td><td colspan="4" rowspan="2">1. 能使用Visual C++ 6.0开发工具搭建开发环境，并运行测试C语言简单程序
2. 能使用输入输出函数编写简单的应用程序</td><td>学生自评
(20分)</td><td></td></tr>
<tr><td>小组互评
(10分)</td><td></td></tr>
<tr><td rowspan="3">拓展
目标</td><td colspan="4" rowspan="3">1. 通过学习数据类型，计算任意两个数的和
2. 通过学习变量声明，使用顺序结构来实现华氏温度和摄氏温度之间的转换
3. 通过学习程序的顺序结构，求任意一个三位数各个位数相加的和*</td><td>学生自评
(10分)</td><td></td></tr>
<tr><td>教师考评
(30分)</td><td></td></tr>
<tr><td>能力总评
(60分)</td><td></td></tr>
<tr><td>任务小结</td><td colspan="6" rowspan="2"></td></tr>
<tr><td>教师点评</td></tr>
</table>

说明：在学习任务表、基础任务和进阶任务中，带有“★”的表示基础知识考核题，带有“*”的表示进阶知识考核题，其他为拓展能力选作题。完成学习任务表中的拓展目标则额外加5分。

基础任务

1. 通过学习前面的内容，可用流程图来表示顺序结构。(★)

(1) 使用流程图表示顺序结构。

(2) 使用printf函数实现输出“我爱我的大学”。(提示：要用到\n 换行符，\t 制表符)

```
******************************************
        我爱我的大学
******************************************
```

2. 编写、运行、分析下面的案例程序：在此案例的基础上声明一个int类型的变量result，求a+b的结果并输出。（★）（提示：本题考查%d的用法）

【示例程序】

```
#include <stdio.h>    /*printf预处理器指令*/
int main() // 主函数
{
  int a=8, b=3;
  printf("%d ,%d \n",a,b); /*打印输出函数*/
  return 0;/*函数的返回值*/
} // 程序输出结果为：8,3
```

（1）在示例程序的基础上使用C语言打印输出a+b的结果。

3. 通过学习C语言数据类型，实现char类型和int类型之间的隐式转换。（★）

【示例程序】

```
#include <stdio.h>    /*printf预处理器指令*/
int main() // 主函数
{
    char c1='a', c2='b';
    printf("%c ,%c \n",c1,c2); /*打印输出字符类型*/
    printf("%d ,%d \n",c1,c2); /*打印输出整数类型，这里是隐式转换*/
    return 0;/*函数的返回值*/
}
```

上述代码，第一次输出为 c1 = _________，c2 = ________；第二次输出为 c1= ________，c2 = ________。

4. 已知圆半径 *r*=1.5，求圆的周长和面积，结果保留两位小数。

5. 输入一个华氏温度，要求输出摄氏温度。代码中的转换公式为 c=(5/9)*(F-32)。注：输出要有注释文字说明，结果保留两位小数。(提示：单行注释使用 //，多行注释使用 /**/)

6. 输入一个小写字母，要求输出对应的大写字符。（提示：转换公式为A= a-32 ）

7. 使用scanf函数输入一个三位数， 然后求这个三位数各个位上的数相加的和。（提示：输入352，输出结果为3+5+2=10）

8. 任务小结。（学生完成）

9. 任务点评。（教师完成）

项目4

选择结构程序设计

学习任务表

<table>
<tr><td>学号</td><td></td><td>姓名</td><td></td><td>小组成员</td><td colspan="2"></td></tr>
<tr><td>完成时间</td><td></td><td>完成地点</td><td></td><td>任务总分</td><td colspan="2"></td></tr>
<tr><td rowspan="2">素质
目标
（30分）</td><td colspan="4" rowspan="2">1. 基本职业素养：遵守工作纪律，使用电脑等设备时注意用电安全，设备使用完毕后要断电并放于指定位置，程序设计要注意工程规范，养成良好的工作习惯
2. 团结协作素养：小组成员之间互相协作，检查程序代码书写的规范性、准确性和完整性
3. 自主学习素养：学生能根据任务要求，查找相关资料，解决实际问题，能自主完成每次任务并填写报表，要求做到一丝不苟
4. 人文素养：具有一定的辩证思维能力、创新意识、创新能力和爱国主义精神</td><td>学生自评
（20分）</td><td></td></tr>
<tr><td>小组按完成时间排序
（10分）</td><td></td></tr>
<tr><td>知识
目标
（40分）</td><td colspan="4">1. 了解选择的基本概念
2. 掌握if语句的基本使用方法
3. 掌握if-else的基本使用方法
4. 掌握if-else if的基本使用方法
5. 掌握switch的基本使用方法</td><td>学生自评
（40分）</td><td></td></tr>
<tr><td rowspan="2">能力
目标
（30分）</td><td colspan="4" rowspan="2">1. 能使用Visual C++ 6.0开发工具编写、运行、测试C语言选择结构程序
2. 能利用选择结构解决遇到的程序问题</td><td>学生自评
（20分）</td><td></td></tr>
<tr><td>小组互评
（10分）</td><td></td></tr>
<tr><td rowspan="3">拓展
目标</td><td colspan="4" rowspan="3">1. 通过学习选择结构，完成if语句的双分支结构题目
2. 通过学习选择结构，完成if的多分支结构题目
3. 通过学习选择结构，完成if分支结构与switch嵌套结构结合的题目</td><td>学生自评
（10分）</td><td></td></tr>
<tr><td>教师考评
（30分）</td><td></td></tr>
<tr><td>能力总评
（60分）</td><td></td></tr>
<tr><td>任务小结</td><td colspan="6"></td></tr>
<tr><td>教师点评</td><td colspan="6"></td></tr>
</table>

说明：在学习任务表、基础任务和进阶任务中，带有“★”的表示基础知识考核题，带有“*”的表示进阶知识考核题，其他为拓展能力选作题。完成学习任务表中的拓展目标则额外加5分。

基础任务

1. 从键盘输入一个整数，判断它是奇数还是偶数。（★）

2. 有一函数：$y=\begin{cases}x\ (x<1)\\3x-1\ (1\leqslant x<12)\\4x-11\ (x\geqslant 12)\end{cases}$

（1）使用if-else语句，根据数据输入的x值输出对应的y值。（★）

3. 给出一个百分制成绩，要求输出成绩等级A、B、C、D、E。其中，90分以上为A，80～89分为B，70～79分为C，60～69分为D，60分以下为E。当输入的数据不正确时，程序应输出错误提示信息。（★）

（1）使用if-else语句编写程序。

（2）使用switch语句编写程序。

4.编写、运行、分析下面的案例程序：在已有代码的基础上补全代码。（★）

从键盘输入一个字符，如果是大写字母，则输出对应的小写字母；如果是小写字母，则输出对应的大写字母。

```
#include<stdio.h>
int main()
{
   char ch;
   printf("Press a key and then press Enter:");
   scanf_s("%c", &ch);
   if ( "________________________________" )
   {
      printf("________________________________");
   }
      else if ( "________________________________")
   {
      printf("________________________________ ");
   }
   else
   {
      printf("%c", ch);
   }
   return 0;
}
```

进阶任务

5. 从键盘输入一个不超过4位数的正整数，要求如下。(*)

（1）输出位数。

（2）逆序输出各位数字。例如，原数5678，则输出8765。

6. 假设奖金税率如下（a代表奖金，r代表税率）：(*)

a<500,	r=0%;
500≤a<1 000,	r=5%;
1 000≤a<2 000,	r=7%;
2 000≤a<3 000,	r=9%;
3 000<a,	r=12%。

（1）用switch语句编写完程序后，输入奖金数，输出该税率。

（2）若t代表税款，b代表实得奖金数。（税款=奖金×税率，实得奖金数=奖金−税款），则输入奖金，求该实得奖金数。

7. 编写下面试题的程序：

（1）求$AX^2+BX+C=0$方程的解，由键盘输入A、B、C。（*）

（2）假设a,b,c的值任意并不保证$b^2-4ac \geqslant 0$，需要在程序中辨别如果$b^2-4ac \geqslant 0$，就计算并输出方程的两个实根；如果$b^2-4ac<0$，就输出此方程无实根的信息。（提示：在（1）的基础上改进）

8. 编写一个用于计算快递费用的计算机程序。(*)

上海市的某快递公司根据投送目的地距离公司的远近，将业务范围划分成5个区域：

区域（编码）	0区(0)	1区(1)	2区(2)	3区(3)	4区(4)
类型	同城	临近两省	1 500千米（含）以内	1 500～2 500千米	2 500千米以上
区域	上海	江苏、浙江	北京、天津、河北、辽宁、河南、安徽、陕西、湖北、江西、湖南、福建、广东、山西	吉林、宁夏、甘肃、四川、重庆、青海、广西、云南、海南、内蒙古、黑龙江、贵州	新疆、西藏

快递费按邮件重量计算，由起重费用、续重费用两部分构成：

(1) 起重（首重）1千克按起重资费计算（不足1千克，按1千克计算）；超过首重的部分，按每千克（不足1千克，也按1千克计算）收取续重费。

(2) 同城起重资费10元，续重3元/千克。

(3) 寄往1区的邮件，起重资费为10元，续重资费4元。

(4) 寄往2区～4区的邮件，起重资费统一为15元。而续重部分，不同区域的价格不同：2区的续重5元/千克，3区的续重6.5元/千克，4区的续重10元/千克。

【编程要求】

从键盘输入邮件的目的地区域编码和重量，计算并输出运费，计算结果保留两位小数。

9. 任务小结。(学生完成)

10. 任务点评。(教师完成)

项目5

循环结构程序设计

学习任务表

<table>
<tr><td>学 号</td><td></td><td>姓 名</td><td></td><td>小组成员</td><td colspan="2"></td></tr>
<tr><td>完成时间</td><td></td><td>完成地点</td><td></td><td>任务总分</td><td colspan="2"></td></tr>
<tr><td rowspan="2">素质
目标
（30分）</td><td colspan="4" rowspan="2">1. 基本职业素养：遵守工作纪律，使用电脑等设备时注意用电安全，设备使用完毕后要断电并放于指定位置，程序设计要注意工程规范，养成良好的工作习惯
2. 团结协作素养：小组成员之间互相协作，检查程序代码书写的规范性、准确性和完整性
3. 自主学习素养：学生能根据任务要求，查找相关资料，解决实际问题，能自主完成每次任务并填写报表，要求做到一丝不苟
4. 人文素养：具有一定的辩证思维能力、创新意识、创新能力和爱国主义精神</td><td>学生自评
（20分）</td><td></td></tr>
<tr><td>小组按完成时间排序
（10分）</td><td></td></tr>
<tr><td>知识
目标
（40分）</td><td colspan="4">1. 了解循环的基本概念
2. 掌握while循环的基本使用方法
3. 掌握do-while循环的基本使用方法
4. 掌握for循环的基本使用方法
5. 掌握break与continue的区别</td><td>学生自评
（40分）</td><td></td></tr>
<tr><td rowspan="2">能力
目标
（30分）</td><td colspan="4" rowspan="2">1. 能使用Visual C++ 6.0 开发工具编写、运行、测试C语言循环结构程序
2. 能利用循环结构解决遇到的程序问题</td><td>学生自评
（20分）</td><td></td></tr>
<tr><td>小组互评
（10分）</td><td></td></tr>
<tr><td rowspan="3">拓展
目标</td><td colspan="4" rowspan="3">1. 通过学习循环结构，完成实现累加求奇数和 $\sum_{i=1}^{n}\left(\begin{matrix} n\leqslant 100 \\ i=1\end{matrix}\right)$（$i$=1,3,5,7,9,⋯）
2. 通过学习循环结构，完成计算5的阶乘*
3. 通过学习循环结构，完成计算兔子数列中第20个月的兔子总数 *</td><td>学生自评
（10分）</td><td></td></tr>
<tr><td>教师考评
（30分）</td><td></td></tr>
<tr><td>能力总评
（60分）</td><td></td></tr>
<tr><td>任务小结</td><td colspan="6"></td></tr>
<tr><td>教师点评</td><td colspan="6"></td></tr>
</table>

说明：在学习任务表、基础任务和进阶任务中，带有“★”的表示基础知识考核题，带有“*”的表示进阶知识考核题，其他为拓展能力选作题。完成学习任务表中的拓展目标则额外加5分。

基础任务

1. 根据C语言的三种循环结构（for、while、do-while）画出对应的流程图。（★）
流程图中需要包含循环结构三要素：开始条件、结束条件、循环结构变量自增或自减。

2. 编写、运行、分析本题的示例程序，在示例程序的基础上求1～100累加的奇数和、偶数和。（★）

【示例程序】

```
#include <stdio.h>
int main() {
    int i = 1; // 初始化变量i为1
    int sum = 0; // 初始化求和变量sum为0
    while (i <= 100) { // 当i小于或等于100时，循环继续
        sum += i; // 将i的值加到sum上
        i++; // 将i的值加1
    }
    printf("1到100的和是：%d\n", sum); // 输出求和结果
    return 0;
}
//示例程序的运行结果：1到100的和是：5050
```

（1）使用do-while循环结构编写程序求奇数和。

（2）编写for循环结构程序求偶数和。

3. 编写、运行、分析下面的示例程序，在示例程序的基础上用循环列出对应的九九乘法表。（★）

【示例程序】

```
int main() {
    int num, i; // 提示用户输入一个正整数
    printf("输入一个正整数: ");
    scanf("%d", &num);
    // 检查输入是否为正整数
    if (num <= 0) {
        printf("输入一个大于0的整数。\n");
        return 1; // 非法输入时退出程序
    }
    printf("%d 的乘法表: \n", num);
    printf("----------------------\n");
```

```
// 使用for循环列出num的所有乘法表项
for (i = 1; i <= 10; i++) {
    // 乘法表通常列出1到10的乘积
    // 计算乘法结果并打印
printf("%d * %d = %d\n", num, i, num * i);
}
 printf("----------------------\n");
 return 0;
}
```

（1）列出如下九九乘法表。

1*1=1
2*1=2　2*2=4
3*1=3　3*2=6　3*3=9
4*1=4　4*2=8　4*3=12　4*4=16
5*1=5　5*2=10　5*3=15　5*4=20　5*5=25
6*1=6　6*2=12　6*3=18　6*4=24　6*5=30　6*6=36
7*1=7　7*2=14　7*3=21　7*4=28　7*5=35　7*6=42　7*7=49
8*1=8　8*2=16　8*3=24　8*4=32　8*5=40　8*6=48　8*7=56　8*8=64
9*1=9　9*2=18　9*3=27　9*4=36　9*5=45　9*6=54　9*7=63　9*8=72　9*9=81

4. 斐波那契数列（Fibonacci sequence），又称黄金分割数列，因数学家莱昂纳多·斐波那契（Leonardo Fibonacci）以兔子繁殖为例子而引入，故又称“兔子数列”。其数值为1、1、2、3、5、8、13、21、34、… 。另外，向日葵种子的排列方式非常奇特，似乎蕴含着一定的规律。它们往往呈现两组相向排列的螺旋形线条，一组是顺时针旋转，一组是逆时针旋转。如果你再仔细数数这些螺线，会发现顺时针的螺线有34条，逆时针的螺线有55条。根据不同的向日葵品种，可能还会有21条和34条、55条和89条、89条和144条等，由这些数组成的数列也被称作黄金分割数列。(*)

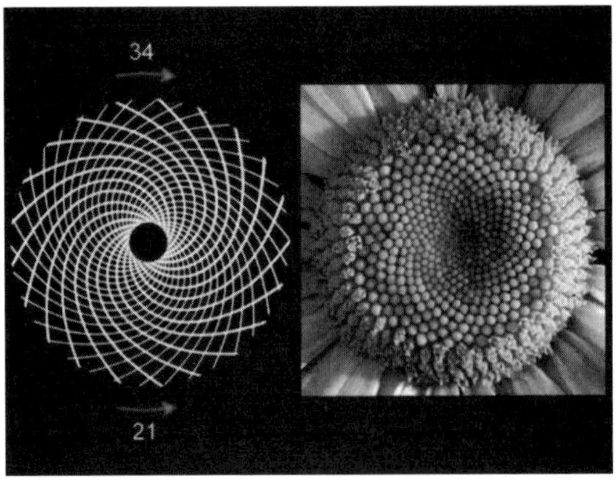

（1）使用循环结构列出黄金分割数列的前10项。

（2）使用循环结构输出黄金分割数列的第20项。

5. 在编写程序的过程中，经常会使用到break和continue，break表示终止循环；continue表示跳出本次循环，继续下一次循环。

【示例程序】

```
#include <stdio.h>
int main()
{
    for(int i = 1; i <= 10; i++) {
        if(i%3==0) {
           continue;
        }
    printf("%d\t", i);
    }
   return 0;
}
// 该程序输出结果为: 1    2    4    5    7    8    10
// 同样的程序，把continue 换成break， 程序的输出结果为：1   2
```

（1）在示例程序的基础上，完成输出100～200所有能被3整除的数。

进阶任务

6. 杨辉三角是中国数学史上的一个伟大成就。(*)

杨辉三角，是二项式系数在三角形中的一种几何排列形式，出现于中国南宋数学家杨辉1261年所著的《详解九章算法》一书。在欧洲，帕斯卡（1623—1662年）在1654年发现这一规律，所以这个图形又称为帕斯卡三角形。帕斯卡的发现比杨辉要晚393年。其数据格式按以下方式排列：

```
1
1 1
1 2 1
1 3 3 1
1 4 6 4 1
1 5 10 10 5 1
```

（1） 观察对应的数据格式，使用循环结构实现对应的效果。

7. 一个正整数的阶乘（factorial）是所有小于及等于该数的正整数的积，并且0的阶乘为1。自然数n的阶乘写作$n!$，例如，5!=5×4×3×2×1，结果是120。(*)

【示例程序】

```
#include <stdio.h>
int main() {
    int i;
    int sum = 1;
    printf("5的阶乘计算过程：\n");
    printf("5! = 1");
```

```
    // 使用for循环计算5的阶乘
    for (i = 1; i <= 5; ++i) {
        sum *= i; // 将中间结果累乘到factorial变量
        printf(" * %d", i); // 打印乘数
    }
    printf(" = %llu\n", sum); // 打印最终结果
    printf("5的阶乘结果是: %llu\n", sum);
    return 0;
}
// 5的阶乘计算过程:
5! = 1 * 1 * 2 * 3 * 4 * 5 = 120
5的阶乘结果是: 120
```

（1）在示例程序的基础上，求1!+2!+3!+4!+5!的和。

（2）在示例程序的基础上，求1+1/3+1/5+1/7+ ⋯ +1/*n* 相加的和。

（3）在示例程序的基础上，求 $a+aa+aaa+\cdots+aaaaa$。（提示：这里 a 的个数取决于键盘输入）

8. 素数一般也称质数。质数是指在大于1的自然数中，除了1和它本身以外不再有其他因数的自然数。素数有2、3、5、7、11、13、17、19、23、29、31、37、41、43、47、53、59、61、67、71、73、79等。(*)

（1）使用循环结构列出1～100所有的素数。

9. 任务小结。（学生完成）

10. 任务点评。（教师完成）

项目6

认 识 数 组

学习任务表

<table>
<tr><td>学 号</td><td></td><td>姓 名</td><td></td><td>小组成员</td><td colspan="2"></td></tr>
<tr><td>完成时间</td><td></td><td>完成地点</td><td></td><td>任务总分</td><td colspan="2"></td></tr>
<tr><td rowspan="2">素质
目标
（30分）</td><td colspan="4" rowspan="2">1. 具有使用数组解决问题的意识
2. 具有良好的团队合作意识
3. 培养学生精益求精的工匠精神
4. 培养创新意识、创新精神</td><td>学生自评
（20分）</td><td></td></tr>
<tr><td>小组按完成
时间排序
（10分）</td><td></td></tr>
<tr><td>知识
目标
（40分）</td><td colspan="4">1. 理解一维数组的概念，掌握定义、引用和初始化一维数组的方法
2. 理解二维数组的概念，掌握定义、引用和初始化二维数组的方法
3. 掌握定义、引用字符型数组元素的方法
4. 理解字符串变量在内存中的存储方法，掌握针对字符串的程序设计方法</td><td>学生自评
（40分）</td><td></td></tr>
<tr><td rowspan="2">能力
目标
（30分）</td><td colspan="4" rowspan="2">1. 能使用Visual C++ 6.0开发工具编写、运行、测试C语言中与数组应用相关的程序
2. 能够利用数组进行各种数据操作。例如，读取、修改和计算其中的值
3. 能够借助数组编写简单的应用程序，例如，通过数组实现数据处理和基本算法
4. 能够处理C语言的字符串，运用字符数组对字符串进行操作和处理，熟练使用字符串库函数，并掌握针对字符串的程序设计方法
5. 通过解决实际问题或开发实际应用来加深对数组应用的理解和技能提升。例如，在游戏开发中，处理地图数据；在科学计算中，分析数据等</td><td>学生自评
（20分）</td><td></td></tr>
<tr><td>小组互评
（10分）</td><td></td></tr>
<tr><td rowspan="3">拓展
目标</td><td colspan="4" rowspan="3">1. 能够运用数组知识来解决更复杂的实际问题，例如，游戏开发的地图数据存储与读取、科学计算中的多组数据的对比分析等
2. 掌握数组与指针结合的基础应用，例如，通过指针操作数组的元素，并理解两者的关联与区别
3. 能够设计并实现基于数组的综合性小程序，例如，简易通讯录、学生成绩管理系统的核心模块，以提升综合编程能力</td><td>学生自评
（10分）</td><td></td></tr>
<tr><td>教师考评
（30分）</td><td></td></tr>
<tr><td>能力总评
（40分）</td><td></td></tr>
<tr><td>任务小结</td><td colspan="6"></td></tr>
<tr><td>教师点评</td><td colspan="6"></td></tr>
</table>

说明：在学习任务表、基础任务和进阶任务中，带有“★”的表示基础知识考核题，带有“*”的表示进阶知识考核题，其他为拓展能力选作题。完成学习任务表中的拓展目标则额外加5分。

基础任务

1. 定义一个包含5个整数的一维数组，并将其初始化为1、3、5、7、9，然后输出数组中第三个元素的值。（★）

2. 判断题末的二维数组定义是否正确，并说明原因：`int a[3,4];`。（★）

3. 定义一个字符数组并存储字符串“hello”，然后使用printf函数输出该字符串。（★）

4. 使用字符串库函数strlen计算字符串“program”的长度，并写出结果。（提示：需包含头文件string.h）（★）

5. 将一维数组中所有元素的值扩大为原来的2倍后输出。（提示：数组元素为2，4，6，8，10）（★）

进 阶 任 务

6. 使用二维数组存储3名学生的4门成绩，计算并输出每名学生的平均分。（提示：成绩数据为`{{85,90,78,92},{76,88,91,83},{95,82,89,77}}`）(*)

7. 使用字符数组实现字符串的逆序输出（提示：输入“abcde”，输出“edcba”），要求不使用字符串的库函数。(*)

8. 定义一个一维数组，并存储10个整数，然后使用简单选择排序法对数组元素按从小到大的顺序排序后再输出。(提示：数组元素为5，2，9，1，5，6，3，8，7，4)(*)

9. 统计一个二维数组中正数、负数和零的个数。(提示：数组为{{-1, 2, 0}, {3, -4, 5}, {0, -6, 7}})(*)

10. 使用字符数组和字符串的库函数，实现两个字符串的拼接（提示：字符串1为"good "，字符串2为"morning"，拼接后为"good morning"）。(★)

11. 任务小结。(学生完成)

12. 任务点评。(教师完成)

项目7

函数调用

<table>
<tr><td>学 号</td><td></td><td>姓 名</td><td></td><td>小组成员</td><td colspan="2"></td></tr>
<tr><td>完成时间</td><td></td><td>完成地点</td><td></td><td>任务总分</td><td colspan="2"></td></tr>
<tr><td rowspan="2">素质
目标
（30分）</td><td colspan="4" rowspan="2">1. 基本职业素养：遵守工作时间，使用电脑等设备时注意用电安全，设备使用完毕后要断电并放于指定位置，程序设计要注意工程规范，养成良好的工作习惯
2. 团结协作素养：小组成员之间互相协作，检查程序代码书写的规范性、准确性和完整性
3. 自主学习素养：学生能根据任务要求，查找相关资料，解决实际问题，能自主完成每次任务并填写报表，要求做到一丝不苟
4. 人文素养：具有一定的辩证思维能力、创新意识、创新能力和爱国主义精神</td><td>学生自评
（20分）</td><td></td></tr>
<tr><td>小组按完成时间排序
（10分）</td><td></td></tr>
<tr><td>知识
目标
（40分）</td><td colspan="4">1. 了解函数的基本概念
2. 掌握自定义函数的调用
3. 掌握函数参数的传递
4. 掌握函数的嵌套调用和递归调用
5. 掌握变量的存储类别</td><td>学生自评
（40分）</td><td></td></tr>
<tr><td rowspan="2">能力
目标
（30分）</td><td colspan="4" rowspan="2">1. 能使用Visual C++ 6.0 开发工具编写、运行、测试C语言循环结构程序
2. 能利用循环结构解决遇到的程序问题</td><td>学生自评
（20分）</td><td></td></tr>
<tr><td>小组互评
（10分）</td><td></td></tr>
<tr><td rowspan="3">拓展
目标</td><td colspan="4" rowspan="3">1. 通过学习函数，完成函数的转置矩阵
2. 通过学习函数，求得函数的最大值和最小值
3. 通过学习函数，完成函数的递归调用及其例题</td><td>学生自评
（10分）</td><td></td></tr>
<tr><td>教师考评
（30分）</td><td></td></tr>
<tr><td>能力总评
（60分）</td><td></td></tr>
<tr><td>任务小结</td><td colspan="6"></td></tr>
<tr><td>教师点评</td><td colspan="6"></td></tr>
</table>

说明：在学习任务表、基础任务和进阶任务中，带有“★”的表示基础知识考核题，带有“*”的表示进阶知识考核题，其他为拓展能力选作题。完成学习任务表中的拓展目标则额外加5分。

基础任务

1. 编写一个函数swap（int* n1，int* n2），可以交换n1和n2指向的值。（★）
（提示：可以将指针指向的变量进行赋值）

2. 编写一个函数，求一个4 × 4方阵的转置矩阵。（★）

3. 编写两个函数，分别求出两个整数的最大公约数和最小公倍数，用主函数调用这两个函数并输出结果。两个整数由键盘输入。（★）

4.小明为了学好英语，需要每天记单词，第一天记1个，第二天记2个，第三天记3个，……以此类推，用代码完成，算出小明第10天时已记了多少个单词。（★）

进阶任务

5. 验证哥德巴赫猜想。输入一个大于6的偶数，要求证其等于两个素数之和。(*)

6. 编写函数void count(char *str,int *a)，统计字符串str中大写字母、小写字母、空格、数字以及其他字符的个数，统计的结果保存到数组a中，在main函数中调用该函数。(*)

【示例程序】

```
#include <stdio.h>
#include <string.h>
void count(char str[], int a[])
{
    int caps = 0, little = 0, space = 0;
    for (int i = 0; i < strlen(str); i++)
      { //统计个数
        if (str[i] >= 'A' && str[i] <= 'Z')
        {
         caps++;          //大写字母个数
        }
        else if (str[i] >= 'a' && str[i] <= 'z') {
            little++;        //小写字母个数
        }
      }
    a[0] = caps;
    a[1] = little;
}
int main()
{
        char str[1024];
        int a[10];
        printf("请输入字符串: \n");
        gets(str);
        count(str, a);
        printf("该字符串中:\n大写字母%d个\n小写字母%d个\n",a[0], a[1],
    a[2], a[3], a[4]);
        return 0;
        }
```

7. 使用函数统计指定数字的个数，读入一个整数，统计并输出该数中“2”的个数，要求定义并调用函数countDigit (number, digit)，它的功能是统计整数number中digit出现的次数。例如，countDigit (12922, 2)，返回值是3。(*)

8. 编写程序。

(1) 用函数实现公式：$C_n^m = \frac{n!}{m!(n-m)!}$ (*)

(2) 求数列的前n项和。

sum=1+11+111+1111+…+111…1

要求：使用函数，计算数列的每一项，n由键盘输入，累加过程和输入、输出在主函数中完成。

9. 任务小结。(学生完成)

10. 任务完成。(教师点评)

项目8 指针及应用

学习任务表

<table>
<tr><td>学 号</td><td></td><td>姓 名</td><td></td><td>小组成员</td><td colspan="2"></td></tr>
<tr><td>完成时间</td><td></td><td>完成地点</td><td></td><td>任务总分</td><td colspan="2"></td></tr>
<tr><td rowspan="2">素质
目标
（30分）</td><td colspan="4" rowspan="2">1. 具备综合运用知识分析和解决问题的能力
2. 具备独立思考的能力和创新意识
3. 具备举一反三、解决复杂问题的能力</td><td>学生自评
（20分）</td><td></td></tr>
<tr><td>小组按完成
时间排序
（10分）</td><td></td></tr>
<tr><td>知识
目标
（40分）</td><td colspan="4">1. 理解地址和指针的概念
2. 掌握普通指针变量、指向数组的指针变量、指向指针的指针变量、指向函数的指针变量的定义及使用方法
3. 掌握用指针变量作为函数参数的方法，返回指针值的函数和指针数组的使用方法</td><td>学生自评
（40分）</td><td></td></tr>
<tr><td rowspan="2">能力
目标
（30分）</td><td colspan="4" rowspan="2">1. 能使用Visual C++ 6.0开发工具编写、运行、测试与C语言与数组应用相关的程序
2. 通过实验进一步掌握指针的概念，学习定义和使用指针变量
3. 能够正确使用数组的指针和指向数组的指针变量
4. 学习利用指针处理字符串，正确使用字符串的指针和指向字符串的指针变量
5. 能够正确使用指向函数的指针变量，掌握指针作为函数参数的使用方法
6. 掌握指针数组，学习使用指向指针的指针</td><td>学生自评
（20分）</td><td></td></tr>
<tr><td>小组互评
（10分）</td><td></td></tr>
<tr><td rowspan="3">拓展目标</td><td colspan="4" rowspan="3">1. 能运用指针知识优化数组、字符串处理的实用程序。例如，简单的数据排序、字符串拼接，以提升程序的执行效率
2. 能识别并修复指针使用中的常见错误例如，指针越界、空指针解引用，以增强程序的可靠性
3. 能结合指针与函数实现简单的模块化编程。例如，用函数指针封装不同的运算逻辑，实现菜单式功能选择
4. 能初步运用指针处理动态数组。例如，根据输入动态分配数组内存并完成数据统计，以理解动态内存管理的基本场景</td><td>学生自评
（10分）</td><td></td></tr>
<tr><td>教师考评
（30分）</td><td></td></tr>
<tr><td>能力总评
（40分）</td><td></td></tr>
<tr><td>任务小结</td><td colspan="6"></td></tr>
<tr><td>教师点评</td><td colspan="6"></td></tr>
</table>

说明：在学习任务表、基础任务和进阶任务中，带有“★”的表示基础知识考核题，带有“*”的表示进阶知识考核题，其他为拓展能力选作题。完成学习任务表中的拓展目标则额外加5分。

基础任务

1. 阅读下面的示例程序，写出结果并上机验证，再做对比分析并写出程序功能。（★）

【示例程序】

```
#include"stdio.h"
int main()
{
    int a,b;
    int *pa, *pb;
    pa=&a;
    pb=&b;
    *pa=5;
    *pb=*pa+2;
    printf("a=%d,b=%d\n",a,b);
    printf(" *pa=%d, *pb=%d \n",*pa,*pb);
    return 0;
}
```

【提示与思考】

使用指针的方法：定义指针变量(int *pa,*pb;)，为指针变量赋值(pa=&a;)，引用指针变量指向的变量(*pa=5;)。

【运行结果】

【对比分析】

2. 阅读下面的示例程序，写出结果并上机验证，再做对比分析并写出程序功能。（★）

【示例程序】

```
#include<stdio.h>
int main()
{
   int arr[]={1, 2, 3, 4, 5};
   int *p = arr;
   printf("%d\n", *(p+2));
   return 0;
}
```

【提示与思考】

p指向数组首元素，p+2指向数组第3个元素（下标为2），*(p+2)即为该元素的值3。

【运行结果】

【对比分析】

3. 阅读下面的示例程序，写出结果并上机验证，再做对比分析并写出程序功能。（★）

【示例程序】

```
#include"stdio.h"
int main()
{
    int a,b,temp;
    int *pa=&a,*pb=&b;
```

```
    printf("Please input two integers : ");
    scanf("%d%d",pa,pb);
    temp=*pa;
    *pa=*pb;
    *pb=temp;
    printf("a=%d, b=%d\n",a,b);
    printf("*pa=%d, *pb=%d\n", *pa, *pb);
    return 0;
}
```

【提示与思考】

示例程序是否实现了2个数据的交换？

【运行结果】

【对比分析】

4. 阅读下面的示例程序，写出结果并上机验证，再做对比分析并写出程序功能。(★)

【示例程序】

```
#include"stdio.h"
int main()
{
    int i,a[10];
    int *p;
```

```
    printf("Please input 10 integers:\n");
    for(p=a;p<a+10;p++)
        scanf("%d",p);
    for(p=a,i=0;i<10;i++,p++)
    {
        printf("a[%d]= %d\n",i,*p);
    }
    return 0;
}
```

【提示与思考】

注意示例程序中指针变量p的变化规律。

【运行结果】

【对比分析】

5. 阅读下面的程序，写出结果并上机验证，再做对比分析并写出程序功能。（★）

【示例程序】

```
#include"stdio.h"
int main()
{
    int i,j,a[3][4];
```

```
    int *p[3]={a[0],a[1],a[2]}; /*p为指针数组*/
    printf("Please input 12 integers:\n");
    for(i=0;i<3;i++)
    {
        for(j=0;j<4;j++) scanf("%d",p[i]+j);
    }
    for(i=0;i<3;i++)
    {
        for(j=0;j<4;j++)
        {
            printf("%3d",*(p[i]+j));   /*用指针引用二维数组的元素*/
        }
        printf("\n");
    }
    return 0;
}
```

【提示与思考】

阅读示例程序，学习指针在二维数组中的使用，并上机验证。

【运行结果】

【对比分析】

进阶任务

6. 阅读下面的示例程序，写出结果并上机验证，再做对比分析并写出程序功能。(*)

【示例程序】

```
#include"stdio.h"
int max(int *x,int n)
{
    int i,m=*x;
    for(i=0;i<n;i++)
    {
        if(*(x+i)>m)        /*使用指针引用数组元素*/
          m=*(x+i);
    }
    return m;
}

int main()
{
    int i,m,a[10],*p;
    p=a;
    printf("Please input 10 integers:\n");
    for(i=0;i<10;i++)
        scanf("%d",p++);
        p=a;
        m=max(p,10);        /*指针变量作实参*/
        printf("max=%d\n",m);
    return 0;
}
```

【提示与思考】

示例程序中，指针变量p作为实参传递的是数组a的首地址；第2个p=a语句使p的值重新指向数组的首地址。请思考原因并上机验证。

【运行结果】

【对比分析】

7. 阅读下面的示例程序，写出结果并上机验证，再做对比分析并写出程序功能。(*)

【示例程序】

```
#include<stdio.h>
int main()
{   int a;
   int * pa =&a;
   int ** ppa =&pa;   /* ppa为指向指针 pa的指针 */
```

```
    printf("Please input an integer : ");
    scanf("%d",&a);
    printf("a=%d\n",a);
    printf("a=%d\n",*pa);
    printf("a=%d\n",**ppa);
    return 0;
}
```

【提示与思考】

注意示例程序中指向指针的指针ppa的定义和使用。

【运行结果】

【对比分析】

8. 阅读下面的示例程序，写出结果并上机验证，再做对比分析并写出程序功能。(*)

【示例程序】

```
#include <stdio.h>
int main()
{
    char *strs[]={"apple","banana","cherry"};
    char **p=strs;
    printf("%s\n",*(p+1)+2);
    return 0;
```

```
}
```

【提示与思考】

strs是指针数组，存储字符串地址；p是指向指针的指针，p+1指向strs[1]（即“banana”的地址），*(p+1)为“banana”的首地址，+2后指向第3个字符（‘n’），故输出从‘n’开始的子串“nana”。

【运行结果】

【对比分析】

9. 阅读下面的示例程序，写出结果并上机验证，再做对比分析并写出程序功能。(*)

【示例程序】

```
#include "stdio.h"
int length(char *p)
{
    int n;
    n=0;
    while( *p)
    {
        n++;
        p++;
    }
    return n;
}

int main()
{
```

```
    int len;
    char str[20];
    printf("Please input a string: ");
    scanf("%s",str);
    len=length(str);
    printf("len=%d\n",len);
    return 0;
}
```

【提示与思考】

分析示例程序实现的功能，注意字符指针作为形参的用法。

被调函数length中的循环条while(*p)是否可以写为 `while (*p!='\0')`或`while (*p!= 0)`？思考原因并上机验证。

【运行结果】

【对比分析】

10. 阅读下面的示例程序，写出结果并上机验证，再做对比分析并写出程序功能。(*)

【示例程序】

```
#include "stdio.h"
int main()
{
    char *a="first",*b="second",*t;
    printf("a: %s\nb: %s\n",a,b);
    t=a;
    a=b;
```

```
    b=t;
    printf("swap\na:%s\nb:%s\n",a,b);
    return 0;
}
```

【提示与思考】

分析示例程序实现的功能，注意字符串的引用方式。如果将字符指针a和b的定义改为定义字符数组a和b，程序是否正确？思考原因并上机验证。

【运行结果】

【对比分析】

11. 任务小结。(学生完成)

12. 任务点评。(教师完成)

项目9

位运算及应用

学习任务表

<table>
<tr><td>学 号</td><td></td><td>姓 名</td><td></td><td>小组成员</td><td colspan="2"></td></tr>
<tr><td>完成时间</td><td></td><td>完成地点</td><td></td><td>任务总分</td><td colspan="2"></td></tr>
<tr><td rowspan="4">素质
目标
（30分）</td><td colspan="4">1. 基本职业素养：遵守工作纪律，使用电脑等设备时注意用电安全，设备使用完毕后要断电并放于指定位置，程序设计要注意工程规范，养成良好的工作习惯</td><td rowspan="2">学生自评
（20分）</td><td rowspan="2"></td></tr>
<tr><td colspan="4">2. 团结协作素养：小组成员之间互相协作，检查程序代码书写的规范性、准确性和完整性</td></tr>
<tr><td colspan="4">3. 自主学习素养：学生能根据任务要求，查找相关资料，解决实际问题，能自主完成每次任务并填写报表，要求做到一丝不苟</td><td rowspan="2">小组按完成时间排序
（10分）</td><td rowspan="2"></td></tr>
<tr><td colspan="4">4. 人文素养：具有一定的辩证思维能力、创新意识、创新能力和爱国主义精神</td></tr>
<tr><td>知识
目标
（40分）</td><td colspan="4">1. 了解C语言位运算的运算符与格式
2. 掌握位运算的运算规则与优先级
3. 学会调试C语言程序</td><td>学生自评
（40分）</td><td></td></tr>
<tr><td rowspan="2">能力
目标
（30分）</td><td colspan="4" rowspan="2">1. 能使用位运算解决实际问题
2. 能运用C语言进行位运算程序设计</td><td>学生自评
（20分）</td><td></td></tr>
<tr><td>小组互评
（10分）</td><td></td></tr>
<tr><td rowspan="3">拓展
目标</td><td colspan="4" rowspan="3">1）通过学习循环结构，完成累加求奇数和 $\sum_{i=1}^{n}\left(\begin{matrix} n\leqslant 100 \\ i=1 \end{matrix}\right)$
（i=1,3,5,7,9,…）
2. 通过学习循环结构，完成计算5的阶乘*
3. 通过学习循环结构，完成计算兔子数列中第20个月的兔子总数 *</td><td>学生自评
（10分）</td><td></td></tr>
<tr><td>教师考评
（30分）</td><td></td></tr>
<tr><td>能力总评
（60分）</td><td></td></tr>
<tr><td>任务小结</td><td colspan="6"></td></tr>
<tr><td>教师点评</td><td colspan="6"></td></tr>
</table>

说明：在学习任务表、基础任务和进阶任务中，带有“★”的表示基础知识考核题，带有“*”的表示进阶知识考核题，其他为拓展能力选作题。完成学习任务表中的拓展目标则额外加5分。

基础任务

1. 使用位运算，在不借助中间变量的情况下，交换两个数的值，比如原本 a=10，b=5，交换后 a=5，b=10。

2. 判断一个正整数是否为2的幂次方。

3. 在1～10这10个数中，只有一个数字重复出现了一次，其余均只出现一次。要求每个数组元素仅能被访问一次且不使用辅助存储空间。请设计一个算法，找出这个重复的数字，并用程序来实现。（★）

进阶任务

4. 找出落单的那个数。一个数组{1, 1, 2, 3, 3, 4, 4, 5, 5}中除了某一个元素之外，其他元素都出现了两次。编写程序，以找出那个只出现一次的数字。

5. 二进制中1的个数。输入一个整数，输出该数二进制形式下包含“1”的数量。（提示：9的二进制表示为00001001，有两个“1”，最后输出结果应为2）

6. 任务小结。（学生完成）

7. 任务点评。（教师完成）

项目10

文件读写

学习任务表

<table>
<tr><td>学 号</td><td></td><td>姓 名</td><td></td><td>小组成员</td><td colspan="2"></td></tr>
<tr><td>完成时间</td><td></td><td>完成地点</td><td></td><td>任务总分</td><td colspan="2"></td></tr>
<tr><td rowspan="4">素质
目标
（30分）</td><td colspan="4">1. 基本职业素养：遵守工作纪律，使用电脑等设备时注意用电安全，设备使用完毕后要断电并放于指定位置，程序设计要注意工程规范，养成良好的工作习惯</td><td rowspan="2">学生自评
（20分）</td><td rowspan="2"></td></tr>
<tr><td colspan="4">2. 团结协作素养：小组成员之间互相协作，检查程序代码书写的规范性、准确性和完整性</td></tr>
<tr><td colspan="4">3. 自主学习素养：学生能根据任务要求，查找相关资料，解决实际问题，能自主完成每次任务并填写报表，要求做到一丝不苟</td><td rowspan="2">小组按完成时间排序
（10分）</td><td rowspan="2"></td></tr>
<tr><td colspan="4">4. 人文素养：具有一定的辩证思维能力、创新意识、创新能力和爱国主义精神</td></tr>
<tr><td>知识
目标
（40分）</td><td colspan="4">1. 了解计算机中流和文件的概念
2. 了解文件分类和缓冲区的作用
3. 掌握文件指针引用</td><td>学生自评
（40分）</td><td></td></tr>
<tr><td rowspan="2">能力
目标
（30分）</td><td colspan="4" rowspan="2">1. 掌握C语言的文件打开和关闭操作
2. 掌握文件的读、写操作</td><td>学生自评
（20分）</td><td></td></tr>
<tr><td>小组互评
（10分）</td><td></td></tr>
<tr><td rowspan="3">拓展
目标</td><td colspan="4" rowspan="3">1. 通过学习文件读写，实现学生信息管理系统
2. 通过学习文件读写，实现删除学生信息
3. 进阶任务：通过学习本章知识点，实现综合项目图书管理系统</td><td>学生自评
（10分）</td><td></td></tr>
<tr><td>教师考评
（30分）</td><td></td></tr>
<tr><td>能力总评
（60分）</td><td></td></tr>
<tr><td>任务小结</td><td colspan="6"></td></tr>
<tr><td>教师点评</td><td colspan="6"></td></tr>
</table>

说明：在学习任务表、基础任务和进阶任务中，带有“★”的表示基础知识考核题，带有“*”的表示进阶知识考核题，其他为拓展能力选作题。完成学习任务表中的拓展目标则额外加5分。

基础任务

1. 新学期开始，许多新生来学校报到。为了统一管理，需要将学生信息制作成信息表，存储到电脑磁盘中。学生信息表中包含学号、姓名、年龄、性别等基本信息，用C语言编程实现文本形式存储学生信息，并将学生信息存储到D盘中。

系统菜单功能包括：

（1）添加学生信息；

（2）显示所有学生信息；

（3）删除学生信息；

（4）修改学生信息。

通过完善本管理系统，逐步培养理论与实践操作相结合的能力。

```
#include <stdio.h>
  #include <stdlib.h>
#include <string.h>
// 菜单函数，用于显示选项
void showMenu() {
     printf("\n学生信息管理系统\n");
     printf("1. 添加学生信息\n");
     printf("2. 显示所有学生信息\n");
     printf("3. 删除学生信息\n");
     printf("4. 修改学生信息\n");
     printf("5. 退出\n"); }
int main(void) { } //主函数
```

2. 添加和删除学生信息。（★）

（1）使用文件来添加学生信息

```
void addStudent(Student *students, int *count)
```

（2）使用C语言来删除学生信息

```
void deleteInfo(Student *students, int count)
```

3. 显示所有学生信息：

```
void displayInfo(Student *students, int count)
```

进阶任务

4. 在完成学生信息系统的基础上，如果想要挑战更高的难度，请按照前面的模块使用C语言文件读写完成图书管理系统。其具体功能如下：

（1）图书信息录入；

（2）图书信息浏览；

（3）图书信息查询；

（4）图书信息删除；

（5）图书信息保存。

图书信息包含书名、作者、出版社等。

5. 任务小结。（学生完成）

6. 任务点评。（教师完成）

项目11 认识结构体

学习任务表

<table>
<tr><td>学号</td><td></td><td>姓名</td><td></td><td>小组成员</td><td colspan="2"></td></tr>
<tr><td>完成时间</td><td></td><td>完成地点</td><td></td><td>任务总分</td><td colspan="2"></td></tr>
<tr><td rowspan="4">素质目标
（30分）</td><td colspan="4">1. 基本职业素养：遵守工作纪律，使用电脑等设备时注意用电安全，设备使用完毕后要断电并放于指定位置，程序设计要注意工程规范，养成良好的工作习惯</td><td rowspan="2">学生自评
（20分）</td><td rowspan="2"></td></tr>
<tr><td colspan="4">2. 团结协作素养：小组成员之间互相协作，检查程序代码书写的规范性、准确性和完整性</td></tr>
<tr><td colspan="4">3. 自主学习素养：学生能根据任务要求，查找相关资料解决实际问题，能自主完成每次任务并填写报表，要求做到一丝不苟</td><td rowspan="2">小组按完成时间排序
（10分）</td><td rowspan="2"></td></tr>
<tr><td colspan="4">4.人文素养：具有一定的辩证思维能力、创新意识、创新能力和爱国主义精神</td></tr>
<tr><td>知识目标
（40分）</td><td colspan="4">1. 理解结构体和结构体变量的定义
2. 掌握结构体的初始化方法
3. 掌握结构体成员的访问方式
4. 掌握结构体数组和结构体指针的使用</td><td>学生自评
（40分）</td><td></td></tr>
<tr><td rowspan="2">能力目标
（30分）</td><td colspan="4" rowspan="2">1. 能够设计简单的结构体类型
2. 能够正确声明和初始化结构体变量
3. 能够熟练访问结构体成员
4. 能够应用结构体数组和结构体指针</td><td>学生自评
（20分）</td><td></td></tr>
<tr><td>小组互评
（10分）</td><td></td></tr>
<tr><td rowspan="3">拓展目标</td><td colspan="4" rowspan="3">1. 通过学习结构体编程和复习文件读写内容，实现教师信息管理系统
2. 通过学习结构体编程和复习文件读写内容，实现删除教师信息
3. 进阶任务：通过学习本章知识点，实现综合实训项目教师信息管理系统</td><td>学生自评
（10分）</td><td></td></tr>
<tr><td>教师考评
（30分）</td><td></td></tr>
<tr><td>能力总评
（60分）</td><td></td></tr>
<tr><td>任务小结</td><td colspan="6"></td></tr>
<tr><td>教师点评</td><td colspan="6"></td></tr>
</table>

说明：在学习任务表、基础任务和进阶任务中，带有“★”的表示基础知识考核题，带有“*”的表示进阶知识考核题，其他为拓展能力选作题。完成学习任务表中的拓展目标则额外加5分。

基础任务

1. 期末来临，学校需要对学生的课程成绩进行管理，设计一个课程成绩管理系统，实现以下功能。

（1）使用结构体定义课程成绩信息，包括课程名称、学生成绩、任课教师等成员。

（2）实现添加课程成绩信息功能，将新课程成绩信息添加到结构体数组中，并动态调整数组大小。

（3）实现显示所有课程成绩信息功能，以表格形式输出所有课程成绩信息。

（4）实现删除课程成绩信息功能，根据课程名称删除对应的课程成绩信息。

（5）实现修改课程成绩信息功能，根据课程名称修改对应的课程成绩信息。

（6）使用结构体指针操作结构体数组，实现功能函数间的数据传递。

（7）将课程成绩信息以文本形式存储到 D 盘的指定文件中，并能够在程序启动时从文件中读取已有的课程成绩信息。

设计的系统菜单功能包括：

（1）添加课程成绩信息

（2）显示所有课程成绩信息

（3）删除课程成绩信息

（4）修改课程成绩信息

通过完善成绩管理系统，逐步培养理论与实践操作相结合的能力。

```
#include <stdio.h>
#include <stdlib.h>
#include <string.h>
//菜单显示函数
void showMenu() {
    printf("\n 课程成绩管理系统\n");
    printf("1. 添加课程成绩信息\n");
    printf("2. 显示所有课程成绩信息\n");
    printf("3. 删除课程成绩信息\n");
    printf("4. 修改课程成绩信息\n");
    printf("5. 退出\n");
}
```

```
int main(void) { } //主函数
typedef struct {
    char courseName[50];
    double score;
    char teacher[30];
} CourseScore;
```

2. 初始化课程信息、添加课程信息、删除课程信息。(★)

(1) 初始化课程成绩信息（从文件中读取）

```
void initCourseScores(CourseScore **courseScores, int *count) {
  // 实现从文件读取课程成绩信息到结构体数组
}
```

(2) 添加课程成绩信息函数

```
void addCourseScore(CourseScore **courseScores, int *count) {
  // 实现添加课程成绩信息功能
}
```

(3) 删除课程成绩信息函数

```
void deleteCourseScore(CourseScore **courseScores, int *count) {
  // 实现删除课程成绩信息功能
}
```

3. 修改课程成绩信息函数

```
void modifyCourseScore(CourseScore *courseScores, int count) {
  // 实现修改课程成绩信息功能
}
```

4. 显示所有课程成绩信息函数

```
void displayAllCourseScores(CourseScore *courseScores, int count) {
  // 实现显示所有课程成绩信息功能
}
```

5. 保存课程成绩信息到文件

```
void saveCourseScores(CourseScore *courseScores, int count) {
    // 实现将课程成绩信息保存到文件的功能
}
```

进阶任务

6. 在完成学生成绩管理系统的基础上，如果要挑战更高的难度，请按照前面的模块使用C语言结构体和文件读写完成教师信息管理系统。其具体功能如下：

（1）教师信息录入；

（2）教师信息浏览；

（3）教师信息查询；

（4）教师信息删除；

（5）教师信息保存。

教师的信息存储在文件中。其中，每位教师信息使用结构体定义，包括姓名、性别、年龄、出生年月等成员。

7. 任务小结。（学生完成）

8. 任务点评。（教师完成）